高等学校电子信息类专业系列教材

微波理论与技术

主编　孙翠珍　黄晓俊

西安电子科技大学出版社

内 容 简 介

本书从"场"和"路"的分析方法出发,重点介绍了传输线和波导基本理论,微波网络、微波元件以及微波天线的关键技术与设计方法,并给出了丰富的工程案例。

本书共 8 章,内容包括绪论、场的理论、传输线理论、导行系统、微波网络基础、微波元件、天线理论、电磁仿真软件介绍及相关案例。

本书内容丰富,系统性强,在编写时力求去繁就简、深入浅出,这样既保持了知识结构的完整性,为后续现代光电子器件设计与开发、无线通信技术、光纤通信、卫星通信等相关知识的学习和科研工作打下坚实的基础,又为非电磁场专业的学生或其他人员学习微波技术与天线知识提供一条简捷的通道。

本书与行业背景、行业发展契合,内容前沿、先进、实用。

本书可以作为通信工程、电信工程、电子科学与技术等本科及研究生专业及相近专业的教材使用,也可以供微波射频领域的技术人员参考。

图书在版编目(CIP)数据

微波理论与技术 / 孙翠珍,黄晓俊主编. -- 西安 : 西安电子科技

大学出版社,2024.10. -- ISBN 978-7-5606-7398-1

Ⅰ. TN015

中国国家版本馆 CIP 数据核字第 20249SN798 号

策　　划　刘小莉
责任编辑　赵婧丽
出版发行　西安电子科技大学出版社(西安市太白南路 2 号)
电　　话　(029)88202421　88201467　　邮　　编　710071
网　　址　www.xduph.com　　　　　电子邮箱　xdupfxb001@163.com
经　　销　新华书店
印刷单位　陕西天意印务有限责任公司
版　　次　2024 年 10 月第 1 版　2024 年 10 月第 1 次印刷
开　　本　787 毫米×1092 毫米　1/16　印张　15.5
字　　数　364 千字
定　　价　41.00 元
ISBN 978-7-5606-7398-1
XDUP 7699001-1

＊＊＊如有印装问题可调换＊＊＊

前　言

本书围绕微波传输线的基本理论及其特性两大内容展开，为了适应现代微波技术的新发展和新应用，在系统和深入阐述微波系统以及微波网络基本理论的基础上，结合行业微波器件及天线开发案例，介绍了在实际工程应用中设计微波器件和天线的方法及关键技术。

本书突出应用型教材的特点，吸纳了近年来微波射频领域的新技术、新方法、新成果，结合电子信息类教师教学实践经验进行编写。本书主要内容包括：第 1 章绪论，简述了微波技术的发展、微波传输线及其分类；第 2 章场的理论，介绍了不同形式的麦克斯韦方程及时变电磁场的边界条件，分析了均匀平面波的传播特点，对比了电磁波的不同极化方式；第 3 章传输线理论，介绍了微波传输线的基本传输特性及其分析方法；第 4 章导行系统，主要讲述了不同金属波导和常见集成传输线的分析方法和传输特性；第 5 章微波网络基础，阐述了波导传输线与双线传输线的等效过程，介绍了几种常用的微波网络矩阵；第 6 章微波元件，简述了滤波器、谐振器等微波元件的工作原理与特点；第 7 章天线理论，介绍了天线的基本理论、工作原理及电特性，并对典型线天线和面天线进行了分析；为了拓宽学生的知识面以适应宽口径培养的需要，使学生了解一线科研人员及工程技术人员使用的电磁仿真工具，了解近代电磁场数值分析技术，第 8 章系统地讲解了几种常用的电磁仿真软件及相关设计案例。

本书内容涵盖场的理论、路的理论、TEM 模传输线、TE 模和 TM 模传输线、微波网络、微波器件以及天线等基本理论与技术。本书由孙翠珍、黄晓俊担任主编，其中，第 1 章和第 6 章由黄晓俊编写，其余部分由孙翠珍编写；全书由黄晓俊统稿。薛奇、王坤、侯伟、李文涛、卯明昊、姬宇豪、杨汉明、高欣杰等研究生为本书图形的绘制做了大量工作，在此表示衷心的感谢。

微波技术领域的研究兼具传统性和新颖性，为体现微波射频领域的新发展，我们参考了大量文献，这些文献均在书末参考文献中列出，在此对被参考和引用文献的作者表示诚挚的感谢。

由于作者水平有限，书中难免存在一些疏漏和错误，敬请广大读者批评指正。

编　者
2024 年 1 月

目　录

CONTENTS

第1章　绪论 ……………………………………………………………………………………………… 1

1.1　微波定义及波段划分 …………………………………………………………………………… 1

1.2　微波的特点及微波技术的发展 ………………………………………………………………… 2

1.3　微波的应用 ………………………………………………………………………………………… 4

1.4　微波传输线及其分类 …………………………………………………………………………… 4

习题 ……………………………………………………………………………………………………… 6

第2章　场的理论 ……………………………………………………………………………………… 7

2.1　麦克斯韦方程组 ………………………………………………………………………………… 7

2.1.1　积分形式的麦克斯韦方程组 ……………………………………………………………… 7

2.1.2　微分形式的麦克斯韦方程组 ……………………………………………………………… 8

2.1.3　复矢量的麦克斯韦方程 …………………………………………………………………… 9

2.2　时变电磁场的边界条件 ………………………………………………………………………… 10

2.2.1　边界条件的一般形式 ……………………………………………………………………… 11

2.2.2　边界条件的三种常用形式 ………………………………………………………………… 13

2.3　电磁场的能量 …………………………………………………………………………………… 14

2.4　电磁场的位函数 ………………………………………………………………………………… 16

2.4.1　位函数的定义 ……………………………………………………………………………… 16

2.4.2　达朗贝尔方程 ……………………………………………………………………………… 17

2.5　理想介质中的均匀平面波 ……………………………………………………………………… 17

2.5.1　理想介质中的均匀平面波函数 …………………………………………………………… 18

2.5.2　理想介质中均匀平面波的传播特点 ……………………………………………………… 18

2.5.3　沿任意方向传播的均匀平面波 …………………………………………………………… 21

2.6　波的极化 ………………………………………………………………………………………… 22

2.6.1　极化的概念 ………………………………………………………………………………… 22

2.6.2　直线极化波 ………………………………………………………………………………… 22

2.6.3　圆极化波 …………………………………………………………………………………… 23

2.6.4　椭圆极化波 ………………………………………………………………………………… 24

习题 ……………………………………………………………………………………………………… 25

第3章　传输线理论 …………………………………………………………………………………… 28

3.1　分布参数及等效电路 …………………………………………………………………………… 28

3.1.1　分布参数 …………………………………………………………………………………… 29

3.1.2　传输线的等效电路 ………………………………………………………………………… 30

3.2　传输线方程及特性参数 ………………………………………………………………………… 30

3.2.1　传输线方程及其解 ………………………………………………………………………… 30

3.2.2　特性参数 …………………………………………………………………………………… 33

3.3　均匀无耗传输线的阻抗和反射特性 ……………………………………………………… 33

3.3.1　输入阻抗 …………………………………………………………………………… 34

3.3.2　反射系数 …………………………………………………………………………… 34

3.3.3　电压驻波比和行波系数 …………………………………………………………… 36

3.3.4　相速度和相波长 …………………………………………………………………… 37

3.4　终端接不同负载时传输线的工作状态 ………………………………………………… 38

3.4.1　行波状态 …………………………………………………………………………… 38

3.4.2　驻波状态 …………………………………………………………………………… 39

3.4.3　行驻波状态 ………………………………………………………………………… 45

3.5　圆图及其应用 …………………………………………………………………………… 47

3.5.1　阻抗圆图的构成 …………………………………………………………………… 47

3.5.2　导纳圆图 …………………………………………………………………………… 51

3.5.3　圆图的应用举例 …………………………………………………………………… 51

3.6　阻抗匹配 ………………………………………………………………………………… 54

3.6.1　阻抗匹配的定义 …………………………………………………………………… 54

3.6.2　$\lambda/4$ 变换器 ………………………………………………………………………… 55

3.6.3　支节调配器 ………………………………………………………………………… 55

习题 ……………………………………………………………………………………………… 57

第 4 章　导行系统 ……………………………………………………………………………… 60

4.1　导波场的分析 …………………………………………………………………………… 60

4.2　TE 模和 TM 模传输线 …………………………………………………………………… 62

4.2.1　矩形波导 …………………………………………………………………………… 62

4.2.2　圆波导 ……………………………………………………………………………… 70

4.3　TEM 模传输线 …………………………………………………………………………… 74

4.3.1　同轴线 ……………………………………………………………………………… 74

4.3.2　带状线 ……………………………………………………………………………… 77

4.3.3　微带线 ……………………………………………………………………………… 79

习题 ……………………………………………………………………………………………… 82

第 5 章　微波网络基础 ………………………………………………………………………… 84

5.1　微波网络的定义与分类 ………………………………………………………………… 84

5.1.1　微波网络的端口与参考面 ………………………………………………………… 84

5.1.2　微波网络的分类 …………………………………………………………………… 86

5.2　波导传输线与双线传输线的等效 ……………………………………………………… 86

5.2.1　等效的基础与归一化条件 ………………………………………………………… 87

5.2.2　等效特性阻抗 ……………………………………………………………………… 87

5.2.3　归一化参量 ………………………………………………………………………… 89

5.3　微波元件等效为微波网络的原理 ……………………………………………………… 91

5.4　阻抗矩阵、导纳矩阵和转移矩阵 ……………………………………………………… 92

5.4.1　阻抗矩阵和导纳矩阵 ……………………………………………………………… 92

5.4.2　转移矩阵 …………………………………………………………………………… 96

5.5　散射矩阵 ………………………………………………………………………………… 99

5.5.1　散射参数的定义 …………………………………………………………………… 99

5.5.2　[S]和其他矩阵之间的转换 ……………………………………………………… 103

   5.5.3 参考面移动对网络散射参量的影响 ·································· 106

  5.6 传输矩阵 ·· 107

  5.7 常用二端口元件的网络参量 ·· 108

  5.8 二端口(双端口)网络的工作特性参数 ···································· 112

  5.9 微波网络的信号流图 ·· 116

    5.9.1 信号流图的构成 ·· 116

    5.9.2 信号流图的求解方法 ·· 117

  习题 ·· 120

第6章 微波元件 ·· 123

  6.1 阻抗匹配和变换元件 ·· 123

  6.2 定向耦合器与功率分配器 ·· 126

    6.2.1 定向耦合器 ·· 126

    6.2.2 功率分配器 ·· 127

  6.3 微波谐振器 ··· 129

  6.4 微波滤波器 ··· 132

  习题 ·· 134

第7章 天线理论 ·· 136

  7.1 天线的分类及分析方法 ·· 136

    7.1.1 电磁波的辐射 ·· 136

    7.1.2 天线的定义及要求 ·· 137

    7.1.3 天线的分类 ·· 138

    7.1.4 天线的分析方法 ·· 139

  7.2 基本辐射单元的辐射 ·· 139

    7.2.1 电基本振子的辐射 ·· 140

    7.2.2 磁基本振子的辐射 ·· 143

    7.2.3 缝隙元的辐射 ·· 145

  7.3 发射天线的电参数 ·· 146

    7.3.1 天线的方向性及方向性参数 ·· 146

    7.3.2 天线效率与增益系数 ·· 152

    7.3.3 天线的极化 ·· 154

    7.3.4 天线的频带宽度 ·· 155

    7.3.5 天线的有效长度 ·· 156

    7.3.6 输入阻抗与辐射阻抗 ·· 157

  7.4 接收天线理论基础 ·· 158

    7.4.1 互易定理 ·· 158

    7.4.2 有效接收面积 ·· 159

    7.4.3 背景温度和等效噪声温度 ·· 159

  7.5 对称振子天线 ·· 161

    7.5.1 对称振子的电流分布 ·· 161

    7.5.2 对称振子的辐射场和方向性 ·· 162

    7.5.3 辐射功率与输入阻抗 ·· 165

  7.6 天线阵 ·· 166

    7.6.1 二元阵 ·· 166

7.6.2　均匀直线阵 ·· 170

7.7　线天线 ·· 176

7.7.1　引向天线 ·· 176

7.7.2　水平对称振子天线 ··· 177

7.7.3　螺旋天线 ·· 179

7.8　面天线 ·· 180

7.8.1　等效原理与惠更斯元 ··· 181

7.8.2　平面口径的辐射 ·· 183

7.8.3　微带天线 ·· 184

7.8.4　缝隙天线 ·· 186

7.8.5　抛物面天线 ·· 187

习题 ·· 188

第 8 章　电磁仿真软件介绍及相关案例 ··· 190

8.1　CST 软件及仿真案例 ·· 190

8.1.1　CST 软件及基本单元介绍 ··· 190

8.1.2　CST 软件设计步骤 ·· 193

8.1.3　微带贴片天线的仿真与优化 ·· 196

8.1.4　螺旋天线的仿真与优化 ·· 203

8.2　ADS 软件及仿真案例 ·· 213

8.2.1　ADS 软件及基本单元介绍 ·· 213

8.2.2　ADS 软件的设计步骤 ·· 216

8.2.3　低通滤波器设计 ·· 220

8.2.4　分支定向耦合器设计 ·· 229

习题 ·· 237

参考文献 ·· 238

第1章

绪　　论

本章介绍微波的特点和应用,对微波的发展进行了回顾,论述了不同结构微波传输线的分类。通过本章内容的学习,读者对本书可有一个整体上的了解。

1.1　微波定义及波段划分

微波是指频率从 300 MHz 至 3000 GHz 范围内的电磁波,其相应的波长从 1 m 至 0.1 mm。这段电磁波谱包括分米波(频率从 300 MHz 至 3000 MHz)、厘米波(频率从 3 GHz 至 30 GHz)、毫米波(频率从 30 GHz 至 300 GHz)和亚毫米波(频率从 300 GHz 至 3000 GHz)四个分波段。在通信和雷达工程上,还使用拉丁字母来表示微波更细致的波段划分。图 1.1 是微波在整个电磁波谱中的位置,表 1.1 给出了常用微波波段的划分。

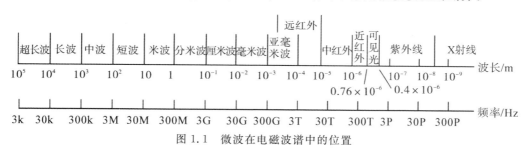

图 1.1　微波在电磁波谱中的位置

表 1.1　常用微波波段的划分

波段符号	频率/GHz	波段符号	频率/GHz
VHF	0.03～0.3	K	18.0～26.5
UHF	0.3～1.12	Ka	26.5～40.0
L	1.12～1.7	Q	33.0～50.0
LS	1.7～2.6	U	40.0～60.0
S	2.6～3.95	M	50.0～75.0
C	3.95～5.85	E	60.0～90.0
XC	5.85～8.2	F	90.0～140.0
X	8.2～12.4	G	140.0～220.0
Ku	12.4～18.0	R	220.0～325.0

1.2 微波的特点及微波技术的发展

1. 微波的特点

微波的特点主要体现在以下几个方面。

1) 穿透性

一方面,微波照射到介质时具有穿透性,主要表现在云、雾、雪等对微波传播影响较小,这为全天候微波通信和遥感技术打下基础;微波能穿透生物体,这为微波生物医学打下基础。另一方面,微波具有穿越电离层的透射特性。实验证明:微波波段的几个分波段(如 1~10 GHz、20~30 GHz 及 91 GHz)附近受电离层的影响较小,可以较为容易地由地面向外层空间传播,从而成为人类探索外层空间的"无线电窗口",它为空间通信、卫星通信、卫星遥感和射电天文学的研究提供了有效的无线电通道。

2) 似光性和似声性

微波的波长很短,比地球上一般物体(如飞机、舰船、汽车、坦克、火箭、导弹、建筑物等)的尺寸相对要小得多,或在同一数量级。这使微波的特点与几何光学相似,即所谓似光性。因此,对于工作在微波波段的设备,可以将电路元件尺寸做得较小,使系统更紧凑;可以设计波束窄、增益高、方向性强的天线,接收来自地面或宇宙空间各种物体反射回来的微弱信号,从而确定物体的方位和距离,分析目标的特征。

由于微波的波长与物体(如实验室中的无线电设备)的尺寸具有相同的量级,使得微波的特点又与声波相近,即所谓似声性。微波波导类似于声学中的传声筒;喇叭天线和缝隙天线类似于声学喇叭、箫和笛;微波谐振腔类似于声学共鸣箱等。

3) 热效应特性

当微波电磁能量传送到有耗物体的内部时,就会使物体的分子发生碰撞、摩擦,从而使物体发热,这就是微波的热效应特性。利用该特性可以进行微波加热,微波加热时具有内外同热、速度快等特点,被广泛应用于粮食、纸张、食品等行业中,微波对生物体的热效应是微波生物医学的基础。

4) 宽频带特性

通信系统为了传递一定的信息必须占有一定的频带,为传输信息需要的频带称为带宽。例如,电话信道的带宽为 4 kHz,广播的带宽为 16 kHz,而一路电视频道的带宽为 8 MHz。显然,要传输的信息越多,所用的频带就越宽。一般而言,一个传输信道的相对带宽(即频带宽度与中心频率之比)不能超过百分之几,所以为了使多路电视、电话能同时在一条线路上传送,就必须使信道的中心频率比所要传递的信息总带宽高几十至几百倍。而微波由于具有较宽的频带特性,其携带信息的能力要远超中短波及超短波,因此在现代多路无线通信中得到了广泛应用。数字技术的发展为微波通信提供了更加广阔的应用前景。

微波除了具有以上特性外,还有以下特点。

1) 分布参数的不确定性

在低频情况下,电系统的元器件尺寸远远小于电磁波的波长,因此稳定状态的电压和电源效应是在整个系统各处同时建立起来的,表征系统各种不同元件的参量既不随时间变化也不随空间变化，即可以用集总参数元件来表示。但微波的频率很高，电磁振荡周期极短，与微波电路中从一点到另一点的电效应的传播时间相当，因此必须用分布参量(随时间和空间变化的参量)来表示。由于分布参量具有明显的不确定性，这增加了微波理论与技术的难度，从而增加了微波设备的成本。

2）电磁兼容与电磁环境污染

一方面，随着无线电技术的不断发展，越来越多的无线设备在相同的区域同时工作，势必会相互干扰，尤其像飞行器、舰船、隧道、矿井等受限空间中不同通信设备之间的距离较小，干扰会很明显；在十分拥挤的公共场所，众多移动用户之间的相互影响也是显而易见的，电磁兼容问题不容忽视。另一方面，越来越多的无线信号充斥在人们的生活环境中，必然会对人体产生影响，从某种意义上说，电磁环境污染已成为新的污染源，这已经引起各国政府和科技界的广泛重视。

2. 微波技术的发展

微波技术的应用仅在第二次世界大战前几年才开始。20 世纪初期对微波技术的研究有了一定的进展，但仅限于实验室研究。此阶段研制出了磁控管、速调管及其他一些新型的微波电子管。这些器件的功率较小，效率也很低。1936 年 4 月，美国科学家 South Worth 用直径为 12.5 cm 的青铜管将 9 cm 的电磁波传输了 260 m 远。这一实验结果激励了当时的研究者，因为它证实了 Maxwell(麦克斯韦)的另一预言：电磁波可以在空心的金属管中传输。因此，在第二次世界大战中微波技术的应用就成了一个热门的课题。

战争的需要促进了微波技术的发展，而电磁波在波导中传输的成功，又提供了一个有效的能量传输设备，因此这时微波电真空振荡器及微波器件的发展十分迅速。第二次世界大战结束后，人们开始系统研究微波技术传输理论，其应用向着多方向发展，并且不断地发展和完善。微波技术的发展趋势如表 1.2 所示。

表 1.2　微波技术的发展趋势

传输线	双线同轴传输线→波导传输线→带状微带线传输线→介质波导→鳍线波导
振荡器	微波电真空器件→微波半导体器件→多管合成器件
电路形式	波导电路→微带电路→混合集成电路→单片集成电路
研究的波段	分米波段→厘米波段→毫米波段→亚毫米波段→太赫兹频段

近年来，太赫兹（THz）技术的发展极为迅速。太赫兹频段的频率在 0.1 THz 到 10 THz 范围内，介于微波与红外之间。太赫兹波具有独特的瞬态性、宽带性、相干性和低能性，用于通信时还具有传输速率高、安全性高、方向性好、散射小及穿透性好等特性。

在 20 世纪 80 年代中期以前，由于缺乏有效的太赫兹辐射产生方法和检测方法，人们对该波段的特性了解较少，以至于该波段被称为电磁波谱中的太赫兹空隙。近年来，太赫兹波以其独特的性能和广泛的潜在应用而越来越受到关注。太赫兹波辐射源技术的发展是推动太赫兹应用技术和相关交叉学科迅速发展的关键所在。太赫兹辐射源分为两大类：一类是可见光与红外技术通过非线性光学方法或光泵浦向长波方向发展而成的；另一类是从微波技术向高频方向发展的电真空器件。

随着太赫兹波辐射源技术的发展，用于太赫兹波传输的各种传输线也应运而生，其中包括共面线、金属线、光纤等。随着应用研究的不断深入和交叉学科领域的不断扩大，太赫兹波的研究与应用将迎来一个蓬勃发展的阶段。太赫兹波将和电磁波谱的其他波段一样，给人类的生活带来深远的影响。

1.3　微波的应用

由于微波具有上述重要特点，因此获得了广泛的应用。微波的应用包括作为信息载体的应用和作为微波能的应用两个方面。下面简单介绍其应用的主要领域。

1. 作为信息载体的应用

微波的传统应用领域是雷达和通信。这是微波作为信息载体的应用。雷达利用电磁波对目标进行探测和定位。现代雷达大多数是微波雷达，利用微波工作的雷达可以使用尺寸较小的天线来获得很窄的波束宽度，以获取关于被测目标性质的更多信息。雷达不仅用于军事，也用于民用，如导航、气象探测、大地测量和交通管制等。因为微波具有频率高、频带宽、信息量大的特点，所以被应用于各种通信业务，包括微波多路通信、微波中继通信、移动通信和卫星通信等。微波各波段可用作不同特殊用途的通信，例如，从 S 到 Ku 波段的微波适用于以地面为基地的通信；毫米波适用于空间与空间的通信，毫米波段的 60 GHz 频段的电波在大气中衰减较大，适用于近距离保密通信，而 90 GHz 频段的电波在大气中衰减却很小，适用于地空和远距离通信；对于很长距离的通信，L 波段更适合，因为在此波段容易获得较大的功率。

2. 作为微波能的应用

微波能的应用包括微波的强功率应用和弱功率应用两个方面。强功率应用是微波加热，弱功率应用包括各种电量和非电量(如长度、速度、湿度、温度等)的测量。微波加热可以深入物体内部，热量产生于物体内部，不依靠热传导，里外同时加热，具有热效率高、节省能源、加热速度快、加热均匀等特点，便于自动化连续生产；当用于食品加工时，既不污染食品，也不污染环境，而且不破坏食品的营养成分；在农业上，微波加热可用于灭虫、育种、育蚕、干燥谷物等。弱功率应用的显著特点是不需要和被测量对象接触，属于非接触式的无损测量，特别适宜于生产线测量或进行生产的自动控制，现在应用最多的是测量湿度，即测量物质(如煤、原油等)中的含水量。

微波的生物医学应用也属于微波能的应用，利用微波对生物体的热效应进行选择性局部加热，是一种有效的热疗方法。微波的医学应用包括微波诊断、微波解冻、微波杀菌等。

1.4　微波传输线及其分类

微波电路是一种由各种导行系统构成的导行电磁波电路。其设计的理论基础之一是导行波基本理论，主要包括导行波的模式及其在导行系统横截面内的场结构分析与导行波沿导行系统轴向的传输特性分析两方面。前者称为导行波理论的横向问题，与导行系统的具体截面形状尺寸有关；后者称为导行波理论的纵向问题。对于规则导行系统，纵向问题具有一些通性。

用来引导电磁波定向传输的装置都称为导行系统（传输线）。而能量的全部或绝大部分受导行系统的导体或介质的边界约束，在有限横截面内沿确定方向（一般为轴向）传输的电磁波称为导（行）波，导行波是沿导行系统定向传输的电磁波。在微波波段，由于频率甚高、频率范围极宽、应用目的各异，因此导行系统（微波传输线）的种类较多。微波传输线除用来传输电磁波外，还可用来构成各种结构形式的微波元件。图 1.2 是微波传输线的几种常用形式。

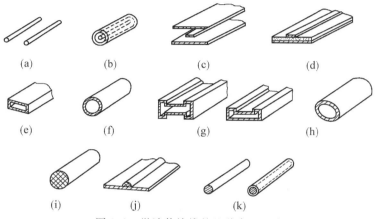

图 1.2　微波传输线的几种常用形式

从图 1.2 可以看出，微波传输线主要包括三类结构形式。第一类（图（a）～图（d））是具有双导体结构的传输线，包括平行双导线、同轴线、带状线及微带线等。这类传输线上传输的是横电磁波，所以又称为 TEM 或准 TEM 传输线。第二类（图（e）～图（h））是均匀填充介质的波导管，主要有矩形波导、圆波导、脊波导及椭圆波导等。电磁波完全限制在金属管内沿着轴向传输，这类传输线上传输的是横电（TE）波或横磁（TM）波，它们都是色散波，又称为色散波传输线。第三类（图（i）～图（k））是介质波导，有镜像线、介质线等。这类传输线上传输的是 TE 波和 TM 波的混合波，并且沿线的表面传输，所以称为表面波传输线，它也是色散波传输线。从传输的电磁波类型上来分，微波传输线可以简单地分为两种类型：TEM 波（或非色散波）传输线与非 TEM 波（或色散波）传输线。

分析电磁波传播特性的方法有两种。一种是“场”的分析方法，从麦克斯韦方程组出发，在特定的边界条件下求解电磁场的波动方程，根据各场量的时空变化规律，分析电磁波沿线的传播特性。电磁场理论中对波导传输线所用的分析方法就是“场”的分析方法，该方法能够对微波系统进行完整的描述，是分析色散波传输系统的根本方法。另一种是“路”的分析方法，将传输线作为分布参数电路处理，用基尔霍夫定律建立传输线方程，求得线上电压和电流的时空变化规律，分析其传输特性，TEM 波传输线多用此方法进行分析。“场”的理论和“路”的理论是密切相关的，很多方面两者互相补充。

习　题

1-1　什么是导行波？其类型和特点如何？

1-2　微波的频率范围是多少，可以分为几个波段？微波有什么特点？

第 2 章

场 的 理 论

库仑定律、安培定律和法拉第电磁感应定律的提出,标志着人类对宏观电磁现象的认识从定性阶段到定量阶段的飞跃。以电磁学的这三大定律为基础,麦克斯韦提出了两个基本假设——关于有旋场的假设和位移电流的假设,进而归纳总结出描述宏观电磁现象的总规律——麦克斯韦方程组。在时变的情况下,电场和磁场相互激励,在空间形成电磁波,时变电磁场的能量以电磁波的形式进行传播。电磁场的波动方程描述了电磁场的波动性。本章对不同形式的麦克斯韦方程组和边界条件进行了讨论,在时变电磁场的情况下,引入辅助位函数来描述电磁场,使一些复杂问题的分析求解过程得以简化。本章还讨论了表征电磁场能量守恒关系的坡印亭定理。

2.1 麦克斯韦方程组

2.1.1 积分形式的麦克斯韦方程组

麦克斯韦在前人工作的基础上总结了时变电磁场的普遍规律,并将这些规律用一套数学公式——麦克斯韦方程组完整地表示出来,这为宏观电磁理论的发展作出了巨大贡献。麦克斯韦的主要贡献在于提出有旋电场和位移电流两大假设。在法拉第电磁感应定律的基础上,将静电场的环量定律推广为一般时变场的广义法拉第电磁感应定律式,还将恒定磁场的安培环路定律式推广为时变场的广义安培环路定律式。麦克斯韦把若干个电磁现象的基本规律总结成下面四个方程:

$$\oint_l \boldsymbol{H} \cdot \mathrm{d}\boldsymbol{l} = \int_s \left(\boldsymbol{J} + \frac{\partial \boldsymbol{D}}{\partial t} \right) \cdot \mathrm{d}\boldsymbol{S} \tag{2.1}$$

$$\oint_l \boldsymbol{E} \cdot \mathrm{d}\boldsymbol{l} = -\int_s \frac{\partial \boldsymbol{B}}{\partial t} \cdot \mathrm{d}\boldsymbol{S} \tag{2.2}$$

$$\oint_s \boldsymbol{B} \cdot \mathrm{d}\boldsymbol{S} = 0 \tag{2.3}$$

$$\oint_s \boldsymbol{D} \cdot \mathrm{d}\boldsymbol{S} = \int_V \rho \mathrm{d}V \tag{2.4}$$

这四个反映时变场基本规律的方程称为积分形式的麦克斯韦方程组。按照顺序,四个方程依次称为麦克斯韦第一方程(广义安培环路定律)、第二方程(广义法拉第电磁感应定律)、第三方程(磁通连续性定律)和第四方程(高斯定律)。上述方程中的电流密度矢量 $\boldsymbol{J}$ 和

电荷密度 ρ 是任意形式的电流和电荷分布，而不一定是体电流和体电荷的密度。

2.1.2　微分形式的麦克斯韦方程组

积分形式的麦克斯韦方程组定量地给出了各场量之间在一个较大范围（如一根线、一个面积、一个体积）内的相互关系，利用积分方程只能直接求解一些比较简单的电磁问题。而在实际的电磁问题中，往往更需要了解空间每一点上各场量之间的定量关系。因此就需要将积分形式的麦克斯韦方程组转换成微分形式的麦克斯韦方程组，并进行电磁问题的求解。

根据斯托克斯定理，

$$\oint_l \boldsymbol{A} \cdot \mathrm{d}\boldsymbol{l} = \int_s (\nabla \times \boldsymbol{A}) \cdot \mathrm{d}\boldsymbol{S}$$

将积分形式的麦克斯韦第一方程和第二方程分别改写为

$$\int_s (\nabla \times \boldsymbol{H}) \cdot \mathrm{d}\boldsymbol{S} = \int_s \left(\boldsymbol{J} + \frac{\partial \boldsymbol{D}}{\partial t} \right) \cdot \mathrm{d}\boldsymbol{S} \tag{2.5}$$

$$\int_s (\nabla \times \boldsymbol{E}) \cdot \mathrm{d}\boldsymbol{S} = -\int_s \frac{\partial \boldsymbol{B}}{\partial t} \cdot \mathrm{d}\boldsymbol{S} \tag{2.6}$$

利用高斯散度定理，

$$\oint_s \boldsymbol{A} \cdot \mathrm{d}\boldsymbol{S} = \int_v (\nabla \cdot \boldsymbol{A}) \mathrm{d}\boldsymbol{V}$$

将积分形式的麦克斯韦第三方程和第四方程分别改写为

$$\int_V (\nabla \cdot \boldsymbol{B}) \mathrm{d}V = 0 \tag{2.7}$$

$$\int_V (\nabla \cdot \boldsymbol{D}) \mathrm{d}V = \int_V \rho \mathrm{d}V \tag{2.8}$$

由于式(2.5)～式(2.8)中的积分区域可以是任意的，若要方程在任意积分区域中均能成立，方程两端的被积函数必须相等，因此得到以下四个微分方程：

$$\nabla \times \boldsymbol{H} = \boldsymbol{J} + \frac{\partial \boldsymbol{D}}{\partial t} \tag{2.9}$$

$$\nabla \times \boldsymbol{E} = -\frac{\partial \boldsymbol{B}}{\partial t} \tag{2.10}$$

$$\nabla \cdot \boldsymbol{B} = 0 \tag{2.11}$$

$$\nabla \cdot \boldsymbol{D} = \rho \tag{2.12}$$

这四个方程即为微分形式的麦克斯韦方程组。由于在上述方程中，所有的物理量都是同一点的物理量，因此这四个方程又称为麦克斯韦方程组的点的形式。按照顺序，微分形式的麦克斯韦第一方程、第二方程、第三方程和第四方程分别称为广义安培环路定律、广义法拉第电磁感应定律、磁通连续性定律和高斯定律的微分形式。由于微分形式的麦克斯韦方程只在场处成立，所以上述各式中，$\boldsymbol{J}$ 和 ρ 只能是体电流密度和体电荷密度。

除了麦克斯韦的四个方程外，在时变电磁场中，由电荷守恒定律得到的连续性方程也是一个十分重要的基本方程。通常将麦克斯韦方程组加上连续性方程一起称为时变电磁场的基本方程。

来自电荷守恒定律的连续性方程是一条既适用于恒定场又适用于时变场的基本规律。

这条定律的积分形式如下：

$$\oint_s \boldsymbol{J} \cdot \mathrm{d}\boldsymbol{S} = -\int_v \frac{\partial \rho}{\partial t} \mathrm{d}V \tag{2.13}$$

根据高斯散度定理，得到连续性方程的微分形式：

$$\nabla \cdot \boldsymbol{J} = -\frac{\partial \rho}{\partial t} \tag{2.14}$$

麦克斯韦的四个方程加上连续性方程共五个方程，构成了麦克斯韦电磁理论的核心。其中只有两个旋度方程加上高斯定律或电流连续性方程才是独立的，其他的方程可利用三个独立方程导出。由于任何一个矢量的旋度的散度必为零，因此对麦克斯韦两个旋度方程的两边取散度得到

$$\nabla \cdot \left(\frac{-\partial \boldsymbol{B}}{\partial t}\right) = -\frac{\partial}{\partial t}(\nabla \cdot \boldsymbol{B}) = 0 \tag{2.15}$$

和

$$\nabla \cdot \left(\boldsymbol{J} + \frac{\partial \boldsymbol{D}}{\partial t}\right) = \nabla \cdot \boldsymbol{J} + \frac{\partial}{\partial t}(\nabla \cdot \boldsymbol{D}) = 0 \tag{2.16}$$

式(2.15)说明，标量$\nabla \cdot \boldsymbol{B} = 0$应与时间变量$t$无关。因为自然界中是不存在磁荷的，所以在时变场中有

$$\nabla \cdot \boldsymbol{B} = 0$$

即根据麦克斯韦的第二方程可导出第三方程。

如果将麦克斯韦第四方程代入式(2.16)，得

$$\nabla \cdot \boldsymbol{J} = -\frac{\partial \rho}{\partial t}$$

即由麦克斯韦第一方程和第四方程导出了连续性方程。

同样地，由麦克斯韦第一方程和连续性方程可导出第四方程。

在麦克斯韦方程中有五个矢量和一个标量，但是三个独立方程只有七个标量方程，要完全确定整个电磁场分布，还需再有九个独立的标量方程。当媒质为线性和各向同性的媒质时，麦克斯韦方程组中的各个矢量还满足以下关系式：

$$\boldsymbol{D} = \varepsilon \boldsymbol{E} \tag{2.17}$$

$$\boldsymbol{B} = \mu \boldsymbol{H} \tag{2.18}$$

$$\boldsymbol{J} = \sigma \boldsymbol{E} \tag{2.19}$$

式中，ε、μ、σ分别为媒质的介电常数、磁导率和电导率，统称为媒质的特征参数。其中，式(2.19)是欧姆定律的微分形式。这三个方程(九个标量方程)称为结构方程或者本构关系式，作为辅助方程与麦克斯韦方程一起就完全确定了整个电磁场。

从麦克斯韦方程组可见，当$\boldsymbol{J} = 0$、$\rho = 0$时，在无源区域内，时变电磁场中电场和磁场两者相互转换又相互依存，电力线和磁力线均为闭合回线且相互铰链；时变的电场激励时变的磁场，时变的磁场又激励时变的电场，从而形成电磁波，并以有限的速度向远方传播。

2.1.3　复矢量的麦克斯韦方程

在时谐电磁场中，对时间的导数用复数形式表示为

$$\frac{\partial \boldsymbol{F}(\boldsymbol{r}, t)}{\partial t} = \frac{\partial}{\partial t} \operatorname{Re}[\dot{\boldsymbol{F}}_{\mathrm{m}}(\boldsymbol{r}) \mathrm{e}^{\mathrm{j}\omega t}] = \operatorname{Re}\left|\frac{\partial}{\partial t}[\dot{\boldsymbol{F}}_{\mathrm{m}}(\boldsymbol{r}) \mathrm{e}^{\mathrm{j}\omega t}]\right| = \operatorname{Re}[\mathrm{j}\omega \dot{\boldsymbol{F}}(\boldsymbol{r}) \mathrm{e}^{\mathrm{j}\omega t}]$$

利用此运算规律，将麦克斯韦方程组写成

$$\nabla \times \operatorname{Re}[\dot{\boldsymbol{H}}_{\mathrm{m}}(\boldsymbol{r}) \mathrm{e}^{\mathrm{j}\omega t}] = \operatorname{Re}[\dot{\boldsymbol{J}}_{\mathrm{m}}(\boldsymbol{r}) \mathrm{e}^{\mathrm{j}\omega t}] + \operatorname{Re}[\mathrm{j}\omega \dot{\boldsymbol{D}}_{\mathrm{m}}(\boldsymbol{r}) \mathrm{e}^{\mathrm{j}\omega t}]$$

$$\nabla \times \operatorname{Re}[\dot{\boldsymbol{E}}_{\mathrm{m}}(\boldsymbol{r}) \mathrm{e}^{\mathrm{j}\omega t}] = \operatorname{Re}[-\mathrm{j}\omega \dot{\boldsymbol{B}}_{\mathrm{m}}(\boldsymbol{r}) \mathrm{e}^{\mathrm{j}\omega t}]$$

$$\nabla \cdot \operatorname{Re}[\dot{\boldsymbol{B}}_{\mathrm{m}}(\boldsymbol{r}) \mathrm{e}^{\mathrm{j}\omega t}] = 0$$

$$\nabla \cdot \operatorname{Re}[\dot{\boldsymbol{D}}_{\mathrm{m}}(\boldsymbol{r}) \mathrm{e}^{\mathrm{j}\omega t}] = \operatorname{Re}[\dot{\rho}_{\mathrm{m}}(\boldsymbol{r}) \mathrm{e}^{\mathrm{j}\omega t}]$$

将微分算子"∇"与实部符号"Re"交换顺序，有

$$\operatorname{Re}[\nabla \times \dot{\boldsymbol{H}}_{\mathrm{m}}(\boldsymbol{r}) \mathrm{e}^{\mathrm{j}\omega t}] = \operatorname{Re}[\dot{\boldsymbol{J}}_{\mathrm{m}}(\boldsymbol{r}) \mathrm{e}^{\mathrm{j}\omega t}] + \operatorname{Re}[\mathrm{j}\omega \dot{\boldsymbol{D}}_{\mathrm{m}}(\boldsymbol{r}) \mathrm{e}^{\mathrm{j}\omega t}]$$

$$\operatorname{Re}[\nabla \times \dot{\boldsymbol{E}}_{\mathrm{m}}(\boldsymbol{r}) \mathrm{e}^{\mathrm{j}\omega t}] = \operatorname{Re}[-\mathrm{j}\omega \dot{\boldsymbol{B}}_{\mathrm{m}}(\boldsymbol{r}) \mathrm{e}^{\mathrm{j}\omega t}]$$

$$\operatorname{Re}[\nabla \cdot \dot{\boldsymbol{B}}_{\mathrm{m}}(\boldsymbol{r}) \mathrm{e}^{\mathrm{j}\omega t}] = 0$$

$$\operatorname{Re}[\nabla \cdot \dot{\boldsymbol{D}}_{\mathrm{m}}(\boldsymbol{r}) \mathrm{e}^{\mathrm{j}\omega t}] = \operatorname{Re}[\dot{\rho}_{\mathrm{m}}(\boldsymbol{r}) \mathrm{e}^{\mathrm{j}\omega t}]$$

由于以上表示式对于任何时刻 t 均成立，故实部符号可以消去，于是得到

$$\nabla \times \dot{\boldsymbol{H}}_{\mathrm{m}}(\boldsymbol{r}) = \dot{\boldsymbol{J}}_{\mathrm{m}}(\boldsymbol{r}) + \mathrm{j}\omega \dot{\boldsymbol{D}}_{\mathrm{m}}(\boldsymbol{r}) \tag{2.20}$$

$$\nabla \times \dot{\boldsymbol{E}}_{\mathrm{m}}(\boldsymbol{r}) = -\mathrm{j}\omega \dot{\boldsymbol{B}}_{\mathrm{m}} \tag{2.21}$$

$$\nabla \cdot \dot{\boldsymbol{B}}_{\mathrm{m}}(\boldsymbol{r}) = 0 \tag{2.22}$$

$$\nabla \cdot \dot{\boldsymbol{D}}_{\mathrm{m}}(\boldsymbol{r}) = \dot{\rho}_{\mathrm{m}}(\boldsymbol{r}) \tag{2.23}$$

式(2.20)～式(2.23)即为时谐电磁场的复矢量所满足的麦克斯韦方程，也称为麦克斯韦方程的复数形式。

为了突出复数形式与实数形式的区别，用顶上加"·"的符号表示复数形式。由于复数形式的公式与实数形式的公式之间存在明显的区别，将复数形式的"·"去掉，并不会引起混淆。因此以后用复数形式时不再用顶上加"·"符号，并略去下标 m，所以复数形式的麦克斯韦方程可简写成

$$\nabla \times \boldsymbol{H} = \boldsymbol{J} + \mathrm{j}\omega \boldsymbol{D} \tag{2.24}$$

$$\nabla \times \boldsymbol{E} = -\mathrm{j}\omega \boldsymbol{B} \tag{2.25}$$

$$\nabla \cdot \boldsymbol{B} = 0 \tag{2.26}$$

$$\nabla \cdot \boldsymbol{D} = \rho \tag{2.27}$$

2.2　时变电磁场的边界条件

虽然微分形式的麦克斯韦方程组更适合用来分析各种复杂的电磁问题，但是微分方程中包含了场矢量的许多微分运算，这就要求其中的场矢量必须是连续的。换句话说，在场不连续处，微分形式的麦克斯韦方程是不成立的。相反，积分形式由于没有微分运算，即使是在场不连续处仍然成立。为了利用微分方程求解电磁问题，还需要从反映宏观电磁场基本规律的麦克斯韦方程组的积分形式出发，寻找各场量在场不连续处应满足的关系，这就是电磁场的边界条件。

最常见的场的不连续问题出现在不同媒质的交界面的两侧。在交界面上，由于媒质的特征参数 ε、μ、σ 发生突变，导致某些场量也跟着发生突变。另外，在面源的两边或线源的周围以及点源处也会出现场的不连续。本节只讨论不同媒质的交界面处的边界条件。

2.2.1　边界条件的一般形式

只要媒质的分界面是光滑曲面，并且曲率半径足够大，其局部都可以视为平面。为了使得到的边界条件更通用，可将场矢量在分界面上分解成平行于分界面的切向分量与垂直于分界面的法向分量进行分析。

设 A 为两种不同媒质的分界面，这两种媒质的特征参数分别为 ε_1、μ_1、σ_1 和 ε_2、μ_2、σ_2；A 上的法向单位矢量 $\boldsymbol{e}_n$ 方向设定为由媒质 2 指向媒质 1，如图 2.1 所示。为了使得到的边界条件可以应用于面源两侧的场不连续性的讨论，假设在媒质的分界面上有传导面电流和自由面电荷，密度分别用 J_s 和 ρ_s 表示。在讨论边界条件时，传导面电流和自由面电荷均视为零厚度。

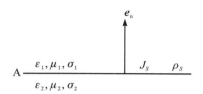

图 2.1　不同媒质的分界面

1. 切向分量的边界条件

利用积分形式麦克斯韦第一方程和第二方程可以得到分界面处切向分量的边界条件。在界面 A 附近取一个很小、很窄的矩形回路 l，长为 Δl 的边与 A 平行，长为 Δh 的边与 A 垂直，如图 2.2 所示。用 $\boldsymbol{e}_t$ 表示回路在媒质 1 中的方向，即分界面的切向，由于切向分量的不确定性，因此只有当所取的切向与实际

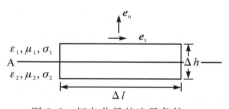

图 2.2　切向分量的边界条件

的切向场分量一致时，所得到的边界条件才能代表整个切向分量的边界条件。否则，得到的只是切向分量的某一个分量的边界条件。

令 Δh 趋于零，即回路 1 所限定的面积 S 趋于零。由于 $\partial \boldsymbol{D}/\partial t$ 和 $\partial \boldsymbol{B}/\partial t$ 以及体电流密度等场量均为有限函数，因此它们穿过以小矩形为边界的面积 S 的通量均趋于零，即

$$\lim_{\Delta h \to 0} \int_S \left(\boldsymbol{J} + \frac{\partial \boldsymbol{D}}{\partial t} \right) \cdot \mathrm{d}\boldsymbol{S} = \lim_{\Delta h \to 0} \int_S \boldsymbol{J} \cdot \mathrm{d}\boldsymbol{S} + \lim_{\Delta h \to 0} \frac{\mathrm{d}}{\mathrm{d}t} \int_S \boldsymbol{D} \cdot \mathrm{d}\boldsymbol{S} = J_{S(\boldsymbol{e}_n \times \boldsymbol{e}_t)} \Delta l$$

$$\lim_{\Delta h \to 0} \int_S \frac{\partial \boldsymbol{B}}{\partial t} \cdot \mathrm{d}\boldsymbol{S} = \lim_{\Delta h \to 0} \frac{\mathrm{d}}{\mathrm{d}t} \int_S \boldsymbol{B} \cdot \mathrm{d}\boldsymbol{S} = 0$$

式中，$J_{S(\boldsymbol{e}_n \times \boldsymbol{e}_t)}$ 是界面 A 上传导面电流 $\boldsymbol{J}_s$ 在 $\boldsymbol{e}_n \times \boldsymbol{e}_t$ 方向的分量。忽略场量在小矩形的窄边上的积分，得到

$$\lim_{\Delta h \to 0} \oint_l \boldsymbol{H} \cdot \mathrm{d}\boldsymbol{l} = H_{1t} \Delta l - H_{2t} \Delta l$$

$$\lim_{\Delta h \to 0} \oint_l \boldsymbol{E} \cdot \mathrm{d}\boldsymbol{l} = E_{1t} \Delta l - E_{2t} \Delta l$$

因此，不同媒质的分界面处切向分量多的边界条件为

$$H_{1t} - H_{2t} = J_{S(\boldsymbol{e}_n \times \boldsymbol{e}_t)} \tag{2.28}$$

$$E_{1t} - E_{2t} = 0 \tag{2.29}$$

下标"t"代表相应场矢量在分界面 A 上的切向分量。

切向分量的边界条件利用矢量形式表示为

$$\boldsymbol{e}_n \times (\boldsymbol{H}_1 - \boldsymbol{H}_2) = \boldsymbol{J}_S \tag{2.30}$$

$$\boldsymbol{e}_n \times (\boldsymbol{E}_1 - \boldsymbol{E}_2) = \boldsymbol{0} \tag{2.31}$$

2. 法向分量的边界条件

利用麦克斯韦第三方程和第四方程推导 $\boldsymbol{B}$ 和 $\boldsymbol{D}$ 的边界条件时，在界面 A 附近取一个很小、很扁的圆柱面 S。它的两个底面与 A 平行，面积均为 ΔS，侧面与 A 垂直，高度为 Δh，如图 2.3 所示。

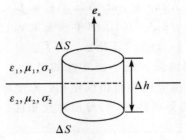

图 2.3　法向分量的边界条件

令柱体高度 Δh 趋于零，即圆柱面 S 所包围的体积 V 趋于零。此时，穿过圆柱面 S 的电荷总量不需要考虑体电荷的影响，所以有

$$\lim_{\Delta h \to 0} \int_V \rho \, \mathrm{d}V = \rho_S \Delta S$$

式中，ρ_S 为界面 A 上的自由面电荷的面密度。忽略场量在圆柱面 S 的侧壁上的积分，得到

$$\lim_{\Delta h \to 0} \oint_l \boldsymbol{B} \cdot \mathrm{d}\boldsymbol{S} = B_{1n} \Delta S - B_{2n} \Delta S$$

$$\lim_{\Delta h \to 0} \oint_l \boldsymbol{D} \cdot \mathrm{d}\boldsymbol{S} = D_{1n} \Delta S - D_{2n} \Delta S$$

因此，不同媒质的分界面处法向分量所满足的边界条件为

$$B_{1n} - B_{2n} = 0 \tag{2.32}$$

$$D_{1n} - D_{2n} = \rho_S \tag{2.33}$$

下标"n"代表相应场矢量在分界面 A 上的法向分量。

将法向分量的边界条件用矢量形式表示为

$$\boldsymbol{e}_n \cdot (\boldsymbol{B}_1 - \boldsymbol{B}_2) = 0 \tag{2.34}$$

$$\boldsymbol{e}_n \cdot (\boldsymbol{D}_1 - \boldsymbol{D}_2) = \rho_S \tag{2.35}$$

由上列各式可见，在不同媒质分界面上，磁感应强度的法向分量和电场强度的切向分量永远是连续的，而磁场强度的切向分量和电位移的法向分量只有当界面上不存在传导面电流和自由面电荷时才是连续的。无论界面上是否存在传导面电流和自由面电荷，所有的电磁场矢量都是不连续的。

虽然法向分量和切向分量的边界条件都用矢量形式表示，但前者是标量方程，后者是矢量方程。在三维空间，切向分量的边界条件最多有可能对应三个标量方程，而法向分量的边界条件只能对应一个标量方程。

2.2.2 边界条件的三种常用形式

媒质电导率的大小不仅决定了媒质内的场，还决定着其表面的传导面电流和自由面电荷的分布情况，从而对媒质分界面的边界条件也会产生很大的影响。通常将 $\sigma = 0$ 的介质称为理想介质，将 $\sigma \to \infty$ 的介质称为理想导体，除了理想介质和理想导体外的媒质，即 $0 < \sigma < \infty$ 的媒质称为导电媒质。不同媒质分界面的边界条件可以根据其分界面上传导面电流和自由面电荷的情况直接由边界条件的一般形式得到，主要有以下三种形式。

1. 导电媒质分界面的边界条件

根据欧姆定律的微分形式，导电媒质传导电流密度 $\boldsymbol{J} = \sigma \boldsymbol{E}$，因此当分界面的两侧均为一般的导电媒质，即 $0 < \sigma_1 < \infty$、$0 < \sigma_2 < \infty$ 时，分界面上是不可能存在传导面电流的，此时 $J_S = 0$。但是，在分界面上的自由面电荷 ρ_S 一般是不为零的，即 $\rho_S \neq 0$。因此，两个导电媒质分界面的边界条件应为

$$H_{1t} - H_{2t} = 0 \tag{2.36}$$
$$E_{1t} - E_{2t} = 0 \tag{2.37}$$
$$B_{1n} - B_{2n} = 0 \tag{2.38}$$
$$D_{1n} - D_{2n} = \rho_S \tag{2.39}$$

或

$$\boldsymbol{e}_n \times (\boldsymbol{H}_1 - \boldsymbol{H}_2) = \boldsymbol{0} \tag{2.40}$$
$$\boldsymbol{e}_n \times (\boldsymbol{E}_1 - \boldsymbol{E}_2) = \boldsymbol{0} \tag{2.41}$$
$$\boldsymbol{e}_n \cdot (\boldsymbol{B}_1 - \boldsymbol{B}_2) = 0 \tag{2.42}$$
$$\boldsymbol{e}_n \cdot (\boldsymbol{D}_1 - \boldsymbol{D}_2) = \rho_S \tag{2.43}$$

2. 理想导体表面的边界条件

理想导体应该称为理想导电体，它是电导率 $\sigma = \infty$ 的导体(导电媒质)。在分析实际的电磁问题时，通常将电导率很大的导体(金、银、铜等)视为理想导体使分析变得简单，同时又可以满足实际应用中的要求。同样，有时将磁导率 μ 很大的媒质视为其内部没有电磁场的理想导体。

在理想导体内部，因为电导率 $\sigma = \infty$，时变电场 $\boldsymbol{E}$ 处处为零。否则会出现传导电流密度 $\boldsymbol{J} = \sigma \boldsymbol{E}$ 无限大的情况。另外，在理想导体内部，时变磁场和时变传导电流也应处处为零，否则会出现时变磁场将产生时变电场，而时变传导电流将产生时变磁场的情况，这与理想导体内部不可能存在时变电场的结论相冲突。也就是说，在理想导体内部，时变电场、时变磁场和时变传导电流均为零。在实际的导体中，随着时变电磁场频率的增加，时变的传导电流和自由电荷将趋向导体的表面。

在理想导体的假定下，认为导体表面存在时变的面电流和面电荷。设它们的密度分别为 J_S 和 ρ_S，则理想导体表面的边界条件为

$$H_t = J_{S(\boldsymbol{e}_n \times \boldsymbol{e}_t)} \tag{2.44}$$
$$E_t = 0 \tag{2.45}$$
$$B_n = 0 \tag{2.46}$$

$$D_n = \rho_S \tag{2.47}$$

或

$$\boldsymbol{e}_n \times \boldsymbol{H} = \boldsymbol{J}_S \tag{2.48}$$

$$\boldsymbol{e}_n \times \boldsymbol{E} = \boldsymbol{0} \tag{2.49}$$

$$\boldsymbol{e}_n \cdot \boldsymbol{B} = 0 \tag{2.50}$$

$$\boldsymbol{e}_n \cdot \boldsymbol{D} = \rho_S \tag{2.51}$$

$\boldsymbol{e}_n$ 是理想导体表面的单位法线矢量，由理想导体的内部指向其外部。上述各式中的场量都是理想导体外部媒质中的电磁场。因为只有一种媒质中存在电磁场，将下标中的"1"省去。在理想导体的外部，既可以是导电媒质，也可以是理想介质。

由理想导体表面的边界条件可看出，在理想导体表面上不存在电场强度 $\boldsymbol{E}$ 的切向分量和磁感应强度 $\boldsymbol{B}$ 的法向分量。也就是说，电力线总是垂直于理想导体表面的，而磁力线总是平行于理想导体表面的。同时，磁场强度 $\boldsymbol{H}$ 的切向分量和电位移矢量 $\boldsymbol{D}$ 的法向分量分别等于面电流密度的大小和面电荷密度。

3. 理想介质分界面的边界条件

在理想介质的分界面上，不但传导面电流 $\boldsymbol{J}_S$ 为零，而且如果不是特意放置，自由面电荷 ρ_S 也将为零。因此，两个理想介质分界面的边界条件应为

$$H_{1t} - H_{2t} = 0 \tag{2.52}$$

$$E_{1t} - E_{2t} = 0 \tag{2.53}$$

$$B_{1n} - B_{2n} = 0 \tag{2.54}$$

$$D_{1n} - D_{2n} = 0 \tag{2.55}$$

或

$$\boldsymbol{e}_n \times (\boldsymbol{H}_1 - \boldsymbol{H}_2) = \boldsymbol{0} \tag{2.56}$$

$$\boldsymbol{e}_n \times (\boldsymbol{E}_1 - \boldsymbol{E}_2) = \boldsymbol{0} \tag{2.57}$$

$$\boldsymbol{e}_n \cdot (\boldsymbol{B}_1 - \boldsymbol{B}_2) = 0 \tag{2.58}$$

$$\boldsymbol{e}_n \cdot (\boldsymbol{D}_1 - \boldsymbol{D}_2) = 0 \tag{2.59}$$

从边界条件可以看出，在理想介质分界面上，因为不存在传导面电流和自由面电荷，所以不仅电场强度 $\boldsymbol{E}$ 的切向分量和磁感应强度 $\boldsymbol{B}$ 的法向分量像导电媒质分界面一样是连续的，而且磁场强度 $\boldsymbol{H}$ 的切向分量及电位移矢量 $\boldsymbol{D}$ 的法向分量也是连续的。但是只要是不同的理想介质的分界面，其两侧的场一定是不连续的。

2.3 电磁场的能量

电荷 Q 在其周围空间产生的电场，可使此空间中另一电荷 q 受力和移动而对其做功，说明电场中存在着能量。同样地，一载流导体在磁场中因受洛仑兹力而移动，表明磁场对此载流导体做功，磁场中也存在着能量。所以，电场、磁场作为物质存在的一种形式，具有能量且分布于场存在的整个空间。

在电场存在的全空间体积 V 内，存储的电场能量 W_e 表示为

$$W_e = \frac{1}{2}\int_V \boldsymbol{E} \cdot \boldsymbol{D}\mathrm{d}V \tag{2.60}$$

被积函数就是电场存在空间中任意点处的能量密度,记做 ω_e。对于线性各向同性的均匀媒质,$\boldsymbol{D}=\varepsilon\boldsymbol{E}$。所以电场的能量密度为

$$\omega_e = \frac{1}{2}\varepsilon E^2 \tag{2.61}$$

在磁场存在的全空间体积 V 内,存储的磁场能量 W_m 为

$$W_m = \frac{1}{2}\int_V \boldsymbol{H} \cdot \boldsymbol{B}\mathrm{d}V \tag{2.62}$$

对于线性各向同性的均匀媒质,$\boldsymbol{B}=\mu\boldsymbol{H}$,在磁场存在的空间任意点处,磁场的能量密度为

$$\omega_m = \frac{1}{2}\mu H^2 \tag{2.63}$$

对于谐变的电场和磁场,在场存在的空间中电场、磁场的能量密度仍为式(2.61)、式(2.63)的表述形式,但其中的 $\boldsymbol{E}$ 和 $\boldsymbol{H}$ 表示谐变电场强度和磁场强度的振幅值。

电磁场的能量应如其他形式的能量一样服从能量守恒原理。现在讨论存在电场、磁场的体积为 V 的闭合面 S 内的能量关系。假设闭合面 S 内的媒质为线性各向同性的均匀媒质,且无外加能源。

利用矢量运算公式

$$\nabla \cdot [\boldsymbol{E} \times \boldsymbol{H}] = \boldsymbol{H} \cdot [\nabla \times \boldsymbol{E}] - \boldsymbol{E} \cdot [\nabla \times \boldsymbol{H}] \tag{2.64}$$

将麦克斯韦第一方程、第二方程代入式(2.64)的右部,得

$$\nabla \cdot [\boldsymbol{E} \times \boldsymbol{H}] = \boldsymbol{H} \cdot \left[-\mu\frac{\partial \boldsymbol{H}}{\partial t}\right] - \boldsymbol{E} \cdot \left[\boldsymbol{J} + \varepsilon\frac{\partial \boldsymbol{E}}{\partial t}\right]$$

$$= -\frac{\partial}{\partial t}\left[\frac{1}{2}\mu H^2 + \frac{1}{2}\varepsilon E^2\right] - \sigma E^2 \tag{2.65}$$

将式(2.65)在闭合面 S 所围体积 V 内积分:

$$-\int_V \nabla \cdot [\boldsymbol{E} \times \boldsymbol{H}]\mathrm{d}V = \frac{\partial}{\partial t}\int_V \left[\frac{1}{2}\mu H^2 + \frac{1}{2}\varepsilon E^2\right]\mathrm{d}V + \int_V \sigma E^2 \mathrm{d}V \tag{2.66}$$

对式(2.66)的左部运用散度定理,最后得到

$$-\oint_S [\boldsymbol{E} \times \boldsymbol{H}] \cdot \mathrm{d}\boldsymbol{S} = \frac{\partial}{\partial t}\int_V [W_m + W_e]\mathrm{d}V + \int_V \sigma E^2 \mathrm{d}V$$

$$= \frac{\partial}{\partial t}[W_m + W_e] + P \tag{2.67}$$

式(2.67)称为坡印亭定理,它表述了在一个有电场、磁场存在的空间区域(S,V)内,电磁场能量的守恒关系。其中等号右侧的第一项表示在该空间区域中,电场、磁场能量在单位时间的增加量,即电场、磁场能量的增长率;等号右侧的第二项 $P = \int_V \sigma E^2 \mathrm{d}V$ 表示在该空间区域内单位时间媒质损耗转变为焦耳热的能量(功率);等号左侧的闭合面 S 上的积分表示单位时间进入闭合面 S 内矢量 $[\boldsymbol{E} \times \boldsymbol{H}]$ 的通量(进入该区域的电磁场功率)。

显然,式(2.67)左侧面积分的被积矢量函数 $\boldsymbol{E} \times \boldsymbol{H}$ 具有单位表面上功率流的含义。将其定义为电磁能流密度矢量,记做 $\boldsymbol{S}$:

$$\boldsymbol{S} = \boldsymbol{E} \times \boldsymbol{H} \tag{2.68}$$

矢量 S 称为坡印亭矢量，位是 W/m^2，它表示通过单位面积的电磁场能量及其流动方向。

对于谐变电磁场，可推导出复数形式的坡印亭定理和坡印亭矢量。通过单位面积的谐变电磁场的平均功率（即平均功率流密度）为

$$S_{cp} = \mathrm{Re}\left[\frac{1}{2}\boldsymbol{E} \times \boldsymbol{H}^*\right] \tag{2.69}$$

$\boldsymbol{H}^*$ 代表谐变磁场 $\boldsymbol{H}$ 的共轭复数。

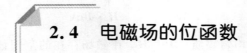

2.4　电磁场的位函数

在静态场中引入标量电位来描述电场，引入矢量磁位和标量磁位来描述磁场，使得电场和磁场的分析得到了很大程度的简化。对于时变电磁场，也可以引入位函数来描述。

2.4.1　位函数的定义

由于磁场 $\boldsymbol{B}$ 的散度恒等于零，可以将磁场 $\boldsymbol{B}$ 表示为一个矢量 $\boldsymbol{A}$ 的旋度，即

$$\boldsymbol{B} = \nabla \times \boldsymbol{A} \tag{2.70}$$

式中，矢量函数 $\boldsymbol{A}$ 称为电磁场的矢量位，单位是 $T \cdot m$（特斯拉·米）。

将式（2.70）代入方程 $\nabla \times \boldsymbol{E} = -\dfrac{\partial \boldsymbol{B}}{\partial t}$，则

$$\nabla \times \boldsymbol{E} = -\frac{\partial}{\partial t}(\nabla \times \boldsymbol{A})$$

即

$$\nabla \times \left(\boldsymbol{E} + \frac{\partial \boldsymbol{A}}{\partial t}\right) = 0$$

这说明 $\boldsymbol{E} + \dfrac{\partial \boldsymbol{A}}{\partial t}$ 是无旋的，可以用一个标量函数 φ 的梯度来表示，即

$$\boldsymbol{E} + \frac{\partial \boldsymbol{A}}{\partial t} = -\nabla \varphi \tag{2.71}$$

式中，标量函数 φ 称为电磁场的标量位，单位是 V（伏）。可将电场强度矢量 $\boldsymbol{E}$ 表示为

$$\boldsymbol{E} = -\frac{\partial \boldsymbol{A}}{\partial t} - \nabla \varphi \tag{2.72}$$

上面定义的标量位和矢量位并不是唯一的，对于同样的 $\boldsymbol{E}$ 和 $\boldsymbol{B}$，除了可用一组 $\boldsymbol{A}$ 和 φ 来表示外，还存在另外的 $\boldsymbol{A}'$ 和 φ'，使得 $\boldsymbol{B} = \nabla \times \boldsymbol{A}'$ 和 $\boldsymbol{E} = -\dfrac{\partial \boldsymbol{A}'}{\partial t} - \nabla \varphi'$。实际上，设 ψ 为任意标量函数，令

$$\begin{cases} \boldsymbol{A}' = \boldsymbol{A} + \nabla \psi \\ \varphi' = \varphi - \dfrac{\partial \psi}{t} \end{cases} \tag{2.73}$$

则

$$\nabla \times \boldsymbol{A}' = \nabla \times \boldsymbol{A} + \nabla \times (\nabla \psi) = \nabla \times \boldsymbol{A} = \boldsymbol{B}$$

$$-\frac{\partial \boldsymbol{A}'}{\partial t} - \nabla \varphi' = -\frac{\partial}{\partial t}(\boldsymbol{A} + \nabla \psi) - \nabla\left(\varphi - \frac{\partial \psi}{\partial t}\right) = -\frac{\partial \boldsymbol{A}}{\partial t} - \nabla \varphi = \boldsymbol{E}$$

由于 ϕ 为任意标量函数，因此上面定义的 A' 和 φ' 有无穷多组。这是因为确定一个矢量场需要同时规定该矢量场的散度和旋度，而上式只规定了 A 的旋度，没有规定 A 的散度。因此，通过适当规定矢量位 A 的散度，不仅可以得到唯一的 A 和 φ，还可以使问题的求解得以简化。通常规定 A 的散度为

$$\nabla \cdot A = -\mu\varepsilon \frac{\partial \varphi}{\partial t} \tag{2.74}$$

此式称为洛仑兹条件。

2.4.2　达朗贝尔方程

在线性各向同性的均匀媒质中，将 $B = \nabla \times A$ 和 $E = -\dfrac{\partial A}{\partial t} - \nabla\varphi$ 代入方程 $\nabla \times H = J + \varepsilon \dfrac{\partial E}{\partial t}$，则有

$$\nabla \times \nabla \times A = \mu J - \mu\varepsilon \frac{\partial^2 A}{\partial t^2} - \mu\varepsilon \nabla\left(\frac{\partial \varphi}{\partial t}\right)$$

根据矢量恒等式 $\nabla \times \nabla \times A = \nabla(\nabla \cdot A) - \nabla^2 A$，可得到

$$\nabla^2 A - \mu\varepsilon \frac{\partial^2 A}{\partial t^2} - \nabla\left[\nabla \cdot A + \mu\varepsilon\left(\frac{\partial \varphi}{\partial t}\right)\right] = -\mu J \tag{2.75}$$

同样，将 $E = -\dfrac{\partial A}{\partial t} - \nabla\varphi$ 代入 $\nabla \cdot E = \dfrac{1}{\varepsilon}\rho$，得到

$$\nabla^2 \varphi + \frac{\partial}{\partial t}(\nabla \cdot A) = -\frac{1}{\varepsilon}\rho \tag{2.76}$$

式(2.75)和式(2.76)是关于 A 和 φ 的一组耦合微分方程，可通过适当地规定 A 的散度进行简化。利用洛仑兹条件可得到

$$\nabla^2 A - \mu\varepsilon \frac{\partial^2 A}{\partial t^2} = -\mu J \tag{2.77}$$

$$\nabla^2 \varphi - \mu\varepsilon \frac{\partial^2 \varphi}{\partial t^2} = -\frac{1}{\varepsilon}\rho \tag{2.78}$$

式(2.77)和式(2.78)就是在洛仑兹条件下，矢量位 A 和标量位 φ 所满足的微分方程，称为达朗贝尔方程。

达朗贝尔方程中，采用洛仑兹条件使矢量位和标量位分离在两个独立的方程中，且 A 仅与电流密度 J 有关，φ 仅与电荷密度 ρ 有关，这对方程的求解是有利的。如果不采用洛仑兹条件，而选择另外的 $\nabla \cdot A$，得到 A 和 φ 的方程将不同于达朗贝尔方程，其解也不同，但最终由 A 和 φ 确定的 E 和 B 是相同的。

2.5　理想介质中的均匀平面波

均匀平面波是电磁波的一种理想情况，它的特性及讨论方法不仅简单，而且能表征电磁波主要的性质。虽然这种均匀平面波实际上并不存在，但是讨论这种均匀平面波是具有实际意义的。因为在距离波源足够远的地方，呈球面的波阵面上的一小部分就可以近似地

看作均匀平面波。

2.5.1　理想介质中的均匀平面波函数

假设所讨论的区域是无源区，且媒质为线性、各向同性的均匀理想介质，讨论均匀平面波在这种理想介质中的传播特点。如果选用的直角坐标系中均匀平面波沿 z 方向传播，则电场强度 E 和磁场强度 H 都不是 x 和 y 的函数，即

$$\frac{\partial E}{\partial x} = \frac{\partial E}{\partial y} = 0, \ \frac{\partial H}{\partial x} = \frac{\partial H}{\partial y} = 0$$

同时，由 $\nabla \cdot E = 0$ 和 $\nabla \cdot H = 0$，得到

$$\frac{\partial E_z}{\partial z} = 0, \ \frac{\partial H_z}{\partial z} = 0$$

再根据 E_z、H_z 的波动方程，得到

$$E_z = 0, \ H_z = 0$$

说明沿 z 方向传播的均匀平面波的电场强度 E 和磁场强度 H 都没有沿传播方向的分量，即电场强度 E 和磁场强度 H 都与波的传播方向垂直。这种波称为横电磁波（TEM 波）。

对于沿 z 方向传播的均匀平面波，电场强度 E 和磁场强度 H 的分量满足标量亥姆霍兹方程

$$\frac{\mathrm{d}^2 E_x}{\mathrm{d}z^2} + k^2 E_x = 0 \tag{2.79}$$

$$\frac{\mathrm{d}^2 E_y}{\mathrm{d}z^2} + k^2 E_y = 0 \tag{2.80}$$

$$\frac{\mathrm{d}^2 H_x}{\mathrm{d}z^2} + k^2 H_x = 0 \tag{2.81}$$

$$\frac{\mathrm{d}^2 H_y}{\mathrm{d}z^2} + k^2 H_y = 0 \tag{2.82}$$

上面四个方程具有相同的形式，都是二阶常微分方程，它们解的形式也相同。下面只对方程（2.79）及其解进行讨论。

方程（2.79）的通解为

$$E_x(z) = A_1 \mathrm{e}^{-\mathrm{j}kz} + A_2 \mathrm{e}^{\mathrm{j}kz} \tag{2.83}$$

其中，$A_1 = E_{1m} \mathrm{e}^{\mathrm{j}\phi_1}$、$A_2 = E_{2m} \mathrm{e}^{\mathrm{j}\phi_2}$，$\phi_1$、$\phi_2$ 分别为 A_1、A_2 的辐角。如果写成瞬时表达式，则为

$$E_x(z, t) = \mathrm{Re}[E_x(z) \mathrm{e}^{\mathrm{j}\omega t}] = E_{1m} \cos(\omega t - kz + \phi_1) + E_{2m} \cos(\omega t + kz + \phi_2) \tag{2.84}$$

2.5.2　理想介质中均匀平面波的传播特点

式（2.83）的第一项表示沿正 z 方向传播的均匀平面波，第二项表示沿负 z 方向传播的均匀平面波。对于无界的均匀媒质中只存在沿一个方向传播的波，这里讨论沿正 z 方向传播的均匀平面波，即

$$E_x(z) = E_{xm} \mathrm{e}^{-\mathrm{j}kz} \mathrm{e}^{\mathrm{j}\phi_x} \tag{2.85}$$

$$E_x(z, t) = E_{xm} \cos(\omega t - kz + \phi_x) \tag{2.86}$$

$E_x(z, t)$ 既是时间的周期函数，又是空间坐标的周期函数。

在 $z=$ 常数的平面上，$E_x(z, t)$ 随时间 t 作周期性变化。图 2.4 给出了 $E_x(0, t)=E_{xm}\cos\omega t$ 的变化曲线，$\phi_x=0$，ωt 为时间相位，ω 表示单位时间内的相位变化，称为角频率，单位为 rad/s。由 $\omega t=2\pi$ 得到场量随时间变化的周期为

$$T = \frac{2\pi}{\omega} \tag{2.87}$$

$$f = \frac{1}{T} = \frac{\omega}{2\pi} \tag{2.88}$$

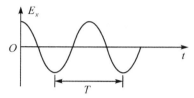

图 2.4　$E_x(0, t)=E_{xm}\cos\omega t$ 的变化曲线

在任意固定时刻，$E_x(z, t)$ 随空间坐标 z 作周期性变化，图 2.5 给出了 $E_x(z, 0)=E_{xm}\cos kz$ 的变化曲线。kz 为空间相位，所以波的等相位面（波阵面）是 z 为常数的平面，称为平面波。k 表示波传播单位距离的相位变化，称为相位常数，单位为 rad/m。在任意固定时刻，空间相位差为 2π 的两个波阵面之间的距离称为电磁波的波长，用 λ 表示，单位为 m。由 $k=2\pi$ 可得到

$$\lambda = \frac{2\pi}{k} \tag{2.89}$$

由于 $k=\omega\sqrt{\mu\varepsilon}=2\pi f\sqrt{\mu\varepsilon}$，故又可得到

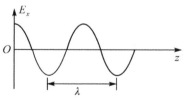

图 2.5　$E_x(z, 0)=E_{xm}\cos kz$ 的变化曲线

$$\lambda = \frac{1}{f\sqrt{\mu\varepsilon}} \tag{2.90}$$

可见，电磁波的波长不仅与频率有关，还与媒质参数有关。

由式（2.89）可得到

$$k = \frac{2\pi}{\lambda} \tag{2.91}$$

所以 k 的大小也表示在 2π 的空间距离内所包含的波长数，故又将 k 称为波数。

电磁波的等相位面在空间中的移动速度称为相位速度，或简称相速，以 v 表示，单位为 m/s。图 2.6 给出了 $E_x(z, t)=E_{xm}\cos(\omega t-kz)$ 在几个不同时刻的图形，对于波上任一固定观察点（如波峰点 P），其相位为恒定值，即 $\omega t-kz=$ 常数，于是 $\omega\mathrm{d}t-k\mathrm{d}z=0$，由此得到均匀平面波的相速为

$$v = \frac{\mathrm{d}z}{\mathrm{d}t} = \frac{\omega}{k} \tag{2.92}$$

由于 $k = \omega\sqrt{\mu\varepsilon}$，故又可得到

$$v = \frac{1}{\sqrt{\varepsilon\mu}} \tag{2.93}$$

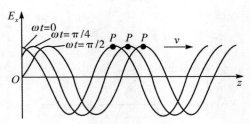

图 2.6 几个不同时刻 $E_x(z, t) = E_{xm}\cos(\omega t - kz)$ 的图形

由此可见，在理想介质中，均匀平面波的相速与频率无关，但与媒质参数有关。在自由空间，$\varepsilon = \varepsilon_0 = \frac{1}{36\pi} \times 10^{-9}$ F/m，$\mu = \mu_0 = 4\pi \times 10^{-7}$ H/m，这时

$$v = v_0 = \frac{1}{\sqrt{\varepsilon_0\mu_0}} = 3 \times 10^8 \text{ m/s} \tag{2.94}$$

为自由空间的光速。

利用麦克斯韦方程，可得到电磁波的磁场表达式。由 $\nabla \times \boldsymbol{E} = -\mathrm{j}\omega\mu\boldsymbol{H}$，有

$$\boldsymbol{H} = -\frac{1}{-\mathrm{j}\omega\mu}\nabla \times \boldsymbol{E} = -\boldsymbol{e}_y\frac{1}{\mathrm{j}\omega\mu}\frac{\partial E_x}{\partial z} = \boldsymbol{e}_y\frac{k}{\mathrm{j}\omega\mu}E_{xm}\mathrm{e}^{-\mathrm{j}(kz-\phi_x)}$$

$$= \boldsymbol{e}_y\sqrt{\frac{\varepsilon}{\mu}}E_{xm}\mathrm{e}^{-\mathrm{j}(kz-\phi_x)} = \boldsymbol{e}_y\frac{1}{\eta}E_{xm}\mathrm{e}^{-\mathrm{j}(kz-\phi_x)} \tag{2.95}$$

其瞬时表示式为

$$\boldsymbol{H} = \boldsymbol{e}_y\frac{1}{\eta}E_0\cos(\omega t - kz + \phi_x) \tag{2.96}$$

其中

$$\eta = \sqrt{\frac{\varepsilon}{\mu}} \ \Omega \tag{2.97}$$

是电场的振幅与磁场的振幅之比，具有阻抗的量纲，故称为波阻抗。由于 η 的值与媒质参数有关，因此又称为媒质的本征阻抗（或特性阻抗）。在自由空间中

$$\eta = \eta_0 = \sqrt{\frac{\varepsilon_0}{\mu_0}} = 120\pi \approx 377 \ \Omega \tag{2.98}$$

由式(2.95)可知，磁场与电场之间满足关系

$$\boldsymbol{H} = \frac{1}{\eta}\boldsymbol{e}_z \times \boldsymbol{E} \tag{2.99}$$

$$\boldsymbol{E} = \eta\boldsymbol{H} \times \boldsymbol{e}_z \tag{2.100}$$

由此可见，电场 $\boldsymbol{E}$、磁场 $\boldsymbol{H}$ 与传播方向 $\boldsymbol{e}_z$ 之间相互垂直，且遵循右手螺旋关系，如图2.7所示。

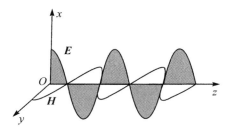

图 2.7　理想介质中均匀平面波的 E 和 H

在理想介质中，由于 $|H| = \dfrac{1}{\eta}|E|$，故有

$$\frac{1}{2}\varepsilon |E|^2 = \frac{1}{2}\mu |H|^2 \tag{2.101}$$

这表明，在理想介质中，均匀平面波的电场能量密度等于磁场能量密度。因此电磁能量密度可表示为

$$\omega = \omega_{\mathrm{e}} + \omega_{\mathrm{m}} = \frac{1}{2}\varepsilon |E|^2 + \frac{1}{2}\mu |H|^2 = \varepsilon |E|^2 = \mu |H|^2 \tag{2.102}$$

在理想介质中，瞬时坡印亭矢量为

$$S = E \times H = \frac{1}{\eta}E \times (e_z \times E) = e_z \frac{1}{\eta}|E|^2 \tag{2.103}$$

平均坡印亭矢量为

$$S_{\mathrm{av}} = \frac{1}{2}\mathrm{Re}[E \times H^*] = \frac{1}{2\eta}\mathrm{Re}[E \times (e_z \times E^*)] = e_z \frac{1}{2\eta}|E|^2 \tag{2.104}$$

由此可见，均匀平面波的电磁能量沿波的传播方向流动。

综上，理想介质中均匀平面波的传播特点为：电场 E、磁场 H 与传播方 e_z 之间相互垂直，是 TEM 波；电场与磁场的振幅不变；波阻抗为实数，电场与磁场同相位；电场能量密度等于磁场能量密度。

2.5.3　沿任意方向传播的均匀平面波

均匀平面波的传播方向与等相位面垂直，在等相位面内任一点的电磁场的大小和方向都是相同的，这些都与坐标系的选择无关。本节讨论均匀平面波沿任意方向传播的一般情况。

图 2.8 表示沿任意方向传播的均匀平面波，传播方向的单位矢量为 e_{n}。定义一个波矢量 k，其大小为相位常数 k、方向为 e_{n}，即

$$k = e_{\mathrm{n}}k = e_x k_x + e_y k_y + e_z k_z \tag{2.105}$$

式中，k_x、k_y、k_z 为 k 的三个分量。

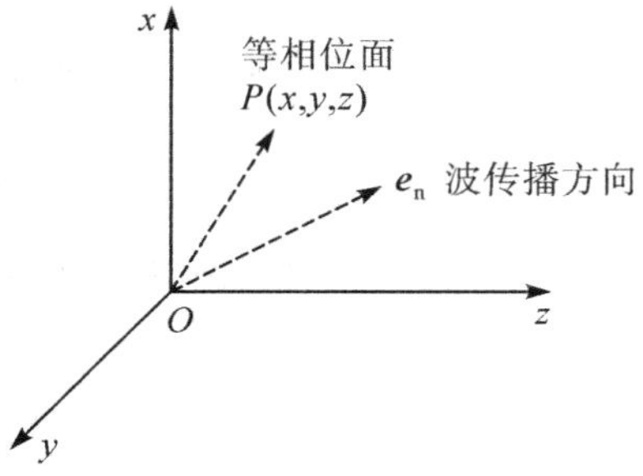

沿 e_z 方向传播的均匀平面波是一种特殊情况，其波矢量为

$$k = e_z k$$

设空间任意点的矢径为 $r = e_x x + e_y y + e_z z$，则 $kz = k e_z \cdot r$，因此可将沿 e_z 方向传播的

图 2.8　沿任意方向传播的均匀平面波

均匀平面波表示为

$$E(z) = E_0 e^{-jke_z \cdot r}$$

$$H(z) = \frac{1}{\eta} e_z \times E(z)$$

式中，E_0 是一个常矢量，其等相位面为 $e_z \cdot r = z = $ 常数的平面。

对于沿 e_n 方向传播的均匀平面波，等相位面是垂直于 e_n 的平面，其方程为

$$e_z \cdot r = 常数$$

对照沿 e_z 方向传播的情况可知，沿任意方向 e_n 传播的均匀平面波的电场矢量为

$$E(r) = E_0 e^{-jke_n \cdot r} = E_0 e^{-jk \cdot r} \tag{2.106}$$

且由 $\nabla \cdot E = 0$，可以得到 $e_n \cdot E_0 = 0$，这表明电场矢量的方向垂直于传播方向。

与上式相应的磁场矢量可表示为

$$H(r) = \frac{1}{\eta} e_n \times E(r) = \frac{1}{\eta} e_n \times E_0 e^{-jk \cdot r} \tag{2.107}$$

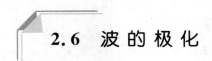

2.6 波 的 极 化

2.6.1 极化的概念

在讨论沿 z 方向传播的均匀平面波时，假设 $E = e_x E_m \cos(\omega t - kz + \phi)$。在任何时刻，$E$ 的方向始终都保持在 x 方向。一般情况下，沿 z 方向传播的均匀平面波的 E_x 和 E_y 分量都存在，可表示为

$$E_x = E_{xm} \cos(\omega t - kz + \phi_x) \tag{2.108}$$

$$E_y = E_{ym} \cos(\omega t - kz + \phi_y) \tag{2.109}$$

合成波电场 $E = e_x E_x + e_y E_y$。由于 E_x 和 E_y 分量的振幅和相位不一定相同，因此在空间任意给定点上，合成波 E 的大小和方向都可能会随时间变化，这种现象称为电磁波的极化。

电磁波的极化是电磁理论中的一个重要概念，它表征在空间给定点上电场强度矢量的取向随时间变化的特性，并用电场强度矢量的端点随时间变化的轨迹来描述。若该轨迹是直线，则称为直线极化；若轨迹是圆，则称为圆极化；若轨迹是椭圆，则称为椭圆极化。前一节讨论的均匀平面波就是沿 z 方向极化的线极化波。

合成波的极化形式取决于 E_x 和 E_y 分量的振幅之间和相位之间的关系。下面取 $z = 0$ 的给定点来讨论，这时式(2.108)和式(2.109)写为

$$E_x = E_{xm} \cos(\omega t + \phi_x) \tag{2.110}$$

$$E_y = E_{ym} \cos(\omega t + \phi_y) \tag{2.111}$$

2.6.2 直线极化波

若电场的 x 分量和 y 分量的相位相同或相差 π，即 $\phi_y - \phi_x = 0$ 或 $\pm\pi$ 时，则合成波为直

线极化波。

当 $\phi_y - \phi_x = 0$ 时，得到合成波电场强度的大小为

$$E = \sqrt{E_x^2 + E_y^2} = \sqrt{E_{xm}^2 + E_{ym}^2}\cos(\omega t + \phi_x) \tag{2.112}$$

合成波电场与 z 轴的夹角为

$$\alpha = \arctan\frac{E_y}{E_x} = \arctan\frac{E_{ym}}{E_{xm}} = \text{const} \tag{2.113}$$

由此可见，合成波电场的大小虽然随时间变化，但是其矢端轨迹与 x 轴夹角始终保持不变，如图 2.9 所示，因此为直线极化波。

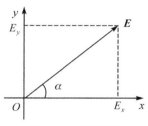

图 2.9　直线极化

对 $\phi_y - \phi_x = \pm\pi$ 的情况，可类似讨论。

从以上讨论可以得出结论：任何两个同频率、同传播方向且极化方向互相垂直的线极化波，当它们的相位相同或相差为 π 时，其合成波为线极化波。

在工程上，常将垂直于大地的直线极化波称为垂直极化波，而将与大地平行的直线极化波称为水平极化波。例如，中波广播天线架设与地面垂直，发射垂直极化波。收听者要得到最佳的收听效果，就应将收音机的天线调整到与电场 $\boldsymbol{E}$ 平行的位置，即与大地垂直；电视发射天线与大地平行，发射水平极化波，这时电视接收天线应调整到与大地平行的位置，我们所见到的电视共用天线都是按照这个原理架设的。

2.6.3　圆极化波

若电场的 x 和 y 分量振幅相等、相位差为 $\dfrac{\pi}{2}$，即 $E_{xm} = E_{ym} = E_m$、$\phi_y - \phi_x = \pm\dfrac{\pi}{2}$ 时，则合成波为圆极化波。

当 $\phi_y - \phi_x = \dfrac{\pi}{2}$ 时，即 $\phi_y = \dfrac{\pi}{2} + \phi_x$，由式（2.110）和式（2.111）可得

$$E_x = E_m\cos(\omega t + \phi_x)$$

$$E_y = E_m\cos\left(\omega t + \phi_x + \frac{\pi}{2}\right) = -E_m\sin(\omega t + \phi_x)$$

故合成波电场强度的大小

$$E = \sqrt{E_x^2 + E_y^2} = E_m = \text{const} \tag{2.114}$$

合成波电场与 z 轴的夹角为

$$\alpha = \arctan\frac{E_y}{E_x} = -(\omega t + \phi_x) \tag{2.115}$$

式（2.114）和式（2.115）中，合成波电场的大小不随时间改变，方向随时间变化，其端

点轨迹在一个圆上并以角速度 ω 旋转，如图 2.10 所示，称为圆极化波。

由式（2.113）可知，当时间 t 的值逐渐增加时，电场 E 的端点沿顺时针方向旋转。若以左手大拇指朝向波的传播方向（这里为 z 方向），则其余四指的转向与电场 E 的端点运动方向一致，故将图 2.10 所示的圆极化波称为左旋圆极化波。

对于 $\phi_y - \phi_x = -\dfrac{\pi}{2}$ 的情况，可类似讨论。此时，合成波电场与 x 轴的夹角为

$$\alpha = 2\arctan\frac{E_y}{E_x} = \omega t + \phi_x \tag{2.116}$$

当时间 t 的值逐渐增加时，电场 E 的端点沿逆时针方向旋转，如图 2.11 所示。若以右手大拇指朝向波的传播方向（这里为 z 方向），则其余四指的转向与电场 E 的端点运动方向一致，故将图 2.11 所示的圆极化波称为右旋圆极化波。

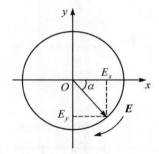

图 2.10　左旋圆极化波

任何两个同频率、同传播方向且极化方向互相垂直的线极化波，当它们的振幅相等且相位差为 $\pm\pi/2$ 时，其合成波为圆极化波。

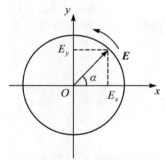

图 2.11　右旋圆极化波

在很多情况下，系统需利用圆极化波才能进行正常工作，例如在卫星通信系统中，卫星上的天线和地面站的天线均采用了圆极化天线；火箭等飞行器在飞行过程中其状态和位置在不断地改变，因此火箭上的天线方位也在不断地改变，若利用线极化的信号来遥控，在某些情况下会出现火箭上的天线接收不到地面控制信号而造成失控的情况。

2.6.4　椭圆极化波

当电场两个分量的振幅和相位都不相等时，构成了椭圆极化波。

在式（2.110）和式（2.111）中，取 $\phi_x = 0$，$\phi_y = \phi$，则

$$E_x = E_{xm}\cos\omega t$$

$$E_y = E_{ym}\cos(\omega t + \phi)$$

由此二式中消去 t，可以得到

$$\frac{E_x^2}{E_{xm}^2} + \frac{E_y^2}{E_{ym}^2} - \frac{2E_x E_y}{E_{xm} E_{ym}}\cos\phi = \sin^2\phi \tag{2.117}$$

这是一个椭圆方程，故合成波电场 E 的端点在一个椭圆上旋转，如图 2.12 所示。当 $0 < \phi < \pi$ 时，它沿顺时针方向旋转，为左旋椭圆极化；当 $-\pi < \phi < 0$ 时，它沿逆时针方向旋转，为右旋椭圆极化。椭圆的长轴与 x 轴的夹角 θ 由下式确定：

$$\tan 2\theta = \frac{2E_{xm} E_{ym}}{E_{xm}^2 - E_{ym}^2}\cos\phi \tag{2.118}$$

直线极化和圆极化都可看作椭圆极化的特例。

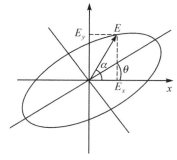

图 2.12 椭圆极化

以上讨论了两个正交的线极化波合成波的极化情况，可以是线极化，也可以是或圆极化波或椭圆极化波；反之，任一线极化波、圆极化波、椭圆极化波，也可以分解为两个正交的线极化波。而且，一个线极化波还可以分解为两个振幅相等、旋向相反的圆极化波；一个椭圆极化波也可以分解为两个振幅不同、旋向相反的圆极化波。

习　　题

2-1　证明：在不同磁介质的分界面上，矢量磁位 A 的切向分量是连续的。

2-2　什么是均匀平面波？平面波与均匀平面波有何区别？在理想介质中，均匀平面波具有哪些特点？

2-3　在导电媒质中，均匀平面波的相速是否与频率有关？在导电媒质中，均匀平面波的电场与磁场是否同相位？

2-4　证明：矢量函数 $\boldsymbol{E} = \boldsymbol{e}_x E_0 \cos\left(\omega t - \dfrac{\omega}{c} x\right)$ 满足真空中的无源波动方程

$$\nabla^2 \boldsymbol{E} - \frac{1}{c^2}\frac{\partial^2 \boldsymbol{E}}{\partial t^2} = 0$$

但不满足麦克斯韦方程。

2-5　如题图 2-1 所示，半径为 b、无限长的薄导体圆柱面被分割成 4 个 1/4 圆柱面，彼此之间绝缘。第二象限和第四象限的 1/4 圆柱面接地，第一象限和第三象限的 1/4 圆柱面分别保持电位 U_0 和 $-U_0$。求圆柱面内的电位函数。

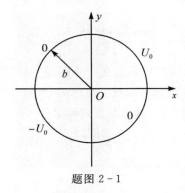

题图 2 - 1

2 - 6 在应用电磁位时，若不采用洛仑兹条件，而采用库仑条件 $\nabla \cdot \boldsymbol{A} = 0$，导出 $\boldsymbol{A}$ 和 φ 满足的微分方程。

2 - 7 空气中，沿 $\boldsymbol{e}_y$ 方向传播的均匀平面波频率 $f = 400$ MHz。当 $y = 0.5$ m、$t = 0.2$ ns 时，电场强度 $\boldsymbol{E}$ 的最大值为 250 V/m，表征其方向的单位矢量为 $0.6\boldsymbol{e}_x - 0.8\boldsymbol{e}_z$。求电场 $\boldsymbol{E}$ 和磁场 $\boldsymbol{H}$ 的瞬时表示式。

2 - 8 若标量位 $\varphi = x - ct$ 及矢量位 $\boldsymbol{A} = \boldsymbol{e}_x\left(\dfrac{x}{c} - t\right)$，式中 $c = \dfrac{1}{\sqrt{\mu_0 \varepsilon_0}}$。

(1) 试证明：$\nabla \cdot \boldsymbol{A} = -\mu_0 \varepsilon_0 \dfrac{\partial \varphi}{\partial t}$；

(2) 求 $\boldsymbol{H}$、$\boldsymbol{B}$、$\boldsymbol{E}$ 和 $\boldsymbol{D}$；

(3) 证明上述结果满足自由空间的麦克斯韦方程。

2 - 9 理想介质中均匀平面波的电场和磁场分别为

$$\boldsymbol{E} = 10\cos(6\pi \times 10^7 t - 0.8\pi z)\boldsymbol{e}_x \text{ V/m}$$

$$\boldsymbol{H} = \frac{1}{6\pi}\cos(6\pi \times 10^7 t - 0.8\pi z)\boldsymbol{e}_y \text{ A/m}$$

求该介质的相对磁导率 μ_r 和相对介电常数 ε_r。

2 - 10 自由空间传播的均匀平面波的电场强度复矢量为

$$E = 10^{-4} e^{-j20\pi z}\boldsymbol{e}_x + 10^{-4} e^{-j\left(20\pi z - \frac{\pi}{2}\right)}\boldsymbol{e}_y \text{ V/m}$$

试求：

(1) 平面波的传播方向和频率；

(2) 波的极化方式；

(3) 磁场强度 $\boldsymbol{H}$；

(4) 流过与传播方向垂直的单位面积的平均功率。

2 - 11 已知自由空间传播的均匀平面波磁场强度为

$$\boldsymbol{H}(z, t) = (\boldsymbol{e}_x + \boldsymbol{e}_y) \times 0.8\cos(6\pi \times 10^8 t - 2\pi z) \text{ A/m}$$

(1) 试求该均匀平面波的频率、波长、相位常数和相速；

(2) 试求与 $\boldsymbol{H}(z, t)$ 相伴的电场强度 $\boldsymbol{E}(z, t)$；

(3) 计算瞬时坡印亭矢量。

2-12　已知一个右旋圆极化波的波矢量为

$$k = \omega\sqrt{\frac{\mu\varepsilon}{2}}(e_y + e_z)$$

且 $t=0$ 时，坐标原点处的电场为 $E(0)=e_x E_0$。试求此右旋圆极化波的电场、磁场表达式。

2-13　什么是波的极化？什么是线极化、圆极化、椭圆极化？满足什么条件时，两个互相垂直的线极化波叠加，分别是：（1）线极化波；（2）圆极化波；（3）椭圆极化波？如何判断圆极化波是左旋，还是右旋？

第 3 章

传输线理论

引导电磁波沿一定方向传输的导体、介质或由它们共同组成的导波系统，均称为传输线。传输线理论是基本电路理论和场论之间的桥梁。本章用"路"的方法研究分析传输线在微波运用下的传输特性，讨论用史密斯圆图进行阻抗计算和阻抗匹配的方法。这些理论不仅适用于 TEM 波传输线，而且也是研究非 TEM 波传输线的理论基础。

3.1　分布参数及等效电路

传输线的物理长度 l 与电磁波的工作波长 λ 的比值称为电长度（电尺寸）。

电路理论和传输线理论之间的关键差别在于电尺寸。电路分析假设一个网络的实际尺寸远小于工作波长，而传输线的长度则可与工作波长相比拟或为数个波长。因此，一段传输线可看作是一个分布参数网络，电压和电流在其上的振幅和相位都可能发生变化。集总参数电路和分布参数电路的区别如下：

（1）当电长度 $l/\lambda < 0.05$ 时，传输线称为短线，需要用集总参数电路来描述；

（2）当电长度 $l/\lambda \geqslant 0.05$ 时，传输线称为长线，需要用分布参数电路来描述。

例如，长度为 30 cm 的一段同轴线，当传输频率为 3 GHz（$\lambda=10$ cm）的微波信号时，性质为长线；而长度为 60 km 的照明线却不是长线，因为频率为 50 Hz 的市电信号波长是 6000 km。

本章讨论的传输线都属于长线范畴，并且一般常用双导线来表示。一方面，传播 TEM 的传输线至少要有两个导体；另一方面，因为双导线从结构上来看更接近低频电路，所以接受起来并不困难。

图 3.1 给出了线上电压（或电流）随空间位置的变化，从中可看出长线和短线的区别：

图 3.1(a) 中，线上传输的电磁波频率较低，相对电磁波的波长而言，传输线的物理长度要小得多。在整个长度 AB 内，电压和电流的幅度、相位可近似认为不变，二者的大小只与时间有关，即分布参数效应可以忽略不计。"短线"在低频电路中只起连接导线的作用，此时可以用基本电路理论来分析。

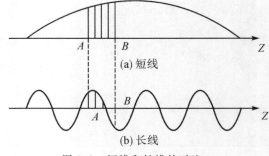

图 3.1　短线和长线的对比

图 3.1(b) 中，线上传输电磁波的频率较高，波长较短，传输线的尺寸可能为一个波长的

几分之一或者相当，此时整个长度 AB 内的电压和电流的幅度、相位都发生了明显的变化。

3.1.1　分布参数

分布参数是相对集总参数而言的。低频电路中，全部的能量消耗都被认为集中在电阻中，电场能量都集中在电容中，磁场能量都集中在电感中。连接元器件的导线都是理想的短路线，可以任意延伸或者压缩，由这些集总参数元件构成的电路被称为集总参数电路。

当导线传导的信号频率提高到一定范围时，导线上固有的电感、电容可与电路中的电感、电容相比拟。在微波波段，信号波长和导线的长度相当，低频时忽略的各种损耗都会随着频率的升高而增大，这些损耗会通过沿导线的损耗电阻、电感等表现出来，导致沿线的电压和电流除了随着时间变化外，还会随空间位置的变化而变化。这些看不见的参数，对所传输电磁波的影响分布在传输线上的每一点，被称为分布参数。

分别用 R_1、L_1、C_1 和 G_1 来表示传输线单位长度的分布电阻、分布电感、分布电容和分布电导。当分布参数沿线均匀分布时，且不随位置而变化，则称其为均匀传输线(均匀长线)。本章只限于分析均匀传输线。

(1) 分布电阻 $R_1(\Omega/\mathrm{m})$：电流流过导线时引起导线发热，故导线本身具有分布电阻效应；理想导体的分布电阻为 0。

(2) 分布电感 $L_1(\mathrm{H/m})$：电流流过导线时导线周围存在高频磁场，因此导线上存在分布电感效应。

(3) 分布电容 $C_1(\mathrm{F/m})$：双导线之间有电压，就会有电场，因此导线之间存在分布电容效应。

(4) 分布电导 $G_1(\mathrm{S/m})$：双导线之间绝缘不够理想，因此沿线存在漏电流，则沿线有并联电导，即为分布电导效应；理想介质的分布电导为 0。

表 3.1 给出了均匀传输线下，双导线和同轴线的分布参数计算公式。

表 3.1　均匀双导线和同轴线分布参数

项目		双导线	同轴线
分布参数	$R/(\Omega/\mathrm{m})$	$\dfrac{2}{\pi d}\sqrt{\dfrac{\omega\mu_1}{2\sigma_1}}$	$\sqrt{\dfrac{f\mu_1}{4\pi\sigma_1}}\left(\dfrac{1}{a}+\dfrac{1}{b}\right)$
	$G/(\mathrm{S/m})$	$\pi\sigma/\ln\dfrac{D+\sqrt{D^2+d^2}}{d}$	$2\pi\sigma/\ln\dfrac{b}{a}$
	$L/(\mathrm{H/m})$	$\dfrac{\mu}{\pi}/\ln\dfrac{D+\sqrt{D^2-d^2}}{d}$	$\dfrac{\mu}{2\pi}/\ln\dfrac{b}{a}$
	$C/(\mathrm{F/m})$	$\pi\varepsilon/\ln\dfrac{D+\sqrt{D^2-d^2}}{d}$	$2\pi\varepsilon/\ln\dfrac{b}{a}$
	图例		

注：d 是双导线中导体的直径，D 是导体中心间距；a 是同轴线内导体的半径，b 是同轴线外导体的半径；ε、μ、σ 分别为介质的介电常数、磁导率和电导率；μ_1、σ_1 分别为导体的磁导率和电导率。

3.1.2　传输线的等效电路

　　若将均匀传输线分成无穷多的线元 $\Delta z(\Delta z \ll \lambda)$，则每个线元都可视为集总参数电路。根据分布参数的概念，其上有电阻 $R_1 \Delta z$、电感 $L_1 \Delta z$、电容 $C_1 \Delta z$ 和漏电导 $G_1 \Delta z$，即"分布参数传输线元"等效为"集总参数电路"，于是得到如图 3.2(a)所示的等效电路，该电路为一个 Γ 型网络(集总元件构成)；如图 3.2(b)所示，实际传输线等效为多个 Γ 型网络的级联形式。

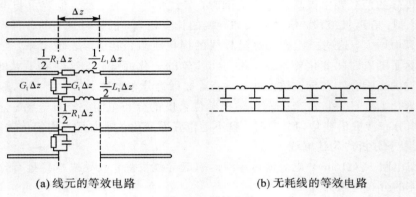

(a) 线元的等效电路　　　　　　　　　　(b) 无耗线的等效电路

图 3.2　等效电路

3.2　传输线方程及特性参数

3.2.1　传输线方程及其解

1. 传输线方程

1) 一般传输线方程

图 3.3 是线元 Δz 的等效集总参数电路，利用基尔霍夫定律来分析其上的电压、电流分布：

$$u(z, t) - u(z + \Delta z, t) = R_1 \Delta z \cdot i(z, t) + L_1 \Delta z \cdot \frac{\partial i(z, t)}{\partial t} \tag{3.1}$$

$$i(z, t) - i(z + \Delta z, t) = G_1 \Delta z \cdot u(z + \Delta z, t) + C_1 \Delta z \cdot \frac{\partial u(z + \Delta z, t)}{\partial t} \tag{3.2}$$

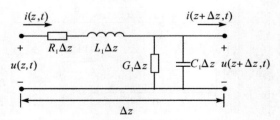

图 3.3　线元 Δz 上的电压、电流

按照泰勒级数展开，并忽略高次项，则有：

$$u(z+\Delta z,\ t)-u(z,\ t)=\frac{\partial u(z,\ t)}{\partial z}\cdot\Delta z \tag{3.3}$$

$$i(z+\Delta z,\ t)-i(z,\ t)=\frac{\partial i(z,\ t)}{\partial z}\cdot\Delta z \tag{3.4}$$

式(3.3)、式(3.4)两边同除 Δz，令 $\Delta z\to 0$：

$$-\frac{\partial u(z,\ t)}{\partial z}=R_1\cdot i(z,\ t)+L_1\cdot\frac{\partial i(z,\ t)}{\partial t} \tag{3.5}$$

$$-\frac{\partial i(z,\ t)}{\partial z}=G_1\cdot u(z,\ t)+C_1\cdot\frac{\partial u(z,\ t)}{\partial t} \tag{3.6}$$

此即为一般传输线方程，又称为电报方程。

2）时谐传输线方程

均匀传输线中，当信号源角频率为 ω 时，电压、电流的复数值与瞬时值之间有如下关系：

$$u(z,\ t)=\mathrm{Re}[U(z)\cdot e^{j\omega t}] \tag{3.7-a}$$

$$i(z,\ t)=\mathrm{Re}[I(z)\cdot e^{j\omega t}] \tag{3.7-b}$$

将上述关系式代入一般传输线方程，即得到时谐传输线方程：

$$\frac{dU(z)}{dz}=-Z_1\cdot I(z) \tag{3.8-a}$$

$$\frac{dI(z)}{dz}=-Y_1\cdot U(z) \tag{3.8-b}$$

式中，$Z_1=R_1+j\omega L_1$，$Y_1=G_1+j\omega C_1$ 分别代表传输线单位长度的串联阻抗和并联导纳。

2. 通解的求解

时谐传输线方程的两边对 z 再求一次微分，并将两个方程互相代入，得到：

$$\frac{d^2U(z)}{dz^2}-\gamma^2 U(z)=0 \tag{3.9-a}$$

$$\frac{d^2I(z)}{dz^2}-\gamma^2 I(z)=0 \tag{3.9-b}$$

其中，$\gamma^2=Z_1Y_1$。

式(3.9)两个方程称为均匀长线电压和电流的波动方程，其对应的解即为通解：

$$U(z)=A_1 e^{-\gamma z}+A_2 e^{\gamma z} \tag{3.10-a}$$

$$I(z)=\frac{1}{Z_0}(A_1 e^{-\gamma z}-A_2 e^{\gamma z}) \tag{3.10-b}$$

式中，A_1、A_2是待定系数，其值取决于边界条件；Z_0 和 γ 分别称为传输线的特性阻抗和电压传播常数：

$$Z_0=\sqrt{\frac{Z_1}{Y_1}}=\sqrt{\frac{R_1+j\omega L_1}{G_1+j\omega C_1}} \tag{3.11-a}$$

$$\gamma=\sqrt{Z_1Y_1}=\sqrt{(R_1+j\omega L_1)(G_1+j\omega C_1)}=\alpha+j\beta \tag{3.11-b}$$

根据电压、电流复数值与瞬时值之间的关系，得到通解的瞬时值：

$$\begin{aligned}u(z,\ t)&=\mathrm{Re}[U(z)\cdot e^{j\omega t}]\\&=\mathrm{Re}[(A_1 e^{-(\alpha+j\beta)z}+A_2 e^{(\alpha+j\beta)z})\cdot e^{j\omega t}]\\&=|A_1|e^{-\alpha z}\cos(\omega t-\beta z+\varphi_1)+|A_2|e^{\alpha z}\cos(\omega t+\beta z+\varphi_2)\\&=u^+(z,\ t)+u^-(z,\ t)=u_i(z,\ t)+u_r(z,\ t)\end{aligned}$$

$$i(z, t) = \operatorname{Re}[I(z) \cdot e^{j\omega t}]$$
$$= i^+(z, t) + i^-(z, t) = i_i(z, t) + i_r(z, t)$$

$U(z)$ 和 $I(z)$ 中都有波动因子 $e^{\pm \gamma z}$，对比电磁波在自由空间中传播的情形可知，二者都是以波的形式出现的。传输线上任意位置的电压和电流都是入射波和反射波的叠加。

入射波 $u^+(z, t)$ 是从信号源向负载方向传播的衰减余弦波，传播方向是正 z 方向；距离 z 增加时，振幅按照指数规律衰减，相位滞后。

反射波 $u^-(z, t)$ 是从负载向信号源向方向传播的衰减余弦波，传播方向是负 z 方向；振幅、相位随 z 增加而增大、超前。

3. 定解

电压和电流通解中的常数 A_1、A_2 取决于传输线的边界条件。边界条件分为三种：已知信源处（始端）的电压和电流；已知负载处（终端）的电压和电流；已知信号源和负载。下面以终端边界条件为例，来讨论电压、电流定解的求解过程。

图 3.4 是包含边界条件的传输线系统，坐标原点有在始端和终端两种情况，原点在始端（信源端）时，将位置变量用 z 表示；若坐标原点选在终端（负载端），可通过 $d = l - z$ 进行坐标替换，将位置变量用 d 表示。

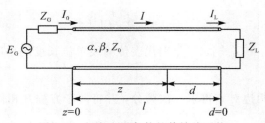

图 3.4　包含边界条件的传输线系统

已知终端电压和电流分别为 U_L、I_L，代入通解中，得到：

$$U(l) = U_L = A_1 e^{-\gamma l} + A_2 e^{\gamma l} \tag{3.12}$$

$$I(l) = I_L = \frac{1}{Z_0} A_1 e^{-\gamma l} - A_2 e^{\gamma l} \tag{3.13}$$

求出常数 A_1、A_2：

$$A_1 = \frac{U_L + I_L Z_0}{2} e^{\gamma l}, \quad A_2 = \frac{U_L - I_L Z_0}{2} e^{-\gamma l}$$

代入通解中，得到电压、电流的定解为

$$U(z) = \frac{U_L + I_L Z_0}{2} e^{\gamma(l-z)} + \frac{U_L - I_L Z_0}{2} e^{-\gamma(l-z)} \tag{3.14}$$

$$I(z) = \frac{U_L + I_L Z_0}{2 Z_0} e^{\gamma(l-z)} - \frac{U_L - I_L Z_0}{2 Z_0} e^{-\gamma(l-z)} \tag{3.15}$$

若坐标原点选在终端，则利用 $d = l - z$ 进行坐标替换，于是电压和电流的定解为

$$U(d) = \frac{U_L + I_L Z_0}{2} e^{\gamma d} + \frac{U_L - I_L Z_0}{2} e^{-\gamma d} \tag{3.16-a}$$

$$I(d) = \frac{U_L + I_L Z_0}{2 Z_0} e^{\gamma d} - \frac{U_L - I_L Z_0}{2 Z_0} e^{-\gamma d} \tag{3.16-b}$$

定解中，第一项表示传输线上任意位置处的入射波，第二项表示任意位置处的反射波。

对于均匀无耗传输线，电压传播常数 $\gamma = j\beta$，则有

$$U^+(d) = U^+(0)e^{j\beta l} \tag{3.17-a}$$

$$U^-(d) = U^-(0)e^{-j\beta l} \tag{3.17-b}$$

$$I^+(d) = I^+(0)e^{j\beta l} \tag{3.18-a}$$

$$I^-(d) = I^-(0)e^{-j\beta l} \tag{3.18-b}$$

式中，$U^+(0)$、$U^-(0)$、$I^+(0)$、$I^-(0)$分别表示终端负载处的入射波电压和反射波电压，以及入射波电流和反射波电流。

3.2.2 特性参数

1. 特性阻抗 Z_0

定义：传输线上行波的电压与电流之比称为特性阻抗，用 Z_0 表示；其倒数为传输线的特性导纳，用 Y_0 表示。

根据定义以及电压、电流的通解，可求出均匀无耗传输线时的特性阻抗：

$$Z_0 = \sqrt{\frac{L_1}{C_1}} \tag{3.19}$$

无耗传输线的 Z_0 与信号源及负载无关，完全由分布参数决定（即由传输线本身的横向尺寸和周围所填介质的特性所决定），因此特性阻抗是表征传输线固有特性的一个重要参量。在实际应用中，平行双导线的特性阻抗 Z_0 常用规格有 300 Ω、400 Ω 和 600 Ω 三种，同轴线常用规格有 50 Ω 和 75 Ω 两种。

2. 电压传播常数 γ

电压传播常数 γ 通常为复数，它是描述导行波沿导行系统传播过程中的幅度衰减和相位变化的参数：

$$\gamma = \sqrt{(R_1 + j\omega L_1)(G_1 + j\omega C_1)} = \alpha + j\beta \tag{3.20}$$

式中，α 为幅度衰减因子，它表示行波每传播单位长度后振幅衰减为原值的 $1/e^\alpha$ 倍，单位为奈培每米（Np/m）或分贝每米（dB/m）；β 为相移常数或者相位衰减因子，它表示行波每传播单位长度后相位滞后的弧度数，单位为弧度每米（rad/m）。

因为均匀无耗传输线的 $R_1 = G_1 = 0$，故

$$\begin{cases} \alpha = 0 \\ \beta = \omega\sqrt{L_1 C_1} \end{cases} \tag{3.21}$$

3.3 均匀无耗传输线的阻抗和反射特性

由于传输线通常都采用良导体制作而成，且周围填充介质均为低耗介质，并且在微波频段范围内，都有 $R_1 \ll \omega L_1$ 和 $G_1 \ll \omega C_1$，因此在分析微波传输线的传输特性时可近似认为其为均匀无耗传输线。

为了描述均匀无耗传输线上入射波电压与入射波电流之间、反射波电压与反射波电流

之间的关系，前面引入了特性阻抗的概念。特性阻抗值的大小等于行波状态下电压与电流之比。为了进一步了解传输线上电压和电流的关系，本节引入输入阻抗（分布参数阻抗）。由于微波频率下输入阻抗不能直接测量，需要借助反射系数参量的测量而获取，因此本节还介绍了反射系数。

3.3.1　输入阻抗

1. 定义

为了能够更好地描述传输线各种不同的工作状态，定义输入阻抗：传输线终端接负载阻抗 Z_L 时，线上任一位置处的电压 $U(d)$ 与电流 $I(d)$ 之比，定义为该点处的输入阻抗，记做 $Z_{in}(d)$。$Z_{in}(d)$ 可看成由 d 处向负载看去的输入阻抗，如图 3.5 所示。

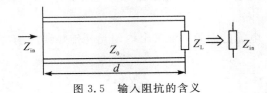

图 3.5　输入阻抗的含义

由式（3.16）可得

$$Z_{in}(d) = \frac{U_L \mathrm{ch}\gamma d + I_L Z_0 \mathrm{sh}\gamma d}{I_L \mathrm{ch}\gamma d + \dfrac{U_L \mathrm{sh}\gamma d}{Z_0}} = Z_0 \frac{Z_L + Z_0 \mathrm{th}\gamma d}{Z_0 + Z_L \mathrm{th}\gamma d} \tag{3.22}$$

对于均匀无耗传输线，$\alpha = 0$，$\gamma = \mathrm{j}\beta$，化简得到：

$$Z_{in}(d) = Z_0 \frac{Z_L + \mathrm{j}Z_0 \tan\beta d}{Z_0 + \mathrm{j}Z_L \tan\beta d} \tag{3.23}$$

2. 特殊长度下输入阻抗特点

从式（3.23）可知，位置 d 发生变化时，输入阻抗也会随之变化，它是一种分布参数阻抗。在微波频率下，电压和电流缺乏明确的物理意义，无法直接测量，因此输入阻抗也不能直接测量。

（1）传输线段具有阻抗变换作用，Z_L 通过线段 d 变换成 $Z_{in}(d)$，或相反。

（2）$\lambda/2$ 的周期性：根据式（3.23）进行计算，在传输线上，两点之间相距 $\lambda/2$ 时，这两点处的输入阻抗相等，当 $d = n \cdot \lambda/2$ 时，$Z_{in}(d) = Z_L$，称为输入阻抗的"$\lambda/2$ 周期性"（或"$\lambda/2$ 重复性"）。

（3）$\lambda/4$ 的变换性：同上可得，相距 $\lambda/4$ 的两点，其输入阻抗的乘积等于常数的这一特性，称为阻抗的"$\lambda/4$ 变换性"。当 $d = n \cdot \lambda/2 + \lambda/4$ 时，输入阻抗 $Z_{in}(d) = Z_0^2/Z_L$。利用该特性可进行阻抗变换，一容性阻抗经过 $\lambda/4$ 变换可成为感性阻抗，或反之。

3.3.2　反射系数

微波频率下，传输线的输入阻抗无法直接测量，因此下面引入可以直接测量的反射系数和驻波系数。波的反射是传输线工作的基本物理现象，反射系数不但有明确的物理含义，而且便于测量，因此在微波测量技术和微波网络分析与设计中广泛采用这个物理量。

1. 定义

传输线上某点 d 的电压反射系数为该点的反射电压(或电流)与入射电压(或电流)之比，电压反射系数用 $\Gamma_U(d)$ 表示；电流反射系数用 $\Gamma_I(d)$ 表示。

$$\Gamma_U(d) = \frac{U^-(d)}{U^+(d)} \tag{3.24-a}$$

$$\Gamma_I(d) = \frac{I^-(d)}{I^+(d)} \tag{3.24-b}$$

结合电压、电流的定解，可推出：

$$\Gamma_U(d) = -\Gamma_I(d) \tag{3.25}$$

由于 $\Gamma_U(d)$ 与 $\Gamma_I(d)$ 幅度相同，相位相差 $180°$，通常情况下多分析便于测量的电压反射系数。因此如无特别说明，本书中提到的反射系数均指电压反射系数，用 $\Gamma(d)$ 表示。

将定解代入 $\Gamma_U(d)$ 的定义，得到：

$$\Gamma(d) = \frac{U_L - I_L Z_0}{U_L + I_L Z_0} \mathrm{e}^{-2\gamma d} = \frac{Z_L - Z_0}{Z_L + Z_0} \mathrm{e}^{-2\gamma d}$$

令

$$\Gamma_L = \frac{Z_L - Z_0}{Z_L + Z_0} = \left| \frac{Z_L - Z_0}{Z_L + Z_0} \right| \mathrm{e}^{\mathrm{j}\Phi_L} = |\Gamma_L| \mathrm{e}^{\mathrm{j}\Phi_L}$$

则

$$\begin{aligned}
\Gamma(d) &= \Gamma_L \mathrm{e}^{-2\gamma d} = |\Gamma_L| \mathrm{e}^{\mathrm{j}\Phi_L} \cdot \mathrm{e}^{-2\gamma d} \\
&= |\Gamma_L| \mathrm{e}^{-2\alpha d} \cdot \mathrm{e}^{\mathrm{j}(\Phi_L - 2\beta d)}
\end{aligned} \tag{3.26}$$

$\Gamma(d)$ 表示传输线上距离负载(原点)为 d 处的反射系数，Γ_L 为负载(原点)处的反射系数。下面分析有耗传输线以及无耗传输线时二者的关系。

1) 有耗传输线

此时幅度衰减因子 $\alpha \neq 0$，d 增加时(由负载向信号源方向移动)，和 Γ_L 的幅值相比，$\Gamma(d)$ 的幅值呈指数函数 $\mathrm{e}^{-2\alpha d}$ 规律减小，而其相位则在 Γ_L 相位 ϕ_L 的基础上滞后 $-2\beta d$。如图 3.6(a)所示，反射系数的幅相分布曲线犹如一根螺旋线。

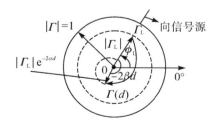

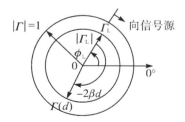

(a) 有耗线反射系数的变化　　　　(b) 无耗线反射系数的变化

图 3.6　反射系数幅相分布图

2) 无耗传输线

此时 $\alpha = 0$，因此距离负载为 d 处的反射系数

$$\Gamma(d) = \Gamma_L e^{-j2\beta l} = |\Gamma_L| e^{j(\Phi_L - 2\beta l)} \tag{3.27}$$

$\Gamma(d)$ 和 Γ_L 的幅值相等，只有相位滞后。随着位置 d 增加（或减小），反射系数的轨迹对应图中的一个圆周，该圆周的半径是反射系数的模值，其大小保持不变，仅相位沿等圆周顺时针方向（或逆时针）变化，如图 3.6(b) 所示。

沿线某点的平均功率为

$$P = \frac{1}{2} \text{Re}[U(d)I^*(d)] = \frac{1}{2} \frac{|U^+(0)|^2}{Z_0}(1 - |\Gamma|^2) \tag{3.28}$$

式(3.28)表明，当负载阻抗一定时，线上任意点的平均功率是个常数，传输到负载的功率 P 等于总的入射功率 $|U^+(0)|^2/2Z_0$ 减去反射功率 $|U^+(0)|^2 |\Gamma_L|^2/2Z_0$。因此，在 $\Gamma_L = 0$ 的行波状态下，传送到负载的功率最大，这是最理想的情况；$|\Gamma_L| = 1$ 为发生全反射时的驻波状态，负载没有获得任何功率，这是我们最不想看到的情况。

当负载不完全失配时，有一部分功率因反射波的存在而损失掉，称之为"回波损耗"，其定义为

$$RL = -20\lg|\Gamma_L| \text{ dB} \tag{3.29}$$

2. 输入阻抗和反射系数的关系

输入阻抗 $Z_{in}(d)$ 定义为

$$Z_{in}(d) = \frac{U(d)}{I(d)}$$

在电压和电流的计算过程中引入反射系数：

$$U(d) = U^+(d) + U^-(d) = U^+(d)[1 + \Gamma(d)] \tag{3.30-a}$$

$$I(d) = I^+(d) + I^-(d) = I^+(d)[1 - \Gamma(d)] \tag{3.30-b}$$

代入输入阻抗的定义，则有

$$Z_{in}(d) = \frac{U^+(d)[1 + \Gamma(d)]}{I^+(d)[1 - \Gamma(d)]}$$

结合特性阻抗 Z_0 的定义，得到输入阻抗和反射系数的关系

$$Z_{in}(d) = Z_0 \cdot \frac{1 + \Gamma(d)}{1 - \Gamma(d)} \tag{3.31}$$

或者

$$\Gamma(d) = \frac{Z_{in}(d) - Z_0}{Z_{in}(d) + Z_0}$$

式(3.31)表明，传输线上任一点 d 处的输入阻抗与该点处的反射系数一一对应。只要知道了两者中的一个，就可求出另一个。

坐标原点处 $d = 0$，此时的反射系数 Γ_L 和输入阻抗 Z_L 有如下关系：

$$Z_L = Z_0 \cdot \frac{1 + \Gamma_L}{1 - \Gamma_L} \tag{3.32-a}$$

$$\Gamma_L = \frac{Z_L - Z_0}{Z_L + Z_0} \tag{3.32-b}$$

3.3.3　电压驻波比和行波系数

传输线上各点的电压与电流由入射波和反射波叠加，形成行驻波，沿线各点的电压、电

流的幅值不再是常数，以 $\lambda/2$ 周期变化。将电压(或电流)幅值具有最大值的点称为波腹点，幅值具有最小值的点称为波谷点，幅值等于零的点称为波节点。由于

$$U(d) = U^{+}(0)e^{j\beta l}\left[1 + \left|\Gamma_L\right|e^{j(\Phi_L - 2\beta l)}\right] \tag{3.33-a}$$

$$I(d) = I^{+}(0)e^{j\beta l}\left[1 - \left|\Gamma_L\right|e^{j(\Phi_L - 2\beta l)}\right] \tag{3.33-b}$$

当 $\Phi_L - 2\beta d = 2n\pi$ 时，$e^{j(\Phi_L - 2\beta l)} = 1$，此时电压为波腹点，电流为波谷点：

$$\left|U(d)\right|_{\max} = \left|U^{+}(0)\right|(1 + \left|\Gamma_L\right|) \tag{3.34-a}$$

$$\left|I(d)\right|_{\min} = \left|I^{+}(0)\right|(1 - \left|\Gamma_L\right|) \tag{3.34-b}$$

当 $\Phi_L - 2\beta d = (2n\pm1)\pi$ 时，$e^{j(\Phi_L - 2\beta l)} = -1$，此时电压为波谷点，电流为波腹点：

$$\left|U(d)\right|_{\min} = \left|U^{+}(0)\right|(1 - \left|\Gamma_L\right|) \tag{3.35-a}$$

$$\left|I(d)\right|_{\max} = \left|I^{+}(0)\right|(1 + \left|\Gamma_L\right|) \tag{3.35-b}$$

反射系数模值越大，$\left|U(d)\right|_{\max}$ 和 $\left|U(d)\right|_{\min}$ 的差越大，波的起伏就越大。

为了衡量这种行驻波的起伏程度，本质上还是衡量反射的程度，定义传输线上相邻最大电压(电流)的幅值与最小电压(电流)的幅值之比为电压驻波比，用 U_{SWR} 表示，简称(电压)驻波比；又称为(电压)驻波系数，用 ρ 表示。

$$U_{SWR}(或 \rho) \equiv \frac{\left|U(d)\right|_{\max}}{\left|U(d)\right|_{\min}} \tag{3.36}$$

将 $\left|U(d)\right|_{\max}$ 与 $\left|U(d)\right|_{\min}$ 的值代入式(3.36)，得到：

$$\rho = \frac{1 + \left|\Gamma_L\right|}{1 - \left|\Gamma_L\right|}，1 \leqslant \rho \leqslant \infty \tag{3.37-a}$$

或者

$$\left|\Gamma_L\right| = \frac{\rho - 1}{\rho + 1} \tag{3.37-b}$$

行波系数为驻波系数的倒数，用 K 表示：

$$K = \frac{1}{\rho} = \frac{\left|U(d)\right|_{\min}}{\left|U(d)\right|_{\max}} = \frac{1 - \left|\Gamma_L\right|}{1 + \left|\Gamma_L\right|}，0 \leqslant K \leqslant 1 \tag{3.38}$$

电压驻波比 ρ 和反射系数一样，可以用来描述传输线的工作状态，但 ρ 可以更准确地度量传输线的失配量。

3.3.4　相速度和相波长

1. 相速度 v_p

电磁波的传播特性常用相速度(简称相速)和相波长来描述。电压电流的通解中，波因子 $e^{-j\beta z}$ 和 $e^{j\beta z}$ 分别表示向 z 的正、负方向传播时电压、电流因位置的变化而导致的相位变化，即沿 z 轴传播的是一个波动。

电压波和电流波(电磁波)的等相位面(即某一给定相位)沿传播方向移动的速度，称为相速度，用 v_p 表示。均匀无耗线时：

$$v_p = \frac{\omega}{\beta} = \frac{\omega}{\omega\sqrt{L_1 C_1}} = \frac{1}{\sqrt{L_1 C_1}} \tag{3.39}$$

2. 相波长 λ_p

波在一个周期 T 内，等相位面（或其相位相同的点）沿波传播方向移动的距离定义为相波长（简称为波长），记作 λ_p。相波长也是表征波传播特性的重要参量。按其定义

$$\lambda_p = v_p T = \frac{v_p}{f} = \frac{\omega}{\beta f} = \frac{2\pi}{\beta} \tag{3.40}$$

因此可得到：

$$\beta = \frac{2\pi}{\lambda_p} \tag{3.41}$$

3.4　终端接不同负载时传输线的工作状态

由式(3.32)可知，负载阻抗不同时，传输线有三种不同的工作状态：行波状态、行驻波状态和驻波状态。本节分析均匀无耗线的三种状态下的传输特性，这些特性的分析对微波电路的设计分析有着重要作用。

3.4.1　行波状态

定义　行波状态时，传输线上没有反射波，信号源传向负载的能量将被负载完全吸收。

条件　行波产生的条件是 $Z_L = Z_0$。当 $\Gamma_L = 0$ 时，负载阻抗等于传输线的特性阻抗，反射波为零，即负载和传输线完全匹配。驻波比 $\rho = 1$，行波系数 $K = 1$。

行波状态下电压、电流和输入阻抗如下。

当 $\Gamma_L = 0$ 时，计算 $U(d)$ 和 $I(d)$：

$$U(z) = U^+(0)\mathrm{e}^{-\mathrm{j}\beta z} \tag{3.42-a}$$

$$I(z) = I^+(0)\mathrm{e}^{-\mathrm{j}\beta z} \tag{3.42-b}$$

式(3.42)中，位置变量用 z 表示，坐标原点选在电源的位置，$U^+(0)$ 表示坐标原点处的入射波。根据电压、电流波动方程的复数形式，可写出电压、电流瞬时值表示式为

$$v(z, t) = \mathrm{Re}[U(z)\mathrm{e}^{\mathrm{j}\omega t}] = |U^+(0)|\cos(\omega t + \phi_0 - \beta z)$$

$$i(z, t) = \mathrm{Re}[I(z)\mathrm{e}^{\mathrm{j}\omega t}] = |I^+(0)|\cos(\omega t + \phi_0 - \beta z)$$

$$U^+(0) = |U^+(0)|\mathrm{e}^{\mathrm{j}\phi_L}$$

可以看出，行波状态下，电压和电流的瞬时值是同相的，随着时间的不断增加，一个随着时间作简谐振荡的、等振幅值的、电压电流同相的电磁波把信号源的能量不断地传向负载，并被负载完全吸收，其传输功率 P 为

$$P = \frac{|U^+(z)|^2}{2Z_0} = \frac{1}{2}|U^+(0)||I^+(0)| \tag{3.43}$$

沿线各点处的输入阻抗：

$$Z_{\mathrm{in}}(z) = \frac{U(z)}{I(z)} = \frac{U^+(0)}{I^+(0)} = Z_0 \tag{3.44}$$

由此可见，行波状态下，沿线电压和电流的振幅值不变，相位随传播距离 z 增加而不

断滞后，沿线各点输入阻抗也不变，均等于传输线的特性阻抗。

3.4.2 驻波状态

定义 入射波在终端产生全反射的状态称为驻波状态。此时，$|\Gamma_L|=1$。

条件 根据终端反射系数 Γ_L 和负载阻抗 Z_L 的关系式，$|\Gamma_L|=1$ 时，计算出 Z_L 有 3 种情况：终端短路（$Z_L=0$）、终端开路（$Z_L=\infty$）及终端接纯电抗性负载（$Z_L=\pm jX_L$）；此时 $\rho=\infty$，$K=0$。传输线上反射波能量（或振幅值大小）等于入射波能量（或振幅值大小），传输功率为零。

下面分别讨论不同负载阻抗时驻波状态的传输特性。首先计算推导不同条件下电压、电流关系式，从而分析其沿线分布规律。在此基础上再讨论输入阻抗、反射系数、驻波比等参量特性。

1. $Z_L=0$（终端短路或短路线）

1）电压、电流

终端被短路（或被理想导体将波导封闭起来）的一段有限长的传输线，称为短路线。根据理想导体的边界条件可知，在短路线终端处，导体上电场的切向分量应为零，因此终端负载上的电压也应为零。由 $Z_L=0$ 和 $U_L=0$，结合均匀无耗传输线电压、电流表达式，可计算出传输线上 d 处的电压、电流为

$$U(d) = \frac{I_L Z_0}{2}e^{j\beta l} - \frac{I_L Z_0}{2}e^{-j\beta l} = jI_L Z_0 \sin\beta d$$

$$I(d) = \frac{I_L}{2}e^{j\beta l} + \frac{I_L}{2}e^{-j\beta l} = I_L \cos\beta d$$

电压和电流的入射波和反射波的叠加形式为

$$U(d) = U^+(d) + U^-(d) = U_L^+(e^{j\beta l} - e^{-j\beta l}) = 2jU_L^+ \sin\beta d \qquad (3.45-a)$$

$$I(d) = I^+(d) + I^-(d) = I_L^+(e^{j\beta l} + e^{-j\beta l}) = 2I_L^+ \cos\beta d \qquad (3.45-b)$$

式（3.45）中，I_L 为终端处电流的复振幅，$U_L^+=I_L Z_0/2$ 和 $I_L^+=I_L/2$ 为入射波电压和入射波电流。

终端入射波电压、电流分别为 $U_L^+=|V_L^+|e^{j\phi_{u_0}}$ 和 $I_L^+=|I_L^+|e^{j\phi_{i_0}}$。由于无耗线的特性阻抗 $\dfrac{U_L^+}{I_L^+}=Z_0$ 为实数，因此终端入射波电压、电流相位相等，即 $\phi_{u_0}=\phi_{i_0}=\phi_0$。则电压的瞬时值表达式为

$$v(d,t) = \mathrm{Re}[v(d)e^{j\omega t}] = |I_L|Z_0 \sin\beta d \cdot \cos\left(\omega t + \phi_0 + \frac{\pi}{2}\right) \qquad (3.46)$$

电压表示为入射波和反射波的叠加形式，因为

$$v(d,t) = v^+(d,t) + v^-(d,t)$$

$$= \frac{|I_L|}{2}Z_0 \cos(\omega t + \phi_0 + \beta d) - \frac{|I_L|}{2}Z_0 \cos(\omega t + \phi_0 - \beta d)$$

$$= 2|U_L^+|\sin\beta d \cdot \cos\left(\omega t + \phi_0 + \frac{\pi}{2}\right) \qquad (3.47)$$

依同样的方法可得到入射波电流和反射波电流的叠加。

终端短路时电压、电流的振幅值分布曲线如图 3.7 所示。从图中可看出：

（1）均匀无耗传输线沿线各点的电压、电流振幅的值都是变化的，均为距离 d 的函数，以正弦、余弦变化为规律。电压波腹点与电压波节点之间，以及电流波腹点与电流波节点之间，在空间距离上均相差 $\lambda/4$，空间相位差是 $\pi/2$。

（2）当 $\beta d=(2n+1)\pi/2$ 或 $d=(2n+1)\lambda/4（n=0，1，2，3，\cdots）$时，即在距离终端为四分之一波长的奇数倍处，电压的振幅最大（波腹点），电流的振幅为零（波节点）；当 $\beta d=n\pi$ 或 $d=n\lambda/2（n=0，1，2，3，\cdots）$时，即在距离终端为半个波长的整数倍处，电流的振幅最大（波腹点），电压的振幅为零（波节点）。

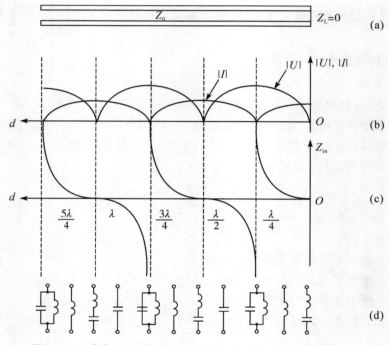

图 3.7　短路线时电压振幅、电流振幅以及输入阻抗的变化规律

2）输入阻抗和反射系数

（1）输入阻抗。根据输入阻抗定义可计算出：

$$Z_{in}(d) = jZ_0\tan\beta d \tag{3.48}$$

由输入阻抗表达式 $Z_{in}(d)=jZ_0\tan\beta d=jX_{in}$ 可知，$Z_{in}(d)$ 是周期为 $n\lambda/2$ 的周期函数，d 在 $0\sim\lambda/2$ 之间，输入阻抗的变化规律如下：

① 当 $d<\lambda/4$ 时，$X_{in}>0$，此时的传输线等效于一个感抗（电感性负载）；

② 当 $\lambda/4<d<\lambda/2$ 时，$X_{in}<0$，此时的传输线等效于一个容抗（电容性负载）；

③ 当 $d=\lambda/4$ 时，$X_{in}=\infty$，此时的传输线等效于一个并联 LC 谐振回路；

④ 当 $d=0$ 或 $\lambda/2$ 时，$X_{in}=0$，此时的传输线等效于一个串联 LC 谐振回路。

图 3.7 的(c)、(d)给出了输入阻抗的变化曲线。一段小于 $\lambda/2$ 终端短路的传输线可以

代替一个任意值的电抗性负载(包括容抗和感抗),即可以用一有限长度短路线的输入阻抗来代替一个任意值的电抗性负载,两者是等效的。短路线时,负载不吸收能量,传输线上没有功率传输,传输线只起储存能量作用。

(2) 反射系数。终端短路时,$\Gamma_L = -1$,可计算出此时的反射系数 $\Gamma(d)$ 为

$$\Gamma(d) = \Gamma_L e^{-j2\beta l} = -e^{-j2\beta l} \tag{3.49}$$

由式(3.49)可知,反射系数模值为 1,反射波模值和入射波模值相等,反射波能量等于入射波能量,传输功率为零。

2. $Z_L = \infty$(终端开路或开路线)

1) 电压、电流

$Z_L = \infty$ 时,$I_L = 0$。结合均匀无耗传输线电压、电流表达式,计算出任意位置电压和电流复振幅如下,其中,U_L^+、I_L^+ 表示负载处的入射波电压、电流。

$$U(d) = 2U_L^+ \cos\beta d \tag{3.50-a}$$

$$I(d) = j\frac{2U_L^+}{Z_0}\sin\beta d = j2I_L^+ \sin\beta d \tag{3.50-b}$$

终端入射波电压、电流为 $U_L^+ = |U_L^+| e^{j\phi_{u_0}}$、$I_L^+ = |I_L^+| e^{j\phi_{i_0}}$,并考虑到 $U_L^+/I_L^+ = Z_0$ 为实数,所以终端入射波电压、电流相位相同,即 $\phi_{u_0} = \phi_{i_0} = \phi_0$,因此,电压的瞬时值可表示为

$$v(d, t) = \text{Re}[U(d)e^{j\omega t}]$$

或表示成入射波和反射波叠加形式,即

$$\begin{aligned} v(d, t) &= v^+(d, t) + v^-(d, t) \\ &= \frac{|U_L|}{2}\cos(\omega t + \phi_0 + \beta d) + \frac{|U_L|}{2}\cos(\omega t + \phi_0 - \beta d) \\ &= 2|U_L^+|\cos\beta d \cdot \cos(\omega t + \phi_0) \end{aligned} \tag{3.51}$$

用同样的方法可得到电流的瞬时值。

沿线电压、电流的振幅值分布如图 3.8 所示。在开路状态下,均匀无耗传输线沿线各点的电压和电流的振幅值是不同的,它们是距离 d 的函数:

(1) 当 $\beta d = n\pi$ 或 $d = n\lambda/2(n = 0, 1, 2, 3, \cdots)$ 时,即在距离终端半个波长的整数倍处,电压的幅值为最大,称为电压波腹点;此时,电流的幅值为零,称为电流波节点。

当 $\beta d = (2n+1)\pi/2$ 或 $d = (2n+1)\lambda/4$($n = 0, 1, 2, 3, \cdots$)时,即距离终端四分之一波长的奇数倍处,电流的幅值为最大(电流波腹点),而电压的幅值为零(电压波节点);电压波腹点与电压波节点之间,以及电流波腹点与电流波节点之间,在空间距离上均相差 $\lambda/4$,或者说,它们的空间相位差为 $\pi/2$。

(2) 从图形和瞬时值公式(3.50)、式(3.51)还可看出,瞬时电压和电流在某一固定位置随时间 t 作余弦或正弦变化,两者的相位差是 $\pi/2$;具体到最大值和最小值而言,在某一固定位置,当电压达到最大值时,电流达到最小值(零点);当电压达到最小值时,电流达到最大值,两者的时间间隔为四分之一周期,即相位差 $\pi/2$。也就是说,若在某一固定时刻各

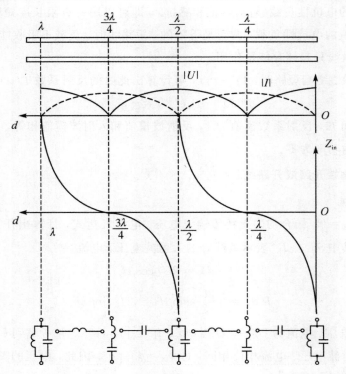

图 3.8　终端开路传输线电压振幅、电流振幅以及输入阻抗变化规律

点的电压都达到最大值，则沿线各点的电流都达到最小值（零）；反之，若在某一固定时刻各点的电流都达到最大值，则沿线各点的电压都为最小值（零）。出现这两种情况的时间相位差为 $\pi/2$，时间间隔为四分之一周期。

2）输入阻抗和反射系数

（1）输入阻抗。根据输入阻抗定义可计算出：

$$Z_{\text{in}}(d) = -\mathrm{j}Z_0 \cot\beta d \tag{3.52}$$

由输入阻抗表达式 $Z_{\text{in}}(d) = -\mathrm{j}Z_0 \cot\beta d = \mathrm{j}X_{\text{in}}$ 可知，$Z_{\text{in}}(d)$ 是周期为 $n\lambda/2$ 的周期函数，d 在 $0\sim\lambda/2$ 之间，输入阻抗的变化规律如下：

① 当 $d<\lambda/4$ 时，$X_{\text{in}}<0$，此时的传输线等效于一个容抗（电容性负载）；

② 当 $\lambda/4<d<\lambda/2$ 时，$X_{\text{in}}>0$，此时的传输线等效于一个感抗（电感性负载）；

③ 当 $d=\lambda/4$ 时，$X_{\text{in}}=0$，此时的传输线等效于一个串联 LC 谐振回路；

④ 当 $d=0$ 或 $\lambda/2$ 时，$X_{\text{in}}=\infty$，此时的传输线等效于一个并联 LC 谐振回路。

图 3.8 给出了输入阻抗的变化曲线。一段小于 $\lambda/2$ 终端开路的传输线可以代替一个任意值的电抗性负载（包括容抗和感抗），即可以用一有限长度开路线的输入阻抗来代替一个任意值的电抗性负载，两者是等效的。开路线时，负载不吸收能量，传输线上没有功率传输，传输线只起储存能量作用。

（2）反射系数。终端开路时，$\Gamma_{\text{L}}=1$，可计算出此时的反射系数 $\Gamma(d)$ 为

$$\Gamma(d) = \Gamma_{\mathrm{L}} \mathrm{e}^{-\mathrm{j}2\beta l} = \mathrm{e}^{-\mathrm{j}2\beta l} \tag{3.53}$$

由式(3.53)可知，反射系数模值为 1，反射波模值和入射波模值相等，反射波能量等于入射波能量，传输功率为零。

对"短路线"和"开路线"输入阻抗的表达式以及图形进行比较，可以看到，只要将终端短路的传输线上电压、电流及阻抗分布从终端开始去掉四分之一波长线长，剩余传输线上的分布就对应为终端开路时传输线上沿线电压、电流及输入阻抗的分布。反之，也有同样结论。即"可以用长度为四分之一波长的短路线来等效开路线"，这个等效的概念非常重要，可以推广到终端接纯电抗负载的情况。

3. $Z_{\mathrm{L}} = \pm \mathrm{j}X_{\mathrm{L}}$（终端接纯电抗性负载）

终端接纯电抗性负载是指传输线终端接有电感性或电容性负载时的情况。

1) 终端接纯电感负载

设终端接有纯电感性负载 $Z_{\mathrm{L}} = \mathrm{j}X_{\mathrm{L}}$，根据反射系数概念可知沿线反射系数为

$$\begin{aligned}
\Gamma(d) &= \frac{Z_{\mathrm{L}} - Z_0}{Z_{\mathrm{L}} + Z_0} \mathrm{e}^{-\mathrm{j}2\beta l} \\
&= \frac{\mathrm{j}X_{\mathrm{L}} - Z_0}{\mathrm{j}X_{\mathrm{L}} + Z_0} \mathrm{e}^{-\mathrm{j}2\beta l} \\
&= |\Gamma(0)| \mathrm{e}^{\mathrm{j}\phi_{\mathrm{L}}} \cdot \mathrm{e}^{-\mathrm{j}2\beta l}
\end{aligned} \tag{3.54}$$

其中，

$$\Gamma(0) = \frac{Z_{\mathrm{L}} - Z_0}{Z_{\mathrm{L}} + Z_0} = \frac{\mathrm{j}X_{\mathrm{L}} - Z_0}{\mathrm{j}X_{\mathrm{L}} + Z_0} = |\Gamma(0)| \mathrm{e}^{\mathrm{j}\phi_{\mathrm{L}}} \tag{3.55}$$

根据终端短路或者开路时，传输线上输入阻抗的变化规律可知，纯电抗性负载可以用一段有限长短路线或开路线来等效。所以，下面通过分析短路线等效为纯电感性负载来进一步讨论终端接纯电感性负载时传输线的传输特性问题。

假设用一段长度为 l_{e} 短路线来等效一个感性电抗性负载 $Z_{\mathrm{L}} = \mathrm{j}X_{\mathrm{L}}$，$l_{\mathrm{e}}$ 的大小要由 X_{L} 的值来确定。

由终端短路的传输线可知，其输入阻抗为

$$Z_{\mathrm{in}}(d) = \mathrm{j}Z_0 \tan\beta d$$

令

$$Z_{\mathrm{L}} = \mathrm{j}X_{\mathrm{L}} = Z_{\mathrm{in}}(l_{\mathrm{e}}) = \mathrm{j}Z_0 \tan\beta l_{\mathrm{e}}$$

则

$$l_{\mathrm{e}} = \frac{\lambda}{2\pi} \arctan \frac{X_{\mathrm{L}}}{Z_0} \tag{3.56}$$

通常取小于 $\lambda/4$ 长度的传输线为等效长度。也（就是）说，长度为 l_{e} 的短路线在输入端产生的阻抗值和电感 $Z_{\mathrm{L}} = \mathrm{j}X_{\mathrm{L}}$ 产生的阻抗值是相等的，它们在传输线上产生的作用、效果是等效的。

利用等效方法可得到终端接纯电感性负载时，均匀无耗传输线上的电压、电流和输入阻抗分布曲线图：

（1）画出短路线时，传输线沿线的电压、电流和输入阻抗分布图；

（2）将纵轴沿着 $+d$ 方向平移 l_{e}，在距离终端 l_{e} 处开始到终端，将原有分布图"去掉"。

（3）图形中剩余部分即为终端接纯电感性负载 $Z_L = jX_L$ 时，传输线上的电压、电流和输入阻抗分布曲线，最终的等效图如图 3.9 所示。

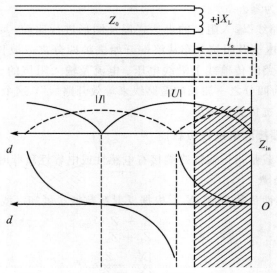

图 3.9 利用短路线等效终端接纯电感性负载

从图中可看出，终端接有纯电感性负载的传输线，其工作状态整体与短路线一样，但终端处既不是电压、电流振幅的波腹点，也不是波节点，而是介于波腹值与波节点之间的某一值，在终端处的反射系数 $\Gamma(0)$ 不再是"-1"，而是一个带有初相位的复数；从终端起向信号源方向移动时，首先出现的是电流的波节点（电压的波腹点）。

2）终端接纯电容负载

设终端接有纯电容性负载 $Z_L = -jX_L$，则终端反射系数为

$$\Gamma(0) = \frac{Z_L - Z_0}{Z_L + Z_0} = \frac{-jX_L - Z_0}{-jX_L + Z_0} = |\Gamma(0)| e^{j\phi_L} \tag{3.57}$$

式中，$|\Gamma(0)| = 1$，相位为

$$\phi_L = \arctan\left(\frac{-2X_L Z_0}{X_L^2 - Z_0^2}\right) \tag{3.58}$$

终端接电容性负载时，传输线的传输特性也可以通过长度为 l_e 的开路线来等效。

令

$$Z_L = -jX_L = Z_{in}(l_e) = -jZ_0 \cot\beta l_e$$

则等效开路线长 l_e 为

$$l_e = \frac{\lambda}{2\pi} \text{arccot} \frac{X_L}{Z_0} \tag{3.59}$$

利用终端接纯电感性负载时的等效方法，可以得到终端接纯电容性负载时的电压、电流和输入阻抗分布曲线图，如图 3.10 所示。

从图 3.10 中可看出，终端接有纯电容性负载的传输线，其工作状态虽然和开路线一样，但终端负载处不再是电流或者电压振幅的波腹点或波节点，而是介于波腹值与波节点零之间的某一值。在终端处的反射系数 $\Gamma(0)$ 不再是"$+1$"，而是一个带有初相位的复数，并且从终端起向信号源方向移动时，首先出现的是电流的波腹点（电压的波节点）。

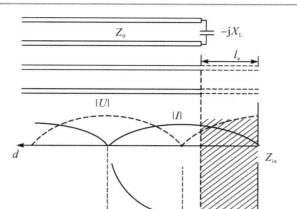

图 3.10 利用开路线等效终端接纯电容性负载

4. 小结

综上，驻波状态时传输特性如下：

(1) 沿线同一位置处电压、电流的时空相位关系均为 $\pi/2$，所以驻波状态只能储存能量而不能传输能量。

(2) 开路线终端为电压波腹、电流波节点。接纯电抗时，终端既非波腹也非波节（当终端为纯感抗时，离开负载第一个出现的是电压波腹点；当终端为纯容抗时，离开负载第一个出现的是电压波节点）。驻波波腹值为入射波幅值的两倍，波节值恒为零。短路线终端为电压波节点、电流波腹点。

(3) 不同长度的短路线、开路线可等效为电感、电容、串联谐振回路和并联谐振回路。终端短路、开路情况虽然不能用以传输能量，但是在某些情况下还是非常有用的。由上面分析可知，其输入阻抗为纯电抗，故可用来等效不能用于微波频率的集总电感和集总电容；任何电抗都是没有损耗的，故可以用来制作谐振单元和调配单元。

3.4.3 行驻波状态

1. 定义

当 $|\varGamma_{\mathrm{L}}| < 1$ 时，传输线上产生部分反射的状态称为行驻波状态。

2. 条件

此时，终端接一般复数阻抗 $Z_{\mathrm{L}} = R_{\mathrm{L}} \pm \mathrm{j}X_{\mathrm{L}}$，反射系数 $\varGamma_{\mathrm{L}} = |\varGamma_{\mathrm{L}}| \mathrm{e}^{\pm \mathrm{j}\phi_{\mathrm{L}}}$，其中

$$|\varGamma_{\mathrm{L}}| = \sqrt{\frac{(R_{\mathrm{L}} - Z_0)^2 + X_{\mathrm{L}}^2}{(R_{\mathrm{L}} + Z_0)^2 + X_{\mathrm{L}}^2}} < 1$$

$$\phi_{\mathrm{L}} = \arctan \frac{2X_{\mathrm{L}} Z_0^2}{R_{\mathrm{L}}^2 + X_{\mathrm{L}}^2 - Z_0^2}$$

3. 波腹点及波谷点

行驻波时，驻波最小值不等于零（无波节点），驻波最大值不等于终端入射波振幅的两

倍。因此，该状态只有电压驻波最大点（波腹点）和电压驻波最小点（波谷点）。

下面分别从电压（电流）振幅、输入阻抗等角度分析两类特殊点（波腹点和波谷点）。

由电压电流表达式，有

$$U(d) = U_L^+ e^{j\beta l} \left[1 + |\Gamma_L| e^{j(\Phi_L - 2\beta d)} \right]$$

$$I(d) = I_L^+ e^{j\beta l} \left[1 - |\Gamma_L| e^{j(\Phi_L - 2\beta d)} \right]$$

1) 电压驻波最大点（波腹点）

当 $\cos(\phi_L - 2\beta d) = 1$ 时，出现电压驻波最大点，此位置处电流正好为驻波最小点：

$$|U|_{\max} = |U_L^+|(1 + |\Gamma_L|) \tag{3.60-a}$$

$$|I|_{\min} = |I_L^+|(1 - |\Gamma_L|) \tag{3.60-b}$$

分析可知，此时 $\phi_L - 2\beta d = -2n\pi$，由此可得电压驻波最大点的位置为

$$d_{\max} = \frac{\lambda}{4\pi}\phi_L + n\frac{\lambda}{2} \quad n = 0, 1, 2, \cdots \tag{3.61}$$

行驻波状态沿线各点的输入阻抗一般为复阻抗，但在电压驻波最大点处和电压驻波最小点处的输入阻抗为纯电阻。

根据输入阻抗的定义：

$$Z_{in}(d) = \frac{U(d)}{I(d)}$$

计算电压驻波最大点处的输入阻抗：

$$Z_{in}(d) = \frac{|U|_{\max}}{|I|_{\min}} = \frac{|U_L^+|}{|I_L^+|} \frac{1 + |\Gamma_L|}{1 - |\Gamma_L|}$$

$$= Z_0 \rho \tag{3.62-a}$$

对于均匀无耗传输线，特性阻抗 Z_0 为纯电阻，电压驻波比 ρ 是大于 1 的实数，因此输入阻抗应该是一个纯电阻，记为

$$R_{\max} = Z_0 \rho \tag{3.62-b}$$

2) 电压驻波最小点（波谷点）

当 $\cos(\phi_L - 2\beta d) = -1$ 时出现了电压驻波最小点，此位置处电流正好为驻波最大点：

$$|U|_{\min} = |U_L^+|(1 - |\Gamma_L|) \tag{3.63-a}$$

$$|I|_{\max} = |I_L^+|(1 + |\Gamma_L|) \tag{3.63-b}$$

此时 $\phi_L - 2\beta d = -\pi - 2n\pi$，由此可得电压驻波最小点位置为

$$d_{\min} = \frac{\lambda}{4\pi}\phi_L + \frac{\lambda}{4} + n\frac{\lambda}{2} \quad n = 0, 1, 2, \cdots \tag{3.64}$$

同样根据输入阻抗的定义，可以计算出电压驻波最小点处的输入阻抗：

$$R_{\min} = \frac{|U|_{\min}}{|I|_{\max}} = \frac{|U_L^+|(1 - |\Gamma_L|)}{|I_L^+|(1 + |V_L|)}$$

$$= Z_0 K \tag{3.65}$$

相邻的 $R_{\max}$ 和 $R_{\min}$ 相距 $\lambda/4$，且有

$$R_{\max} \cdot R_{\min} = Z_0^2$$

知道了沿线电压和电流的驻波最大值和最小值，以及第一个电压驻波最小点位置 $d_{\min} = \frac{\lambda}{4\pi}\phi_L + \frac{\lambda}{4} + n\frac{\lambda}{2}$ 或第一个电压驻波最大点位置 $d_{\max} = \frac{\lambda}{4\pi}\phi_L + n\frac{\lambda}{2}$，就不难画出行驻波状态下沿线电压、电流和阻抗的分布曲线。

　　注意，R_{max} 和 R_{min} 是电压驻波最大点、最小点处的输入阻抗，而不是阻抗的最大值和最小值。同样，d_{max} 和 d_{min} 是电压驻波最大点、最小点到坐标原点（负载）的距离，而不是最长、最短距离。

3.5　圆图及其应用

　　从前面的讨论可以看出，无耗传输线问题的计算，包括电压、电流以及输入阻抗等参量，都具有计算量大、过程繁琐的特点。为了简化计算，可借助图解方法。本节介绍的史密斯圆图就是一种为了简化阻抗和匹配问题而设计的一套阻抗曲线图。

　　圆图有极坐标和直角坐标不同坐标之分，还可分为阻抗圆图和导纳圆图两种。工程中广泛应用的是极坐标系下的阻抗圆图，又称为史密斯（Smith）圆图。

3.5.1　阻抗圆图的构成

　　阻抗圆图由等反射系数圆族、（归一化）等电阻圆族和（归一化）等电抗圆族构成。

1. 等反射系数圆

　　传输线上距离终端为 d 处的电压反射系数为

$$\begin{aligned}
\Gamma = \Gamma(d) = \Gamma_L e^{-j2\beta l} &= |\Gamma_L| e^{j(\Phi_L - 2\beta l)} \\
&= |\Gamma_L| e^{j\theta} \\
&= \Gamma_u + j\Gamma_v
\end{aligned} \tag{3.66-a}$$

或

$$\Gamma_u^2 + \Gamma_v^2 = |\Gamma|^2 \tag{3.66-b}$$

可知

$$\Delta\theta = 2\beta \cdot \Delta d = 2 \cdot \frac{2\pi}{\lambda} \cdot \Delta d = 4\pi \cdot \frac{\Delta d}{\lambda} \tag{3.66-c}$$

其中，$\Delta d/\lambda$ 定义为波数。式（3.66）确定的等反射系数圆（又称为等 ρ 圆），其圆心在坐标原点，半径为反射系数的模值 $|\Gamma_L|$。$|\Gamma_L|$ 随着终端负载阻抗 Z_L 的变化而不同，因 $0 \leqslant |\Gamma_L| \leqslant 1$，故复平面上 $|\Gamma_L|$ 为常数的等值线是一族以原点为圆心的同心圆。等反射系数圆中，最小的圆（半径为零）是坐标原点，最大的圆是单位圆（半径为 1），如图 3.11 所示。

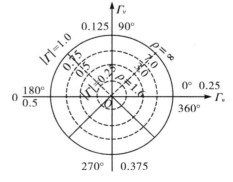

图 3.11　等反射系数圆

　　由于反射系数相位的变化与传输线上两点间的波数 $\Delta d/\lambda$ 有关，因此史密斯圆图中经常不标注反射系数相位，而通常用波数来表示相位，并将其值标在单位圆外侧的一个同心圆上。显然，等反射系数圆的半个圆周相当于 $\lambda/4$，整个圆周相当于 $\lambda/2$。传输线上两点间的距离与旋转的波数相对应，在圆图中，通常将 $\theta = 180°$（即左端点）处作为零波数的位置。

2. 等电阻圆和等电抗圆

圆图中的阻抗是各点输入阻抗 $Z_{in}(d)$ 对特性阻抗 Z_0 进行归一化之后的值。任意一点 d 处的归一化阻抗为

$$z_{in}(d) = \frac{Z_{in}(d)}{Z_0} = \frac{1 + \Gamma(d)}{1 - \Gamma(d)} \tag{3.67}$$

将式(3.66)代入式(3.67)，得

$$z_{in}(d) = \frac{1 + (\Gamma_u + j\Gamma_v)}{1 - (\Gamma_u + j\Gamma_v)} = \frac{1 - (\Gamma_u^2 + \Gamma_v^2)}{(1 - \Gamma_u)^2 + \Gamma_v^2} + j\frac{2\Gamma_v}{(1 - \Gamma_u)^2 + \Gamma_v^2} = r + jx$$

式中，

$$r = \frac{1 - (\Gamma_u^2 + \Gamma_v^2)}{(1 - \Gamma_u)^2 + \Gamma_v^2}, \quad x = \frac{2\Gamma_v}{(1 - \Gamma_u)^2 + \Gamma_v^2}$$

r 是归一化电阻，因 $\Gamma_u^2 + \Gamma_v^2 = |\Gamma|^2 \leqslant 1$，故 $r \geqslant 0$；x 是归一化电抗，因 Γ_v 可取正值或负值，故 x 也可取正值或负值。

将上式中的两式分别整理，可得到以下两个方程，这两个方程都是圆的方程。

$$\left(\Gamma_u - \frac{r}{1+r}\right)^2 + \Gamma_v^2 = \left(\frac{1}{1+r}\right)^2 \tag{3.68}$$

$$(\Gamma_u - 1)^2 + \left(\Gamma_v - \frac{1}{x}\right)^2 = \left(\frac{1}{x}\right)^2 \tag{3.69}$$

1) 等电阻圆

圆心：$(r/(1+r), 0)$。

半径：$\dfrac{1}{1+r}$。

圆的切点：因 $0 \leqslant r < \infty$，故可绘出无穷多个归一化电阻圆，它们的圆心都在实轴 Γ_u 上，且圆心的横坐标 $r/(1+r)$ 与半径 $1/(1+r)$ 之和恒等于 1。因此，归一化电阻圆是一组公共切点为 $(1, 0)$ 的内切圆族，如图 3.12 所示。

2) 等电抗圆

圆心：$(1, 1/x)$。

半径：$\dfrac{1}{|x|}$。

圆的切点：等电抗圆族中，一组是正归一化电抗圆族，它们的圆心落在 $\Gamma_u = 1$ 的直线与上半虚轴平行的直线上，半径随 x 的增大而缩小，它们是一组公共切点为 $(1, 0)$ 的内切圆；另一组是负归一化电抗圆族，它们的圆心落在 $\Gamma_u = 1$ 的直线与下半虚轴平行的直线上，这也是一组公共切点为 $(1, 0)$ 的内切圆。上述两组内切圆又以 $(1, 0)$ 为公共切点的外切圆，如图 3.13 所示。

由于等反射系数圆的半径 $|\Gamma| \leqslant 1$，因此图中的归一化电抗圆族在单位圆以外的部分并未画出。

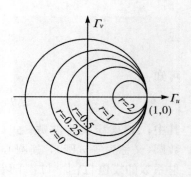

图 3.12 等电阻圆

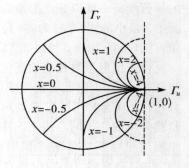

图 3.13 等电抗圆

3. 史密斯圆图

将等反射系数圆、等电阻圆和等电抗圆重叠在一起，就构成了一个完整的阻抗圆图。因此图最早由史密斯完成，又称为史密斯圆图。阻抗圆图如图 3.14 所示。

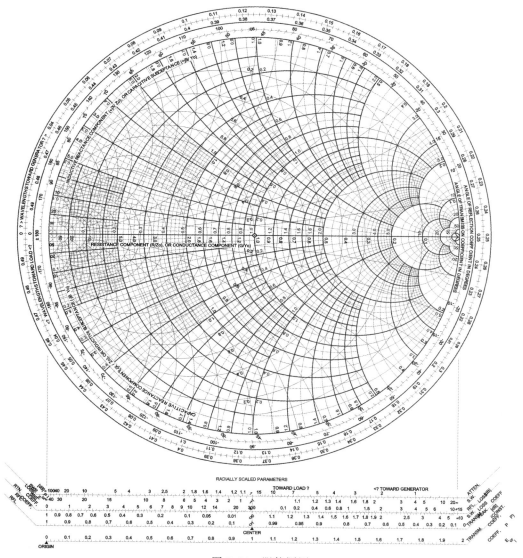

图 3.14　阻抗圆图

在阻抗圆图上，对于 Γ_u 和 Γ_v 复平面上单位圆及其所围区域内的每一个点，既对应着传输线上一个确定的位置，也对应着 $|\Gamma(d)|$、θ、r 和 x 这四个量值。于是很多数值计算过程就可以通过读取圆图上的数据来代替。

圆图中包含了无穷多个点、线、圆，其中有一些比较特殊，尤其是在对圆图进行深入理解和正确使用圆图解决工程实际问题的过程中，需要重点关注。下面从图 3.15（简化的阻抗圆图）中讨论圆图上一些特殊点和线的含义。

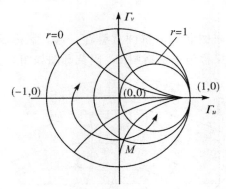

图 3.15 简化的阻抗圆图

1) 三个特殊点

(1) 原点 $(0,0)$。圆图的原点对应的三组圆分别是 $\Gamma(d)=0$，$r=1$，$x=0$。其对应的归一化输入阻抗 $z_{in}(d)=r+jx=r=1$，输入阻抗 $Z_{in}(d)=z_{in}(d)\cdot Z_0=Z_0$，电压驻波比 $\rho=1$。这些特性和行波状态(完全匹配)时的传输特性一致，故被称为匹配点。

(2) 左端点 $(-1,0)$。左端点 $(-1,0)$ 对应的三组圆分别是 $|\Gamma(d)|=1$，$r=0$，$x=0$。因此输入阻抗 $z_{in}(d)=0$，定义为短路点。该点位置是电压波节点(电流波腹点)，$\theta=\pi$ 说明反射波电压与入射波电压相位相反。

(3) 右端点 $(1,0)$。右端点 $(1,0)$ 对应的三组圆分别是 $|\Gamma(d)|=1$，$r=\infty$，$x=\infty$。该点处 $z_{in}(d)=r+jx=\infty$，因此定义为开路点。该点位置是电压波腹点(电流波节点)，$\theta=0$ 说明该点的反射波电压与入射波电压同相位。

2) 两条特殊线段

实轴上的所有点(两端点除外)表示纯电阻，这是因为当 $x=0$ 时，等 x 圆的半径为 ∞，此时的等电抗圆退化成实轴。

(1) 实轴左半轴。圆图中左半实轴上的点 $r<1$，$x=0$，表示输入阻抗为纯电阻，且电阻值小于 1，对应于传输线上电流的同相位点，故为电流波腹点(电压波节点)，r 的值即为行波系数 K 的值。

(2) 实轴右半轴。圆图中右半实轴上的点 $r>1$，$x=0$，表示输入阻抗为纯电阻，且电阻值大于 1，对应传输线上电压的同相位点，故是电压波腹点(电流波节点)，此时输入阻抗等于电压驻波系数 ρ。

3) 两个特殊圆

(1) 单位圆。该圆是 $|\Gamma(d)|=1$ 的等反射系数圆，因此被称为单位圆。$r=0$ 的等电阻圆和该圆重合。此圆上各点因 $|\Gamma(d)|=1$ 是全反射，故称之为驻波圆。$r=0$ 表示此圆上各点阻抗为纯电抗，这也是传输线驻波状态时的特征。

实轴以上半圆的等电抗圆曲线对应 $x>0$，故上半圆中各点代表各种不同数值的感性复阻抗的归一化值；实轴以下半圆的等电抗圆曲线对应 $x<0$，故下半圆中各点代表各种不同数值的容性复阻抗的归一化值。

(2) $r=1$ 的等电阻圆。在圆图中，这个圆内部的等 r 圆对应的 $r>1$，外部的等 r 圆对应的 $r<1$，$r=1$ 的这个圆可以称作"分界圆"。这个圆在利用史密斯圆图求解传输线的过程

中，尤其对于初学者，在使用圆图寻找输入阻抗时，有着重要作用，可以帮助他们提高分析效率和准确性。

　　4）两个方向

　　均匀无耗传输线上点的移动有两个方向（向负载端和向信源端），圆图中点的移动也有两个方向（顺时针方向和逆时针方向）。根据反射系数的相位 $\theta = \phi_L - 2\beta d$ 变化情况（超前或者滞后），这两组方向之间有一组对应关系：相位 θ 超前时，d 减小，传输线上的点向负载方向移动，圆图中是逆时针方向；相位 θ 滞后时，d 增加，传输线上的点向电源方向移动，圆图中是顺时针方向。

3.5.2　导纳圆图

　　在实际问题中，有时用导纳计算比用阻抗计算方便，比如微波电路常用并联元件构成，此时用导纳计算比较方便。用于计算导纳的圆图称为导纳圆图。

　　导纳与阻抗互为倒数，归一化导纳为

$$y_{in}(d) = \frac{1}{z_{in}(d)} = \frac{1 - \Gamma(d)}{1 + \Gamma(d)} = g + jb \tag{3.70}$$

　　我们同样可以把归一化导纳的归一化电导 g、归一化电纳 b，表示在电压反射系数 $\Gamma(d)$ 的复数平面上，这可以采用求作阻抗圆图同样的方法，作出分别以 g 和 b 为参量的两组曲线（当然也都是圆）。

　　如果作一简单的函数代换，则要简便得多。令 $\Gamma'(d) = \Gamma(d)e^{j\pi}$，则式（3.70）可写成为

$$\begin{aligned} y_{in}(d) = g + jb = \frac{1 - \Gamma(d)}{1 + \Gamma(d)} &= \frac{1 + (-\Gamma(d))}{1 - (-\Gamma(d))} \\ &= \frac{1 + \Gamma'(d)}{1 - \Gamma'(d)} \end{aligned} \tag{3.71}$$

　　将此式与式（3.31）对比可知，$y_{in}(d) = g + jb$ 与 $\Gamma'(d)$ 的函数关系，与 $z_{in}(d) = r + jx$ 和 $\Gamma(d)$ 的函数关系完全相同。因为 $\Gamma'(d)$ 与 $\Gamma(d)$ 相差相位 π，所以把阻抗圆图以坐标原点为轴心旋转 $180°$ 后就是导纳圆图，但必须把 r 换成 g，x 换成 b。

　　实际上这个 $180°$ 也不必转，同一张圆图既可作阻抗圆图用，也可以作导纳圆图用。但是在具体使用时要注意两种圆图的相同与不同之处。

　　当圆图用作导纳圆图时，关于电压反射系数的含义未变，图上任意点由所在位置 $|\Gamma(d)|$ 为半径的圆顺时针移动，仍然表示传输线上由相应位置向信源方向移动，圆图上的转角与线上的位移关系不变。

3.5.3　圆图的应用举例

　　为了熟练掌握史密斯圆图的应用，除了必须熟悉圆图的原理和构成外，更重要的是要在实践中经常运用，在运用中加深对圆图的理解。

　　类型 1　由负载阻抗 Z_L 求 l_{max}（电压驻波最大点到原点的距离）和 l_{min}。

　　［例 3-1］　如图 3.16 所示，特性阻抗 Z_0 为 $100\ \Omega$ 的传输线，端接负载阻抗 $Z_L = 100 + j100\ \Omega$。求传输线上的 l_{max}、l_{min} 及反射系数 Γ_L。

　　解：（1）求归一化负载阻抗 $z_L = \dfrac{Z_L}{Z_0} = 1 + j1$，并在圆图上找到 $r = 1$ 的等电阻圆和 $x = 1$

的等电抗圆，二者的交点 A 即为 z_L 对应的点。读出其对应的电长度为 $l/\lambda=0.162$。

（2）过 A 点做 z_L 所在的等反射系数圆并与实轴交于 M、N 点。

（3）由 A 点顺时针方向转到 M 点的距离即为电压波腹点离负载的距离，其值为 $l_{max}=0.25-0.162=0.088$，故 $l=l_{max}\times\lambda=0.088\lambda$。

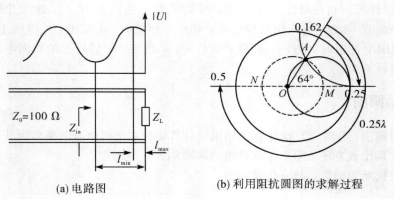

(a) 电路图　　(b) 利用阻抗圆图的求解过程

图 3.16　例 3-1 用图

（4）由 A 点顺时针方向转到 N 点的距离即为电压波节点离负载的距离，其值为 $l_{min}=0.5-0.162=0.338$，故 $l=l_{min}\times\lambda=0.338\lambda$。

（5）读取 M 点的读数，该读数即为 ρ，利用电压驻波比和反射系数的关系式 $|\Gamma_L|=\dfrac{\rho-1}{\rho+1}$，计算出 $|\Gamma_L|=0.45$，而 OA 线段与实轴的夹角为 $64°$，故 $\Gamma_L=|\Gamma_L|e^{j\theta}=0.45e^{j64°}$。

类型 2　已知均匀无耗传输线上的负载阻抗 Z_L，求反射系数 $\Gamma(d)$、电压驻波比 ρ 和输入阻抗 $Z_{in}(d)$。

[**例 3-2**]　如图 3.17 所示，已知传输线的特性阻抗 $Z_0=150\ \Omega$，负载阻抗 $Z_L=150+j150\ \Omega$。求离负载 l 为 $\lambda/4$ 处的输入阻抗 $Z_{in}(d)$ 和电压驻波比 ρ。

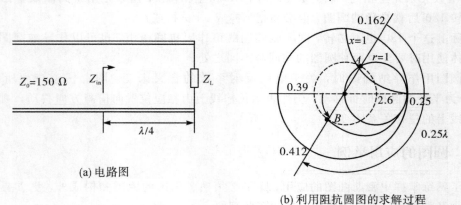

(a) 电路图

(b) 利用阻抗圆图的求解过程

图 3.17　例 3-2 用图

解：（1）求归一化负载阻抗 $z_L=\dfrac{Z_L}{Z_0}=1+j1$，在圆图上找出此点为 A。读出其对应的电长度为 $l/\lambda=0.162$（连接坐标原点 O 点和 A 点，延长 OA 和最外圈单位圆的交点读数）。

（2）A 点沿等反射系数圆（简称等 ρ 圆或等驻波比圆）顺时针方向转 0.25 个波数至 B

点，读出对应的波数(电长度)为 $0.162 + 0.25 = 0.412$。

（3）分别读取 B 点所在的等电阻圆 r 的值、B 点所在的等电抗圆 x 的值，写出其坐标归一化后的输入阻抗为 $z_{in}(d) = r + jx = 0.5 - j0.5$，故所求的输入阻抗为 $Z_{in}(d) = Z_0 \cdot z_{in}(d) = (0.5 - j0.5) \times 150 = 75 - j75$ Ω。

（4）过 A 点的等反射系数圆与实轴相交点的标度为 2.6 和 0.39，故 $\rho = 2.6(K = 0.39 = 1/\rho)$。

对上述两种类型的总结：

① 上面两个例题都是已知负载阻抗 Z_L，求传输线其他参数，如果已知 $Z_{in}(d)$ 求 Z_L，则求解过程与上面相反。

② 上面例题相对简单，但是很典型，很多利用圆图分析求解传输线的最后一步就和这个例题类似，因此对这类问题的求解过程总结如下：

第一步，确定已知点的位置，本题目中需要确定的是负载阻抗 Z_L 的位置 A，同时读出 A 点对应的波数(连接 OA 和单位圆的交点)，以备后面使用。注意，波数的读数有两个，使用哪个是由旋转方向决定的。

第二步，确定已知点(输入阻抗)和要寻找的未知点(输入阻抗)的关系。本题中，在微波传输线中二者是同一个传输线中不同的点，且要求的未知点的位置在负载阻抗 Z_L 的左边，即从已知点求未知点时，要向信源方向传输。而在史密斯圆图中，二者的关系是：同一个等反射系数圆周上不同的点，且顺时针方向旋转。综上，两个点的输入阻抗的关系要考虑三方面的因素：旋转轨迹(等反射系数圆)、旋转方向和距离差(波数差)。

下面是另外一种类型题目的求解过程。

类型 3　由电压驻波比 ρ，第一个电压驻波最小点至负载阻抗 Z_L 的距离 d_{min1}，求负载阻抗 Z_L。

[例 3-3]　如图 3.18 所示，已知传输线的特性阻抗 $Z_0 = 100$ Ω，当线的终端接入 Z_L 时，测得线上的驻波比为 $\rho = 2$，当线的末端短路时，电压最小点往负载方向移动了 0.15λ（即 $l_{min} = 0.15\lambda$）。求负载阻抗。

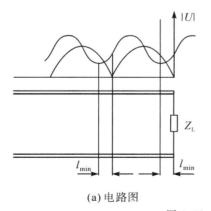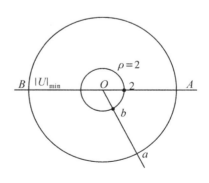

(a) 电路图　　　　　　　　　　(b) 利用阻抗圆图的求解过程

图 3.18　例 3-3 用图

解：（1）在圆图上找到 $r = 2$ 的等电阻圆，和实轴右半轴的交点即为 $\rho = 2$ 的点，连接原点和该点，以其为半径画圆，得到 $\rho = 2$ 的等反射系数圆。

（2）将 $|\dot U|_{min}$ 线段(即 OB 线段)逆时针方向转动 $l_{min}/\lambda = 0.15$ 个波数至 Oa 线段，Oa 线

段与等 ρ 圆相交于 b 点，读得 b 点在 $r=1$ 的等电阻圆、$x=-0.65$ 的等电抗圆上，因此该点的归一化负载阻抗 $z_\mathrm{L}=1-\mathrm{j}0.65$。

（3）负载阻抗 $Z_\mathrm{L}=z_\mathrm{L}\times Z_0=(1-\mathrm{j}0.65)\times100=100-\mathrm{j}65\ \Omega$。

3.6 阻 抗 匹 配

微波系统和天线的设计，都必须考虑阻抗匹配问题。低频电路中流动的是电压和电流，而微波电路所传输的是导行电磁波，不匹配就会引起严重的反射，因此阻抗匹配网络是设计微波电路和系统时采用最多的电路元件。

3.6.1 阻抗匹配的定义

对于由信号源、长线及负载所组成的传输系统，为了提高传输效率，保持信号源工作的稳定性以及提高长线的功率容量，希望信号源给出最大功率，同时负载阻抗能吸收全部入射波功率。前者要求信号源内阻与传输线的输入阻抗实现共轭匹配，后者要求负载阻抗与传输线实现无反射匹配。

1. 共轭匹配

共扼匹配要求传输线的输入阻抗与信号源内阻互为共轭值。若信号源内阻为

$$Z_g = R_g + \mathrm{j}X_g$$

则传输线的输入阻抗应为

$$Z_\mathrm{in} = R_\mathrm{in} + \mathrm{j}X_\mathrm{in} = Z_g^*$$

满足共轭匹配条件时，信号源输出的最大功率为

$$P_\mathrm{max} = \frac{1}{2}\frac{|E_g|^2 R_\mathrm{in}}{|Z_g+Z_\mathrm{in}|^2} = \frac{1}{2}\frac{|E_g|^2 R_\mathrm{in}}{(R_g+R_\mathrm{in})^2+(X_g+X_\mathrm{in})^2} = \frac{|E_g|^2}{8R_g} \tag{3.72}$$

共轭匹配并不意味着负载与传输线实现了无反射匹配。一般情况下，传输线上的电压、电流呈行驻波分布。

2. 无反射匹配

无反射匹配要求负载阻抗等于传输线的特性阻抗即 $Z_\mathrm{L}=Z_0$，此时负载吸收全部入射波功率，线上电压及电流呈行波分布。若不满足匹配条件，则需要在负载和传输线之间安装匹配装置，人为地产生一个反射波，使其与实际负载的反射波相抵消。微波传输系统的匹配如图 3.19 所示。

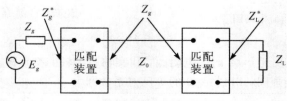

图 3.19 微波传输系统的匹配

无反射匹配的条件应用于传输线始端时,由于无耗长线特性阻抗 Z_0 为实数,因此要求信号源内阻为纯电阻 R_g,当 $R_g = Z_0$ 时,始端实现无反射的信号源为匹配信号源。当长线始端接匹配信号源时,即使负载与长线不匹配,负载的反射波也将被匹配信号源所吸收,始端不会产生新的反射。若不满足匹配条件,则需要在信号源和传输线之间安装匹配装置,如图 3.19 所示。

由于共轭匹配和无反射匹配的实现条件不同,因此两种匹配不一定能同时实现。只有信号源内阻、负载阻抗与长线特性阻抗都相等且均为纯电阻时,才能同时实现共轭匹配和无反射匹配。

3.6.2 $\lambda/4$ 变换器

$\lambda/4$ 变换器(见图 3.20)是实现负载阻抗与传输线之间匹配问题的一种简单实用的匹配装置。其匹配方法是在负载与传输线之间加入一个匹配装置,使输入阻抗作为等效负载,且与传输线的特性阻抗相等。

1. 实际电路(匹配前电路)

传输线的特性阻抗为 Z_0,负载阻抗为纯电阻 $R_g \neq Z_0$ 时,传输线工作在行驻波状态。

2. 匹配装置的构成

在负载和传输线之间加接一段长度为 $\lambda/4$、特性阻抗为 Z_{01} 的传输线,如图 3.20 所示。利用 $\lambda/4$ 的阻抗变换性,有

$$Z_{in} = \frac{Z_{01}^2}{R_L}$$

当满足 $Z_{in} = Z_0$ 时,传输线工作在匹配状态,此时计算得到

$$Z_{01} = \sqrt{Z_0 \cdot R_L} \tag{3.73}$$

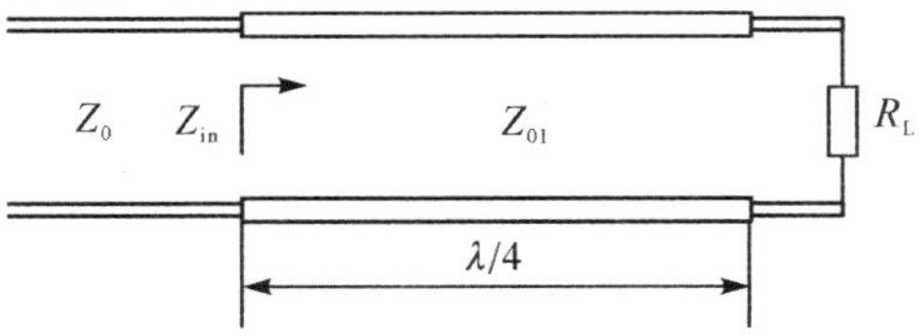

图 3.20 $\lambda/4$ 阻抗变换器

$\lambda/4$ 阻抗变换器作为匹配装置,适用于匹配纯电阻负载。如果负载不是纯电阻,但仍然使用它来匹配,则需要改变它的安装位置。由于电压波节或波腹处的输入阻抗是纯电阻,因此将安装位置由负载处挪到离负载一段距离的电压波节或波腹处,即可达到阻抗匹配的目的。

3.6.3 支节调配器

支节调配器是在距离负载的某固定位置上并联或者串联终端开路或短路的支节(传输线段)构成的,支节数可以是一条、两条或多条。这种匹配装置不需要集总元件,在微波频率下便于用分布元件制作,常用的是并联调配支节,如图 3.21 所示,它较容易用微带线或带状线来制作。

　　并联单支节调配器是在主传输线上并联适当的电纳(或串联适当的电抗),以达到匹配的目的。此电纳(或电抗)元件通常由一段终端短路或开路的线段构成。

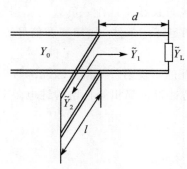

图 3.21　并联单支节匹配示意图

　　由于 $Z_L \neq Z_0$,在距离负载 $\lambda/2$ 长度内的线上总可以找到归一化输入导纳 $\tilde{Y}_1 = 1 \pm j\tilde{B}_1$ 的点,在该点处并联归一化电纳 $\tilde{Y}_2 = \mp j\tilde{B}_1$ 的短路或开路支节,就可以实现与主传输线的匹配,短路支节或开路支节的情况都会存在两个解,实际应用中,通常以离终端近、所需匹配支节的长度较短的原则来选取。

　　[例 3 - 4]　已知 $Z_L = 450 - j150\,\Omega$,$Z_0 = 150\,\Omega$,用单支节实现阻抗匹配。

　　解:现用一段短路线作为支节线并联于负载端附近。

　　(1) 如图 3.22 所示。求归一化负载导纳 $\tilde{Z}_L = \dfrac{Z_L}{Z_0} = 3 - j1$,在圆图上标为点 A(电长度 $l = 0.268$)。A 点沿其所在的等反射系数圆旋转 $180°$ 至 B 点,得到归一化负载导纳为 $\tilde{Y}_L = 0.3 + j0.1$。

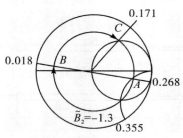

图 3.22　例 3 - 4 用图

　　(2) B 点沿等 ρ 圆顺时针方向转至 C 点,C 点是等 ρ 圆与 $\tilde{G} = 1$ 圆的交点,C 点对应电长度 $l = 0.171$,读得 C 点的坐标为 $\tilde{Y}_1 = 1 + j1.3$。

　　由 B 点至 C 点的距离即为 d_1,即 $d_1 = (0.171 - 0.018)\lambda = 0.153\lambda$。

　　(3) 单支节线的归一化导纳为 $\tilde{Y}_2 = 1 - \tilde{Y}_1 = -j1.3$。

　　(4) 求单支节线的长度:在导纳圆图的外圆上找到 $\tilde{Y}_2 = -j1.3$ 对应的点,其相应的电长度 $l = 0.355$(即由短路点 $\tilde{Y} = \infty$ 顺时针方向转至 $B = -j1.3$ 处),则单跨线的长度为 $l_1 = (0.355 - 0.25)\lambda = 0.105\lambda$。

　　与 $\lambda/4$ 阻抗变换器相比,单支节调配器可用于匹配任意负载阻抗,但它要求支节的位置 d 可调,这对同轴线、波导结构都有难度,因此引入了双支节调配器来进行匹配。

双支节匹配器的结构如图 3.23 所示。图中支节线的接入点位置是预先选定的，匹配过程中，需要计算或实际调试的参数是支节线的长度 l_1 和 l_2，以保证主线上为行波。两个支节线的距离通常选取为 $d_2=\lambda/8$、$\lambda/4$、$3\lambda/8$，但不能取 $\lambda/2$。

为了保证在 AA' 处得到匹配，则在 AA' 处向右看的输入导纳 $\tilde{Y}_3$ 应落在 $\tilde{G}=1$ 的匹配圆上。将该圆逆时针方向（对应向负载方向）转过 d_2 的距离即可得到辅助圆（如果 $d_2=\lambda/8$，则单位圆逆时针旋转 $\pi/2$；如果 $d_2=\lambda/4$，则单位圆逆时针旋转 π；如果 $d_2=3\lambda/8$，则单位圆逆时针旋转 $3\pi/2$），BB' 处的归一化输入导纳应落在该辅助圆上。

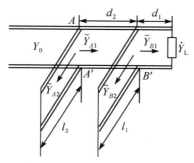

图 3.23　双支节匹配器示意图

习　　题

3-1　无耗传输线的特性阻抗为 100 Ω，负载阻抗为（100＋j200）Ω，其上传输频率为 5 GHz 的导行波，传输线总长为 0.5 m。求输入阻抗以及距终端为 0.1 m 和 0.3 m 处的输入阻抗值。

3-2　如题图 3-1 所示，求各无耗传输线输入端的反射系数、输入阻抗。

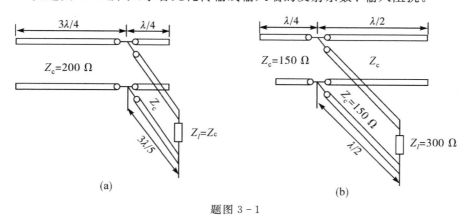

题图 3-1

3-3　以特性阻抗为 500 Ω 的短路线代替电感为 2×10^{-5} H 的线圈，频率为 300 MHz，短路线长度是多少？以特性阻抗为 500 Ω 的开路线代替电容为 0.884 pF 的电容器，频率为 300 MHz，求该开路线长度。

3-4　求题图 3-2 各电路 1-1′ 处的输入阻抗、反射系数及线 A 的电压驻波比。

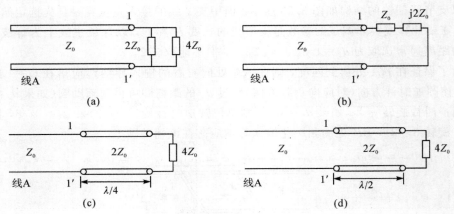

题图 3 - 2

3 - 5　如题图 3 - 3 所示为一无耗传输线，$Z_c = 200\ \Omega$，$Z_L = (150 + j50)\ \Omega$，若 A 处无反射，求 l 和 Z_{c1}。

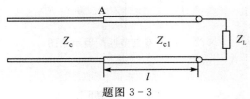

题图 3 - 3

3 - 6　在一无耗传输线上，传输频率为 4 GHz 的导波，已知其特性阻抗 $Z_0 = 200\ \Omega$，终端接 $Z_L = (75 + j100)\ \Omega$ 的负载。试求：

（1）传输线上的驻波系数；

（2）离终端 10 cm 处的反射系数。

3 - 7　特性阻抗 $Z_0 = 200\ \Omega$ 的无耗线终端接未知负载 Z_L，测量得到线上的电压驻波系数为 2.6，相邻驻波波节点间的距离 100 cm，驻波测量线端接负载时其中一个驻波节点的刻度为 275 cm，而当负载换为短路器时驻波节点的位置从波源向终端方向移至刻度为 235 cm 处。求终端负载阻抗。

3 - 8　证明：无耗传输线的负载阻抗为 $Z_L = Z_0\dfrac{K - j\tan\beta l_{min}}{1 - jK\tan\beta l_{min}}$，$K$ 是行波系数，l_{min} 是第一个电压最小点至负载的距离。

3 - 9　特性阻抗为 50 Ω 的同轴线，终端接未知负载，测得线上不同点的总电压如题图 3 - 4 所示。求：

（1）反射系数；

（2）驻波比；

（3）信号波长（以 cm 为单位）。

3 - 10　用圆图完成下面练习（所有的归一化阻抗和导纳均用小写的 z 和 y 表示）。

（1）已知 $z_L = 0.3 + j0.7$，求 l_{min}、l_{max} 和 ρ。

（2）已知 $l/\lambda = 3.82$，$|U|_{max} = 50$ V，$|U|_{min} = 13$ V，

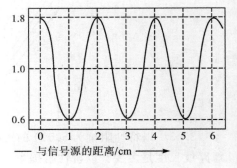

— 与信号源的距离/cm →

题图 3 - 4

$l_{max} = 0.035\lambda$，求 z_L 和 z_{in}。

（3）已知开路支节 $y_{in} = -j1.7$，求 l/λ。

（4）已知 $y_L = 0$，要求 $y_{in} = 0.13$，求 l/λ。

（5）已知 $l/\lambda = 4.29$，$K = 0.32$，$l_{min} = 0.32\lambda$，求 z_L 和 z_{in}。

（6）已知 $z_L = 0.2 - j0.4$，要求 $y_{in} = 1 - jb_{in}$，求 l/λ 和 b_{in}。

3-11　用一无耗短路线将特性阻抗 $Z_0 = 100\ \Omega$ 的无耗传输线与负载 $Z_L = \dfrac{100}{2 + j3.732}\ \Omega$ 相匹配。短路线的特性阻抗是 $200\ \Omega$，用史密斯圆图求最接近负载的短路线位置和长度。

3-12　如题图 3-5 所示的传输线中，$E_0 = 100e^{j90°}\ V$，$Z_g = 100\ \Omega$，$Z_c = 75\ \Omega$，$R_1 = 100\ \Omega$，$R_2 = 50\ \Omega$，$l_1 = \lambda_0/2$，$l_2 = l_3 = \lambda_0/4$。

（1）求出各段传输线上的电压反射系数和驻波系数；

（2）画出各段线上电压振幅和电流振幅分布图；

（3）求出信号源的输出功率和两个负载 R_1、R_2 的吸收功率。

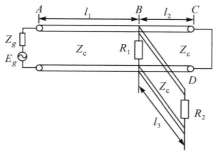

题图 3-5

3-13　特性阻抗 $Z_0 = 50\ \Omega$ 的无耗线终端连接一个未知负载，线上的驻波比为 2.8，两个相邻的电压最小点相距 2 cm，第一个最小点离负载的距离为 0.5 cm。

（1）确定终端负载的导纳值；

（2）求输入导纳为纯电导时离负载的最短距离；

（3）确定此电导的值。

3-14　如题图 3-6 所示为一无耗传输线系统，$E_g = 200e^{j0°}\ V$，$R_g = Z_{c2} = 450\ \Omega$，$Z_{c1} = 600\ \Omega$，$Z_l = 400\ \Omega$，且 $l_1 = \lambda/4$，$l_2 = \lambda/3$。画出沿线电压、电流和阻抗的振幅分布图，并求出它们的极大值和极小值。

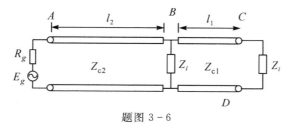

题图 3-6

3-15　证明一端开路一端短路的 $\lambda/4$ 理想传输线，从线中任一点向两端看去的输入阻抗都为无穷大。

第 4 章

导行系统

在低频段，采用平行双线来引导电磁波，当频率升高后，平行双导线的热损耗增加，并且向空间辐射电磁波产生的辐射损耗也会随着频率升高而加剧。如果能把微波传输线设计成封闭形式，可以在一定程度上降低辐射损耗，这样平行双导线就演变成同轴线结构。和双导线相同，同轴线也具有双导体结构，其导引的电磁波也应是同样类型。趋肤效应导致高频电磁波不能在导体内部传播，那能否将导体做成中空形式呢？事实证明，中空导体是可以导引电磁波的，这就是波导传输线，这种传输线是单导体结构，其导引的电磁波与双导体传输线是不同的。

早期微波系统主要依靠同轴线和波导作为传输媒质，波导传输线具有较高的功率容量和极低的损耗，但体积庞大且价格昂贵；同轴线具有较宽的带宽，由于是同心导体，因此制作复杂的微波元件非常困难。平面传输线提供了另外一种选择，首先出现的是带状线，它属于双导体结构，由同轴线发展而来，导引的电磁波类型和同轴线相同；后来 ITT 实验室将封闭形式、结构对称的带状线发展为不对称开放结构，开发出微带线，其传播的电磁波与带状线的略有不同。这两种传输线体积小，易于平面集成，目前发展较快，应用前景广阔。本章在阐述导波场基本理论的基础上，对不同类型的微波传输线进行了介绍。

4.1 导波场的分析

和双线传输线所用的"路"的方法不同，本节所讨论的规则金属波导采用的是"场"的方法，即从麦克斯韦方程出发，利用边界条件导出波导传输线中电场、磁场所服从的规律，从而了解波导中的模式及其场结构（横向问题），以及这些模式沿波导轴向的基本传输特性（纵向问题）。

分析无限长波导内电磁场的分布时，为了便于研究，应作如下假设：

(1) 波导内壁是理想导体，导电率 σ 无限大；

(2) 波导内填充的介质是均匀、线性、各向同性的无耗介质；

(3) 波导内无源，自由电荷 $\rho = 0$，传导电流 $J = 0$，波导远离波源或波导处在无源场中；

(4) 波导中的场为时谐场，满足复数形式的麦克斯韦方程组。

无源区的麦克斯韦方程可写为

$$\begin{cases} \nabla \times \boldsymbol{H} = \mathrm{j}\omega\varepsilon\boldsymbol{E} \\ \nabla \times \boldsymbol{E} = -\mathrm{j}\omega\mu\boldsymbol{H} \end{cases} \tag{4.1}$$

将式(4.1)中每个矢量方程对坐标$(x，y，z)$分别展开,各自的三个分量可以简化,如下:

$$\begin{cases} \dfrac{\partial H_z}{\partial y} + \mathrm{j}\beta H_y = \mathrm{j}\omega\varepsilon E_x \\[2mm] -\mathrm{j}\beta H_x - \dfrac{\partial H_z}{\partial x} = \mathrm{j}\omega\varepsilon E_y \\[2mm] \dfrac{\partial H_y}{\partial x} - \dfrac{\partial H_x}{\partial y} = \mathrm{j}\omega\varepsilon E_z \\[2mm] \dfrac{\partial E_z}{\partial y} + \mathrm{j}\beta E_y = -\mathrm{j}\omega\mu H_x \\[2mm] -\mathrm{j}\beta E_x - \dfrac{\partial E_z}{\partial x} = -\mathrm{j}\omega\mu H_y \\[2mm] \dfrac{\partial E_y}{\partial x} - \dfrac{\partial E_x}{\partial y} = -\mathrm{j}\omega\mu H_z \end{cases} \tag{4.2}$$

利用 E_z、H_z 及以上六个方程可以求得四个横向分量,如下:

$$\begin{cases} E_x = -\dfrac{\mathrm{j}}{k_c^2}\left(\beta\dfrac{\partial E_z}{\partial x} + \omega\mu\dfrac{\partial H_z}{\partial y}\right) \\[2mm] E_y = \dfrac{\mathrm{j}}{k_c^2}\left(-\beta\dfrac{\partial E_z}{\partial y} + \omega\mu\dfrac{\partial H_z}{\partial x}\right) \\[2mm] H_x = \dfrac{\mathrm{j}}{k_c^2}\left(\omega\varepsilon\dfrac{\partial E_z}{\partial y} - \beta\dfrac{\partial H_z}{\partial x}\right) \\[2mm] H_y = -\dfrac{\mathrm{j}}{k_c^2}\left(\omega\varepsilon\dfrac{\partial E_z}{\partial x} + \beta\dfrac{\partial H_z}{\partial y}\right) \end{cases} \tag{4.3}$$

媒质无耗时,$k_c^2 = k^2 - \beta^2 = \omega^2\mu\varepsilon - \beta^2$,称为截止波数,$k = \omega\sqrt{\mu\varepsilon} = \dfrac{2\pi}{\lambda}$是填充在波导内的材料的波数。

矢量波动方程(矢量亥姆霍兹方程)表示为

$$\begin{cases} \nabla^2\boldsymbol{E} + \omega^2\mu\varepsilon\boldsymbol{E} = \boldsymbol{0} \\ \nabla^2\boldsymbol{H} + \omega^2\mu\varepsilon\boldsymbol{H} = \boldsymbol{0} \end{cases} \tag{4.4}$$

标量波动方程(标量亥姆霍兹方程)表示为

$$\begin{cases} \nabla_T^2 E_z + k_c^2 E_z = 0 \\ \nabla_T^2 H_z + k_c^2 H_z = 0 \end{cases} \tag{4.5}$$

$\nabla_T^2 = \dfrac{\partial^2}{\partial x^2} + \dfrac{\partial^2}{\partial y^2}$称为横向拉普拉斯算子。

对于具体的传输线,只要根据给定的边界条件求出式(4.5)中纵向场分量的解后,将其代入横纵向场关系式(式(4.3))中,就可以得到分布函数的横向分量。得到完整的分布函数后,再代入式(4.6)即得到沿传输线传播的导行波的具体表达式。这种求解矢量波动方程的方法也称为横纵向场求解法。

时间因子为 $e^{j\omega t}$ 的时谐电磁场沿 z 轴正向传播，在直角坐标系下，电场和磁场的复数值可表示为

$$\begin{cases} \boldsymbol{E}(x,\,y,\,z) = [\boldsymbol{E}_T(x,\,y) + \boldsymbol{e}_z E_z(x,\,y)]e^{-j\beta z} \\ \boldsymbol{H}(x,\,y,\,z) = [\boldsymbol{H}_T(x,\,y) + \boldsymbol{e}_z H_z(x,\,y)]e^{-j\beta z} \end{cases} \tag{4.6}$$

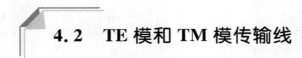

4.2　TE 模和 TM 模传输线

4.2.1　矩形波导

"波导"是指横截面为任意形状的空心金属管。所谓"规则波导"是指截面形状、尺寸及内部介质分布状况沿轴向均不变化的无限长直波导。最常用的波导，其横截面形状是矩形和圆形的。实际上早在 1933 年就已在实验室内被证明，采用波导管是行之有效的微波功率的传输手段。现代雷达几乎无一例外地采用波导作为其高频传输系统。波导管的使用频带范围很宽，从 915 MHz(微波加热)到 94 GHz(F 波段)都可使用波导传输线。波导具有结构简单、牢固、损耗小、功率容量大等优点，但其使用频带较窄，这一点是不如同轴线和微带线的。

矩形波导是横截面为矩形的空心金属管，如图 4.1 所示。矩形波导属于单导体系统，不能传输 TEM 波，但能传输 TE 模和 TM 模电磁波。

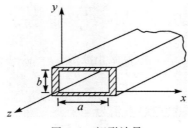

图 4.1　矩形波导

1. TE 波的场方程

对于横电波(TE)，$E_z = 0$，$H_z \neq 0$，H_z 满足式(4.5)。这是一个偏微分方程。应用分离变量法，设 $H_z(x,\,y) = X(x)Y(y)$，代入式(4.5)，得到二阶常系数的微分方程的解为

$$X(x) = A\cos(k_x x + \psi_x) \tag{4.7}$$

$$Y(y) = B\cos(k_y y + \psi_y) \tag{4.8}$$

式中，k_x、ψ_x、k_y 和 ψ_y 由边界条件决定，而 A、B 由初始条件决定，对各场分量间的关系和场分布无影响。

根据横纵向场关系式(4.3)，可得到横向场的全部分量如下

$$\begin{cases} H_x(x,\,y) = -\dfrac{\mathrm{j}\beta}{k_{\mathrm{c}}^2}\dfrac{\partial H_z}{\partial x} = D\,\dfrac{\mathrm{j}\beta}{k_{\mathrm{c}}^2}k_x\sin(k_x x + \varphi_x)\cos(k_y y + \varphi_y) \\[2mm] H_y(x,\,y) = -\dfrac{\mathrm{j}\beta}{k_{\mathrm{c}}^2}\dfrac{\partial H_z}{\partial y} = D\,\dfrac{\mathrm{j}\beta}{k_{\mathrm{c}}^2}k_y\cos(k_x x + \varphi_x)\sin(k_y y + \varphi_y) \\[2mm] E_x(x,\,y) = -\dfrac{\mathrm{j}\omega\mu}{k_{\mathrm{c}}^2}\dfrac{\partial H_z}{\partial y} = D\,\dfrac{\mathrm{j}\omega\mu}{k_{\mathrm{c}}^2}k_y\cos(k_x x + \varphi_x)\sin(k_y y + \varphi_y) \\[2mm] E_y(x,\,y) = \dfrac{\mathrm{j}\omega\mu}{k_{\mathrm{c}}^2}\dfrac{\partial H_z}{\partial x} = -D\,\dfrac{\mathrm{j}\omega\mu}{k_{\mathrm{c}}^2}k_x\sin(k_x x + \varphi_x)\cos(k_y y + \varphi_y) \end{cases} \tag{4.9}$$

利用边界条件来求待定常数，图 4.1 所示的矩形波导，其边界条件如下

$$E_x(x,\,0) = 0, E_x(x,\,b) = 0$$
$$E_y(0,\,y) = 0, E_y(a,\,y) = 0$$

将求出的待定常数，代入场量通解式(4.9)中，并乘以因子 $\mathrm{e}^{-\mathrm{j}\beta z}$ 便可得到矩形波导中 TE 波在传输状态下的复数解。其中，H_0 取决于激励条件。

$$E_x = -\mathrm{j}\,\frac{\omega\mu}{k_{\mathrm{c}}^2}\,\frac{n\pi}{b}H_0\cos\left(\frac{m\pi}{a}x\right)\sin\left(\frac{n\pi}{b}y\right)\mathrm{e}^{-\mathrm{j}\beta z} \tag{4.10-a}$$

$$E_y = -\mathrm{j}\,\frac{\omega\mu}{k_{\mathrm{c}}^2}\,\frac{n\pi}{a}H_0\sin\left(\frac{m\pi}{a}x\right)\cos\left(\frac{n\pi}{b}y\right)\mathrm{e}^{-\mathrm{j}\beta z} \tag{4.10-b}$$

$$E_z = 0 \tag{4.10-c}$$

$$H_x = \mathrm{j}\,\frac{\beta}{k_{\mathrm{c}}^2}\,\frac{m\pi}{a}H_0\sin\left(\frac{m\pi}{a}x\right)\cos\left(\frac{n\pi}{b}y\right)\mathrm{e}^{-\mathrm{j}\beta z} \tag{4.10-d}$$

$$H_y = \mathrm{j}\,\frac{\beta}{k_{\mathrm{c}}^2}\,\frac{n\pi}{b}H_0\cos\left(\frac{m\pi}{a}x\right)\sin\left(\frac{n\pi}{b}y\right)\mathrm{e}^{-\mathrm{j}\beta z} \tag{4.10-e}$$

$$H_z(x,\,y,\,z) = H_0\cos\left(\frac{m\pi}{a}x\right)\cos\left(\frac{n\pi}{b}y\right)\mathrm{e}^{-\mathrm{j}\beta z} \tag{4.10-f}$$

式中，

$$k_{\mathrm{c}}^2 = k_x^2 + k_y^2 = \left(\frac{m\pi}{a}\right)^2 + \left(\frac{n\pi}{b}\right)^2 \tag{4.11}$$

结果表明，矩形波导中可以存在无穷多种 TE 导模，以 TE_{mn} 表示；由式(4.10)可见，当 $m=0$ 且 $n=0$ 时，成为一恒定磁场，其余场分量均不存在，因此 m、n 同时为 0 的解无意义，矩形波导中 TE 模式的最低型模是 TE_{10} 模($a>b$)。

2. TM 波的场方程

TM 波的 $H_z=0$，按上述 TE 模的思想，可求解出 TM 波全部场分量的复数解为

$$E_x = -\mathrm{j}\,\frac{\beta}{k_{\mathrm{c}}^2}\,\frac{m\pi}{a}E_0\cos\left(\frac{m\pi}{a}x\right)\sin\left(\frac{n\pi}{b}y\right)\mathrm{e}^{-\mathrm{j}\beta z} \tag{4.12-a}$$

$$E_y = -\mathrm{j}\,\frac{\beta}{k_{\mathrm{c}}^2}\,\frac{n\pi}{b}E_0\sin\left(\frac{m\pi}{a}x\right)\cos\left(\frac{n\pi}{b}y\right)\mathrm{e}^{-\mathrm{j}\pi z} \tag{4.12-b}$$

$$E_z = E_0\sin\left(\frac{m\pi}{a}x\right)\sin\left(\frac{n\pi}{b}y\right)\mathrm{e}^{-\mathrm{j}\beta z} \tag{4.12-c}$$

$$H_x = \mathrm{j}\,\frac{\omega\varepsilon}{k_{\mathrm{c}}^2}\,\frac{n\pi}{b}E_0\sin\left(\frac{m\pi}{a}x\right)\cos\left(\frac{n\pi}{b}y\right)\mathrm{e}^{-\mathrm{j}\beta z} \tag{4.12-d}$$

$$H_y = -\mathrm{j}\,\frac{\omega\varepsilon}{k_{\mathrm{c}}^2}\,\frac{m\pi}{a}E_0\cos\left(\frac{m\pi}{a}x\right)\sin\left(\frac{n\pi}{b}y\right)\mathrm{e}^{-\mathrm{j}\beta z} \tag{4.12-e}$$

$$H_z = 0 \qquad\qquad (4.12-f)$$

结果表明，矩形波导中可以存在无穷多种 TM 导模，以 TM_{mn} 表示，最低型模为 TM_{11} 模。

波型指数 m 代表场量在波导宽边 a 上驻波的半周期数，而 n 代表场量在波导窄边 b 上驻波的半周期数。将一组 m、n 值代入场分量的表达式（式(4.10)、式(4.12)）中即可得到波型函数的一组场方程，而一组场分量方程就代表一种 TE、TM 波的模式（波型），分别用符号 TE_{mn}、TM_{mn} 表示。

3. 矩形波导波型的场结构

"场结构"就是根据场方程用电磁力线的疏密来表示电磁场在波导内的分布情况。之所以对场结构特别注意，是因为它在实际上有着重大意义。波导的激励、测量、电击穿以及研究波导中电磁波传输特性的重要参量——波长、速度、波阻抗、衰减，甚至于一些微波元件的制造等，都与场结构有密切关系。

由 TE 模和 TM 模的场分量可知，导模在矩形波导横截面上的场呈驻波分布，且在每个横截面上的场分布是完全确定的。这一分布与频率无关，并与此横截面在导行系统上的位置无关；整个导模以完整的场结构（场型）沿轴向（z 向）传播。

1) TE_{10} 模与 TE_{m0} 模的场结构

对于 TE 型波，由于 $E_z = 0$，$H_z \neq 0$，因此电力线仅分布在横截面内，且不可能形成闭合曲线，而磁力线则是空闭合曲线。

将 $m=1$、$n=0$ 代入式(4.10)即可求得 TE_{10} 波的场分量表达式为

$$E_y = -\frac{\mathrm{j}\omega\mu a}{\pi}H_0\sin\left(\frac{\pi}{a}x\right)\mathrm{e}^{-\mathrm{j}\beta z} \qquad\qquad (4.13-a)$$

$$H_x = \mathrm{j}\frac{\beta a}{\pi}H_0\sin\left(\frac{\pi}{a}x\right)\mathrm{e}^{-\mathrm{j}\beta z} \qquad\qquad (4.13-b)$$

$$H_z = H_0\cos\left(\frac{\pi}{a}x\right)\mathrm{e}^{-\mathrm{j}\beta z} \qquad\qquad (4.13-c)$$

$$E_x = E_z = H_y = 0 \qquad\qquad (4.13-d)$$

可见 TE_{10} 波只剩下三个分量，且均与 y 无关。这表明电场、磁场沿 y 方向均无变化。

在横截面（xOy 面）上，由式(4.13)可知，电场沿 x 方向呈正弦变化，在 $x=0$、a 处，$E_y=0$，在 $x=a/2$ 处，$E_y=E_{\max}$，场沿长边有半个驻波的分布。电场沿短边无变化。TE_{10} 波的磁场有两个分量。H_x 沿 x 方向呈正弦变化，在长边有半个驻波分布，H_z 沿 x 方向呈余弦变化，在 $x=0$、a 处最大，在 $x=a/2$ 处为零。磁场与 y 无关，磁力线是沿 y 轴方向均匀分布的平行于 x 轴的线，如图 4.2(a)所示。

在垂直纵截面（yOz 面）上，电场和磁场分量与 y 无关，沿 y 方向均匀分布，而沿 x 轴方向为周期性变化，但横向场（E_y、H_x）与纵向场 H_z 之间有 90° 的相差，在横向场最大处，纵向场分量最小，反之亦然，其场结构如图 4.2(b)所示。

在水平纵截面（xOz 面）上，电力线与该面相垂直，而磁场既有 H_x 又有 H_z，合成的磁力线犹如椭圆形，如图 4.2(c)所示。

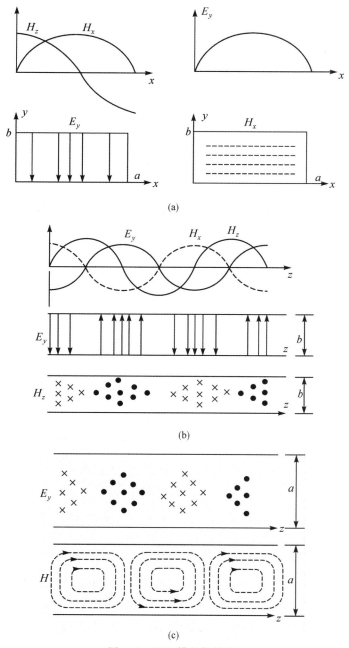

图 4.2　TE$_{10}$ 模的场结构

　　在矩形波导的 TE 型模中，除主模 TE$_{10}$ 外，其他都属高次模式。与绘制主模的场结构图一样，将不同的 m、n 组合代入场分量的解中，即得到相应波型的场分量方程式，再根据这些方程即可绘出各自的场结构图。

　　TE$_{20}$、TE$_{30}$、…、TE$_{m0}$ 等模的场结构与 TE$_{10}$ 模的场结构类似，即沿宽边 a 分别有 2 个、3 个、…、n 个半驻波分布，场沿窄边无变化。与 TE$_{10}$ 波的场结构比较，它们的电磁场分布规律是一致的。TE$_{20}$ 波的场结构就像在同一波导中同时装进两个 TE$_{10}$ 波一样。

2) TE$_{01}$ 模与 TE$_{0n}$ 模的场结构

TE$_{01}$ 波与 TE$_{10}$ 波的场结构区别是波的极化面旋转了 90°，即场沿 b 边有半个驻波分布，沿 a 边无变化，同样地，TE$_{02}$、TE$_{03}$、…、TE$_{0n}$ 等模式的场结构则是沿 a 边场量不变化，沿 b 边分别有 2 个、3 个、…、n 个半驻波分布。TE$_{02}$ 波的场结构就像在同一波导中同时装进两个 TE$_{01}$ 波一样。

3) TE$_{11}$ 模与 TE$_{mn}$（m、$n > 1$）模的场结构

m 和 n 均不为零的最简单 TE 模是 TE$_{11}$ 模，该模式的场沿长边和短边，都有半个驻波分布。m 和 n 都大于 1 的 TE 模的场结构与 TE$_{11}$ 模的场结构类似，其场型沿长边有 m 个 TE$_{11}$ 模场结构的"小巢"，沿短边有 n 个 TE$_{11}$ 模场结构"小巢"。

4) TM$_{11}$ 模与 TM$_{mn}$ 模的场结构

TM 导模中，最简单的模式为 TM$_{11}$ 模，该模式的电力线是空间曲线，磁力线是闭合曲线，完全分布在横截面内。其场沿长边和短边均有半个驻波分布。仿照 TM$_{11}$ 模，m 和 n 均大于 1 的 TM$_{mn}$ 模的场结构是沿长边和短边分别有 m 和 n 个 TM$_{11}$ 模场结构的"小巢"。

图 4.3 是矩形波导中几种模式的场结构图。

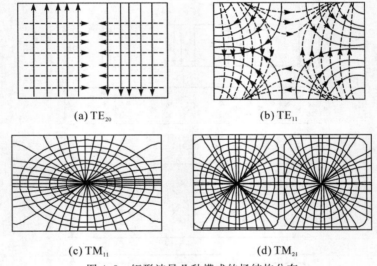

(a) TE$_{20}$ (b) TE$_{11}$

(c) TM$_{11}$ (d) TM$_{21}$

图 4.3　矩形波导几种模式的场结构分布

与 TEM 模式不同的是，并非所有的 TE$_{mn}$ 和 TM$_{mn}$ 型波都会在波导中同时传输，这要由波导尺寸、激励方式和工作频率来决定。

4. 矩形波导的传输特性

由上面的分析可知，矩形波导中不论传输 TE$_{mn}$ 型波，还是 TM$_{mn}$ 型波，它们都要遵循式（4.10）和式（4.12）所示的规律，即波沿 x、y 方向呈驻波分布（按正弦或余弦分布），沿 z 方向波呈现行波传输。下面来分析它们的传输特性。

1) 截止频率和截止波长

由式（4.3）有

$$k_c^2 = \omega^2 \mu \varepsilon + \gamma^2 = k^2 + \gamma^2$$

为了满足导行波的传输条件，必须使 $k_c^2 < k^2$，$k = \omega \sqrt{\mu \varepsilon}$，即 k 的大小取决于频率 ω 的高低。

当角频率 ω 由小到大时，有以下三种可能：

（1）$k_c^2 > \omega^2 \mu \varepsilon$ 时，$\gamma^2 > 0$，$\gamma = \alpha$，此时波不能传输；

（2）$k_c^2 < \omega^2 \mu \varepsilon$ 时，$\gamma^2 < 0$，$\gamma = j\beta$，此时媒质无损耗，波可无衰减的传输；

（3）$k_c^2 = \omega^2 \mu \varepsilon$ 时，为临界状态，是决定波能否传播的分界线。

由 $k_c^2 = \omega^2 \mu \varepsilon$ 所决定的频率称为截止频率或临界频率，记以 f_c，对应的波长称为截止波长，记以 λ_c。

根据关系式 $k_c^2 = \omega^2 \mu \varepsilon$、$\omega_c = 2\pi f_c$、$\lambda_c = \dfrac{v}{f_c}$ 可求得截止频率 f_c 和截止波长 λ_c 为

$$f_c = \frac{k_c}{2\pi \sqrt{\mu \varepsilon}} \tag{4.14}$$

$$\lambda_c = \frac{2\pi}{k_c} \tag{4.15}$$

将式（4.11）分别代入式（4.14）、式（4.15），得

$$f_c = \frac{v}{2} \sqrt{\left(\frac{m}{a}\right)^2 + \left(\frac{n}{b}\right)^2} \tag{4.16}$$

$$\lambda_c = \frac{2}{\sqrt{\left(\frac{m}{a}\right)^2 + \left(\frac{n}{b}\right)^2}} \tag{4.17}$$

式（4.16）中，$v = 1/\sqrt{\mu \varepsilon}$ 为介质中的光速。

截止波长和截止频率是传输线最重要的特性参数之一。由上面分析可知，只有 $\omega^2 \mu \varepsilon > k_c^2$（即只有 $f > f_c$ 或 $\lambda < \lambda_c$）时，电磁波才能在波导中传播，因此波导具有"高通滤波器"的性质。

根据截止波长表达式，各种波型的截止波长可计算为

$$(\lambda_c)_{TE_{10}} = 2a, \quad (\lambda_c)_{TE_{01}} = 2b$$
$$(\lambda_c)_{TE_{20}} = a, \quad (\lambda_c)_{TE_{02}} = b$$
$$\cdots\cdots$$

当波导尺寸 a 和 b 选定后，可计算出各波型截止波长 λ_c 的具体数值，从而得到该波导的模式分布图（截止波长分布图）。下面以矩形波导 BJ – 32（$a = 7.2$ cm，$b = 3.4$ cm）为例，绘出其截止波长分布图，如图 4.4 所示。图中阴影区为"截止区"，波长在此区域中的电磁波不能在该波导中传输任何模式。当 λ 在 $7.2 \sim 14.4$ cm 之间时，只能传输 TE_{10} 波，此区间为单模工作区；当 $\lambda < 7.2$ cm 时，将出现高次模，此后波导中将同时出现多种模式。因此，为保证波导中单一模工作，波导中传输电磁波的波长应该在单模工作区。

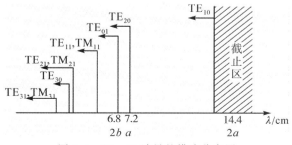

图 4.4 BJ – 32 波导的模式分布图

从模式分布图中可以看出，某个频率（或波长）的电磁波在同一个波导中传输时，有的模式可以传输，有的模式被截止（不能传输）；不同频率（或波长）的电磁波在同一个波导中传输时，传输的模式可能不同。

由上述分析可知，矩形波导中指数 m、n 相同的 TE 波和 TM 波可以有相同的截止波长。这种不同波型具有相同截止波长的现象，称为波导的模式"简并"现象。矩形波导中，除 TE_{m0} 和 TE_{0n} 模式没有"简并"外，其余的模式都存在"简并"现象，

为了保证波导中单模传输，即只传输 TE_{10} 波，波导尺寸必须满足

$$\left.\begin{array}{c}(\lambda_c)_{TE_{20}} \\ (\lambda_c)_{TE_{01}}\end{array}\right\} < \lambda < (\lambda_c)_{TE_{10}}$$

即

$$a < \lambda < 2a \qquad (4.18)$$

$$2b < \lambda \qquad (4.19)$$

2）相速度和群速度

波的相速度指波的等相位面沿波导轴向（z 轴）移动的速度，用 v_p 表示。

当波导系统无耗时，有 $\gamma = j\beta$，因此

$$\beta^2 = \omega^2 \mu\varepsilon - k_c^2 \qquad (4.20)$$

根据相速度的定义，得到

$$v_p = \frac{\omega}{\beta} \qquad (4.21)$$

结合上面两个表达式，得

$$\frac{\beta^2}{\omega^2} = \mu\varepsilon - \frac{k_c^2}{\omega^2} = \frac{\lambda_c^2 - \lambda^2}{\lambda_c^2 v^2} = \frac{1 - (\lambda/\lambda_c)^2}{v^2}$$

开方后代入式（4.21），得到

$$v_p = \frac{v}{\sqrt{1 - \left(\dfrac{\lambda}{\lambda_c}\right)^2}} \qquad (4.22)$$

式中，v、λ 和 λ_c 分别代表介质中的光速、波长和模式的截止波长。模式不同，对应的 λ_c 也不同，就会得到不同的相速度 v_p。矩形波导中主模 TE_{10} 波的相速度：

$$v_{pTE_{10}} = \frac{v}{\sqrt{1 - \left(\dfrac{\lambda}{2a}\right)^2}} \qquad (4.23)$$

波导中传输模式的相速总是大于同一媒质中的光速，即 $v_p > v$。

通常在波导中传输的不是单频，而是占有一个频带的波群。把由许多频率组成的波群（波包）的速度称为"群速"，记以 v_g。理论证明，当频带较窄时，$v_g = v_c$。

根据定义

$$v_g = v_c = \frac{d\omega}{d\beta} = \frac{1}{\dfrac{d\beta}{d\omega}}$$

而 $\beta = (\omega^2 \mu\varepsilon - k_c^2)^{1/2}$，则有

$$\frac{d\beta}{d\omega} = \frac{d(\omega^2 \mu\varepsilon - k_c^2)^{1/2}}{d\omega} = \frac{\omega\mu\varepsilon}{\sqrt{\omega^2 \mu\varepsilon - k_c^2}} = \frac{v_p}{v^2}$$

于是得到

$$v_g = v\sqrt{1 - \left(\frac{\lambda}{\lambda_c}\right)^2} \tag{4.24}$$

将主模 TE_{10} 的 $\lambda_c = 2a$ 代入群速度表达式，得到

$$v_{gTE_{10}} = v\sqrt{1 - \left(\frac{\lambda}{2a}\right)^2} \tag{4.25}$$

波导中传输模式的群速度总是小于同一媒质的光速，即 $v_g < v$。

v_p 和 v_g 的乘积始终保持为一常数，即

$$v_p \cdot v_g = v^2 \tag{4.26}$$

可以看出，波导中波的传播速度（v_p 和 v_g）是频率的函数。因此，波导传输线是一个色散系统，而 TEM 传输线是非色散系统。

3）波导波长

波导中某模式的波阵面在一个周期内沿轴向所走的距离，或相邻等相位面之间的轴间距离，称为波导波长（或称导波长或相波长），根据定义有

$$\lambda_g = \frac{2\pi}{\beta}$$

而

$$\beta = \sqrt{(\omega^2 \mu \varepsilon - k_c^2)} = \sqrt{\left(\frac{2\pi}{\lambda}\right)^2 - \left(\frac{2\pi}{\lambda_c}\right)^2} = \frac{2\pi}{\lambda}\sqrt{1 - \left(\frac{\lambda}{\lambda_c}\right)^2}$$

因此

$$\lambda_g = \frac{\lambda}{\sqrt{1 - \left(\frac{\lambda}{\lambda_c}\right)^2}} \tag{4.27}$$

而式（4.27）是介质中的波长（工作波长）λ 与传输模式的波导波长 λ_g 和截止波长 λ_c 之间的重要关系式。

矩形波导中主模 TE_{10} 的波导波长为

$$\lambda_{gTE_{10}} = \frac{\lambda}{\sqrt{1 - \left(\frac{\lambda}{2a}\right)^2}} \tag{4.28}$$

4）波阻抗

波导横截面上电场强度和磁场强度的比值定义为波阻抗，记以 Z_W：

$$Z_W = \frac{|E_t|}{|H_t|} = \frac{\sqrt{|E_x|^2 + |E_y|^2}}{\sqrt{|H_x|^2 + |H_y|^2}} \tag{4.29}$$

式中，E_t 和 H_t 分别表示波导横截面上的电场和磁场。

5. 矩形波导的管壁电流

封闭金属波导中传输微波信号时，在金属波导内壁的表面上会产生感应电流，称之为管壁电流。在微波频率，趋肤效应将使这种管壁电流集中在很薄的波导内壁表面流动，其趋肤深度的典型数量级为 10^{-4} cm（例如铜波导，在 $f = 30$ GHz 时，其趋肤深度为 3.8×10^{-4} cm< 0.5 μm）。

由理想导体的边界条件可知，波导管壁上面电流密度的大小和方向由公式

$$J = n \times H_t$$

来决定，式中 n 是波导内壁的法向单位矢量，H_t 是内壁附近的切线磁场。J 的大小等于表面上磁场切线分量的大小，方向可以用右手螺旋法则来确定。因此，纵向电流密度 J_z 与横向磁场分量 H_x 相联系；横向电流密度 J_x、J_y 则取决于磁场的纵向分量 H_z。

在所有的模式中，只有主模 TE_{10} 波有最简单的场方程，分析其壁电流分布最有意义，如需要，可按此原则绘出其他任意模式的壁电流分布。

下面分析主模 TE_{10} 波的管壁电流分布。

左侧壁：$n = e_x$，$x = 0$，则
$$J |_{x=0} = e_x \times e_z H_z |_{x=0} = -e_y H_z |_{x=0}$$

右侧壁：$n = -e_x$，$x = a$，则
$$J |_{x=a} = -e_x \times e_z H_z |_{x=a} = e_y H_z |_{x=a}$$

在波导顶面，$n = -e_y$，$y = b$，则
$$J |_{y=b} = -e_y \times (e_x H_x + e_z H_z) |_{y=b}$$

在波导底面，$n = e_y$，$y = 0$，则
$$J |_{y=0} = e_y \times (e_x H_x + e_z H_z) |_{y=0}$$

当矩形波导中传输 TE_{10} 波时，在左右两窄壁上只有 J_y 分量电流，且大小相等，方向相同；在上下两宽壁上，电流是由 J_x 和 J_z 两分量合成的，在同一 x 位置的上下宽壁内的电流大小相等，方向相反。每半个周期形成一个电流"小巢"，相邻半周期的电流方向相反；同一横截面内的内壁电流是连续的，在上下电流"小巢"处由位移电流接续起来，构成电流回路。TE_{10} 波的管壁电流分布如图 4.5 所示。

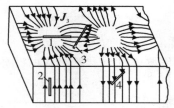

图 4.5　TE_{10} 模式的管壁电流分布图

研究波导内壁电流的分布具有实际意义。

（1）开槽问题。有时为某种需要常在管壁上开一窄缝（槽）。若窄缝是沿电流取向，如图 4.5 中 1 和 2，这种类型的槽是非辐射性槽，它将不影响或极少影响场强的分布，例如，广泛使用的波导测量线及单螺调配器就是在波导宽边中央（$x = a/2$）处开纵向槽缝而制成的。若窄缝切断了管壁电流，如图 4.5 中 3 和 4，这种类型的槽是辐射性槽，则场型将被扰乱，其结果将会引起辐射和管内波的反射等现象，例如，用作辐射器时（如裂缝天线）就需要在切割电流线处开槽。

（2）制造工艺问题。了解电流分布对波导的制造工艺也有重要指导意义。例如，对 TE_{10} 波，由于在 $x = a/2$ 处只有纵向电流，因此可用两个相同的 Π 形管合并成矩形管进行焊接，使之影响最小。

4.2.2　圆波导

横截面是圆形的空心金属管称为圆波导，如图 4.6 所示。和矩形波导一样，圆波导内

不能传输 TEM 波，只能传输 TE 波和 TM 波。

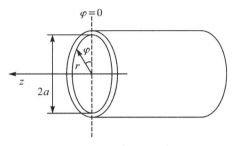

图 4.6　圆波导的坐标

分析圆波导采用圆柱坐标系较为方便，求解过程与矩形波导类似。将复数形式的麦克斯韦方程组中两个旋度关系式展开为分量式，经过与上节类似的推导，得到圆波导中场分布函数横向分量的表示式为

$$E_\rho = -\left(\frac{j}{k_c^2}\right)\left(\beta\frac{\partial E_z}{\partial\rho} + \frac{\omega\mu_0}{\rho}\frac{\partial H_z}{\partial\varphi}\right) \tag{4.30-a}$$

$$E_\varphi = -\left(\frac{j}{k_c^2}\right)\left(\frac{\beta}{\rho}\frac{\partial E_z}{\partial\varphi} - \omega\mu_0\frac{\partial H_z}{\partial\rho}\right) \tag{4.30-b}$$

$$H_\rho = \left(\frac{j}{k_c^2}\right)\left(\frac{\omega\varepsilon_0}{\rho}\frac{\partial E_z}{\partial\varphi} - \beta\frac{\partial H_z}{\partial\rho}\right) \tag{4.30-c}$$

$$H_\varphi = -\left(\frac{j}{k_c^2}\right)\left(\omega\varepsilon_0\frac{\partial E_z}{\partial\rho} + \frac{\beta}{\rho}\frac{\partial H_z}{\partial\varphi}\right)^* \tag{4.30-d}$$

及标量波动方程

$$\begin{cases}\nabla_T^2 E_z(\rho,\varphi) + k_c^2 E_z(\rho,\varphi) = 0 \\ \nabla_T^2 H_z(\rho,\varphi) + k_c^2 H_z(\rho,\varphi) = 0\end{cases} \tag{4.31}$$

采用分离变量法求解，

$$E_z(\rho,\varphi) = R(\rho)\Phi(\varphi) \tag{4.32}$$

$$H_z(\rho,\varphi) = R(\rho)\Phi(\varphi) \tag{4.33}$$

上式中，分布函数的各分量均为 ρ、φ 的函数。按纵向场分量是否存在，可将圆波导中的场分为 TM 波和 TE 波。

1. TM 波

将式(4.31)在柱坐标系展开为

$$\left(\frac{\partial^2}{\partial\rho^2} + \frac{1}{\rho}\frac{\partial}{\partial\rho} + \frac{1}{\rho^2}\frac{\partial^2}{\partial\varphi^2}\right)E_z(p,\varphi) + k_c^2 E_z(p,q) = 0 \tag{4.34}$$

将式(4.32)代入式(4.34)并应用分离变量法得

$$\frac{1}{R(\rho)}\left[\rho^2\frac{d^2 R(\rho)}{d\rho^2} + \rho\frac{dR(\rho)}{d\rho} + k_c^2\rho^2 R(\rho)\right] = -\frac{1}{\Phi(\varphi)}\frac{d^2\Phi(\varphi)}{d\varphi^2} \tag{4.35}$$

式(4.35)左右两边分别是 ρ 和 φ 的函数，由于二者相互独立，也因此要维持此式成立，唯有两边等于同一常数，设其为 m^2，则式(4.35)分离成两个方程，

$$\rho^2\frac{d^2 R(\rho)}{d\rho^2} + \rho\frac{dR(\rho)}{d\rho} + (k_c^2\rho^2 - m^2)R(\rho) = 0 \tag{4.36-a}$$

$$\frac{\mathrm{d}^2\Phi(\varphi)}{\mathrm{d}\varphi^2} + m^2\Phi(\varphi) = 0 \tag{4.36-b}$$

式(4.36-b)中 $\Phi(\varphi)$ 的通解为

$$\Phi(\varphi) = A_1\cos m\varphi + A_2\sin m\varphi = A\cos(m\varphi - \varphi_0) \tag{4.37}$$

式(4.36-a)中，令 $u = k_c\rho$，则有

$$u^2\frac{\mathrm{d}^2R(\rho)}{\mathrm{d}u^2} + u\frac{\mathrm{d}R(\rho)}{\mathrm{d}u} + (u^2 - m^2)R(\rho) = 0$$

上式是以 u 为自变量的 m 阶贝塞尔方程，该方程的通解为

$$R(\rho) = B_1\mathrm{J}_m(u) + B_2\mathrm{Y}_m(u) \tag{4.38}$$

$\mathrm{J}_m(u)$ 是 m 阶贝塞尔函数，$\mathrm{Y}_m(u)$ 是 m 阶诺依曼函数（第二类贝塞尔函数），两者统称为"柱谐函数"，此函数可以表示为适当的无穷级数，在数学手册中可找到其曲线或函数表示。图 4.7 给出了前几阶柱谐函数的曲线。

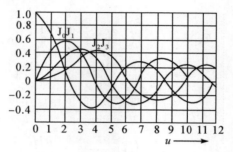

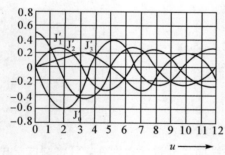
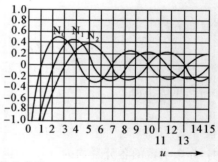

图 4.7　柱谐函数的曲线

图 4.7 中，$\mathrm{J}_m(u)$ 与 u 轴的一系列交点是 $\mathrm{J}_m(u)$ 的零点 u_{m1}、u_{m2}、$\cdots$、u_{mn}、$\cdots$，u_{mn} 称为式(4.39)m 阶贝塞尔函数的第 n 个根。

$$\mathrm{J}_m(u_{mn}) = 0 \quad (m = 0, 1, 2, \cdots; n = 1, 2, 3, \cdots) \tag{4.39}$$

现在根据以下条件来确定式(4.38)中的待定系数。

(1) 有限条件：波导中任何地方的场量必须是有限值。且在轴心 $\rho = 0$ 处，式(4.38)右方第二项为负无穷，这没有物理意义，因此必有 $B_2 = 0$。

(2) 单值条件：波导中同一位置处的场量必须是单值的。圆柱坐标 φ 方向以 2π 为周期，(ρ, φ) 与 $(\rho, \varphi+2\pi)$ 代表横截面上的同一点，对应的场量为同一值，此时

$$\cos(m\varphi - \varphi_0) = \cos(m\varphi + 2\pi m - \varphi_0)$$

m 代表场量在圆周方向的周期数，因此 m 必须是非负整数。

(3) 边界条件：假定波导壁为理想导体，其上的切向电场为零。在 $\rho = a$ 处有

$$E_z(a, \varphi) = AB_1 J_m(k_c a)\cos(m\varphi - \varphi_0) = 0$$

$J_m(k_c a)=0$，即 $k_c a$ 必须是 $J_m(u)$ 的零点。n 代表 TM 波的纵向电场沿圆柱径向出现零点的次数（包括 $\rho=a$ 处，但不包括 $\rho=0$ 处），截止波长为

$$(\lambda_c)_{TM_{mn}} = \frac{2\pi}{(k_c)_{TM_{mn}}} = \frac{2\pi a}{u_{mn}} \quad (m = 0, 1, 2\cdots; n = 1, 2, 3\cdots) \tag{4.40}$$

纵向场表示为

$$E_z(\rho, \varphi) = D J_m\left(\frac{u_m}{a}\rho\right)\cos(m\varphi - \varphi_0) \tag{4.41}$$

其中，$D=AB_1$。将式(4.41)及 $H_z=0$ 的条件代入式(4.30)并乘以因子 $e^{-j\beta z}$ 便可得到圆波导中 TM 波横向场分量的分布函数为

$$E_\rho(\rho, \varphi, z) = -D j\frac{\beta a}{u_{mn}} J'_m\left(\frac{u_{mn}}{a}\rho\right)\cos(m\varphi - \varphi_0)e^{-j\beta z} \tag{4.42-a}$$

$$E_\varphi(\rho, \varphi, z) = D j\frac{\beta n a^2}{u_{mn}^2}J_m\left(\frac{u_{mn}}{a}\rho\right)\sin(m\varphi - \varphi_0)e^{-j\beta z} \tag{4.42-b}$$

$$H_\rho(\rho, \varphi, z) = \mp D j\frac{\omega\varepsilon m a}{u_{mn}^2\rho}J_m\left(\frac{u_{mn}}{a}\rho\right)\sin(m\varphi - \varphi_0)e^{-j\beta z} \tag{4.42-c}$$

$$H_\varphi(\rho, \varphi, z) = -D j\frac{\omega\varepsilon a}{u_{mn}^2}J'_m\left(\frac{u_{mn}}{a}\rho\right)\cos(m\varphi - \varphi_0)e^{-j\beta z} \tag{4.42-d}$$

其中，$J'_m(u)$ 为 $J_m(u)$ 的导函数。表 4.1 是部分贝塞尔函数的根与相应波形的 λ_c 值。

表 4.1　部分 TM 波型的 u_{mn} 及 λ_c

波型	u_{mn}	λ_c	波型	u_{mn}	λ_c	波型	u_{mn}	λ_c
TM$_{01}$	2.405	2.61a	TM$_{02}$	5.520	1.14a	TM$_{03}$	8.654	0.72a
TM$_{11}$	3.832	1.64a	TM$_{21}$	5.135	1.22a	TM$_{31}$	6.379	0.984a
TM$_{12}$	7.016	0.90a	TM$_{22}$	8.417	0.75a			

2. TE 波

与 TM 波采用类似的求解方法，圆波导中 TE 波的复数解为

$$H_\rho(\rho, \varphi, z) = D j\frac{\beta a}{v_{mn}}J_m\left(\frac{v_{mn}}{a}\rho\right)\cos(m\varphi - \varphi_0)e^{-j\beta z} \tag{4.43-a}$$

$$H_\varphi(\rho, \varphi, z) = D j\frac{\beta n \omega^2}{v_{mn}^2\rho}J_m\left(\frac{v_{mn}}{a}g\right)\sin(m\varphi - \varphi_0)e^{-j\beta z} \tag{4.43-b}$$

$$H_z(\rho, \varphi, z) = D J_m\left(\frac{v_{mn}}{a}\rho\right)\cos(m\varphi - \varphi_0)e^{-j\beta z} \tag{4.43-c}$$

$$E_\rho(\rho, \varphi, z) = D j\frac{\omega\mu m a^2}{v_{mn}^2\rho}J_m\left(\frac{v_{mn}}{a}\rho\right)\sin(m\varphi - \varphi_0)e^{-j\beta z} \tag{4.43-d}$$

$$E_\varphi(\rho, \varphi, z) = D j\frac{\omega\mu a}{v_{mn}}J'_m\left(\frac{v_{mn}}{a}\rho\right)\cos(m\varphi - \varphi_0)e^{-j\beta z} \tag{4.43-e}$$

$$E_z(\rho, \varphi, z) = 0 \quad (m = 0, 1, 2\cdots; n = 1, 2, 3\cdots) \tag{4.43-f}$$

v_{mn} 是 m 阶贝塞尔函数的一阶导数 $J'_m(u)$ 的第 n 个零点的值，即满足方程

$$J'_m(v_{mn}) = 0 \quad (m = 0, 1, 2\cdots; n = 1, 2, 3\cdots)$$

的根。表 4.2 给出了 v_{mn} 的一部分值及所对应的 λ_c 值。

表 4.2　部分 TE 波型的 v_{mn} 以及 λ_c

波型	v_{mn}	λ_c	波型	v_{mn}	λ_c
TE_{11}	1.841	$3.41a$	TE_{12}	5.332	$1.18a$
TE_{21}	3.054	$2.06a$	TE_{22}	6.705	$0.94a$
TE_{01}	3.832	$1.64a$	TE_{02}	7.016	$0.90a$
TE_{31}	4.201	$1.50a$	TE_{32}	8.015	$0.78a$

圆波导中 TE 波的截止波数 k_c 与截止波长 λ_c 分别为

$$\begin{cases} (k_c)_{TE_{mn}} = \dfrac{v_{mn}}{a} \\ (\lambda_c)_{TE_{mn}} = \dfrac{2\pi}{(k_c)_{TE_{mn}}} = \dfrac{2\pi a}{v_{mn}} \quad (m = 0, 1, 2, \cdots; n = 1, 2, 3, \cdots) \end{cases} \tag{4.44}$$

m 和 n 的物理意义与 TM 模式中的相同。

圆波导的传输条件与矩形波导相同：$\lambda < \lambda_c$。截止波长 λ_c 如式(4.40)和式(4.44)所示。根据上两式及表 4.1 和表 4.2 可画出如图 4.8 所示的圆波导模式图。图中，TE_{11} 波是圆波导的最低模式，对应的截止波长 $\lambda_c = 3.41a$；其次是 TM_{01} 模式，$\lambda_c = 2.61a$。和矩形波导单模传输的方法相同，当满足 $2.61a < \lambda_c < 3.41a$ 时，圆波导中只传输主模 TE_{11}。

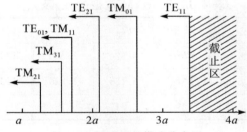

图 4.8　圆波导的模式分布图

与矩形波导类似，圆波导中也存在简并现象，一类是 TE_{0n} 模和 TM_{1n} 模的简并，这两种模式的截止波长相同，其传输特性也相同，但场结构不同；另一类是极化简并，由于场量沿 φ 方向的分布存在 $\cos m\varphi$ 和 $\sin m\varphi$ 两种可能性，这两种分布模式的 m、n 值相同，场分布也相同，但极化面旋转了 $90°$，因此称为极化简并。

4.3　TEM 模传输线

4.3.1　同轴线

同轴线属于双导体传输线，其结构如图 4.9 所示，其传输的主模是 TEM 波。从场的观点看，同轴线的边界条件，既支持 TEM 波传输，也支持 TE 波或 TM 波传输，电磁波在同轴线中以哪种波传输，取决于同轴线的尺寸和电磁波的频率。

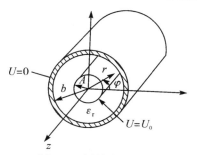

图 4.9 同轴线的结构

当工作波长大于 10 cm 时，矩形波导和圆波导都显得尺寸过大而笨重，而相应的同轴线其尺寸却要小很多。同轴线是一种宽频带微波传输线，可以从直流一直工作到毫米波波段，因此在微波整机系统、微波测量系统或微波元件中，都得到了广泛的应用。

1. 同轴线中的主模 TEM

求解同轴线中的 TEM 波各场量，就是在柱坐标系下求解横向分布函数 Φ 所满足的拉普拉斯方程式，即

$$\frac{\partial^2 \Phi}{\partial r^2} + \frac{1}{r}\frac{\partial \Phi}{\partial r} + \frac{1}{r^2}\frac{\partial^2 \Phi}{\partial \varphi^2} = 0 \qquad (4.45-a)$$

同轴线中 TEM 波的横场分量为

$$E_t = a_r \frac{E_0}{r} e^{-j\beta z}, \quad H_t = a_\varphi \frac{E_0}{\eta r} e^{-j\beta z} \qquad (4.45-d)$$

式中，E_0 是振幅常数，η 是 TEM 波的波阻抗，$\eta = 120\pi/\sqrt{\varepsilon_r}$。

1）传输参数

设同轴线内外导体之间的电压为 U，内导体上的轴向电流为 I，则由式(4.45-d)可求得

$$U = \int_a^b E_r \, dr = E_0 \ln \frac{b}{a} e^{-j\beta z} \qquad (4.46-a)$$

$$I = \oint_C H_\varphi \, dl = \int_0^{2\pi} H_\varphi r \, d\varphi = \frac{E_0}{\eta} 2\pi e^{-j\beta z} \qquad (4.46-b)$$

根据特性阻抗的定义，

$$Z_0 = \frac{U}{I} = \frac{\eta}{2\pi} \ln \frac{b}{a} = \frac{60}{\sqrt{\varepsilon_r}} \ln \frac{b}{a} \qquad (4.47-a)$$

上面特性阻抗的结果与第 3 章中导出的结果相同，相移常数为

$$\beta = k = \omega\sqrt{\mu\varepsilon} \qquad (4.47-b)$$

相速度为

$$v_p = \frac{\omega}{\beta} = \frac{c}{\sqrt{\varepsilon_r}} \qquad (4.47-c)$$

相波长为

$$\lambda_p = \frac{2\pi}{\beta} = \frac{v_p}{f} = \frac{\lambda_0}{\sqrt{\varepsilon_r}} \qquad (4.47-d)$$

式中，ε_r 为同轴线中填充介质的相对介电常数，λ_0 为光速。

2）功率与衰减

若设 $z=0$ 时，内、外导体之间的电压为 U_0，则从式(4.46-a)可得

$$E_0 = \frac{U_0}{\ln \dfrac{b}{a}} \tag{4.48-a}$$

代入式(4.45-d)可得

$$E_r = \frac{U_0}{\ln \dfrac{b}{a}} \frac{1}{r} e^{-j\beta z}, \quad H_\varphi = \frac{U_0}{\eta \ln \dfrac{b}{a}} \frac{1}{r} e^{-j\beta z} = \frac{E_r}{\eta} \tag{4.48-b}$$

同轴线传输 TEM 波的平均功率为

$$P = \frac{1}{2\eta} \int_S |E_t|^2 \, dS = \frac{1}{2\eta} \int_a^b |E_r|^2 \, 2\pi r dr = \frac{1}{2} \frac{2\pi}{\eta} \frac{|U_0|^2}{\ln \dfrac{b}{a}} = \frac{1}{2} \frac{|U_0|^2}{Z_0}$$

$$\tag{4.49-a}$$

定义功率容量,

$$P_{br} = \frac{1}{2} \frac{|U_{br}|^2}{Z_0} \tag{4.49-b}$$

式中,U_{br} 为击穿电压,其大小由击穿电场 E_{br} 决定。由于同轴线内的电场强度在 $r=a$ 处最强,因此由式(4.48-b)可得二者之间的关系为

$$|U_{br}| = a E_{br} \ln \frac{b}{a} \tag{4.49-c}$$

因此功率容量的计算式如下

$$P_{br} = \sqrt{\varepsilon_r} \frac{a^2 E_{br}^2}{120} \ln \frac{b}{a} \tag{4.49-d}$$

同轴线的衰减由两部分构成,一部分是由导体损耗引起的衰减,用 α_c 表示;另一部分是由介质损耗引起的衰减,用 α_d 表示,计算公式为

$$\alpha_c = \frac{R_S}{2\eta} \frac{\left(\dfrac{1}{a} + \dfrac{1}{b}\right)}{\ln \dfrac{b}{a}}, \quad \alpha_d = \frac{\pi \sqrt{\varepsilon_r}}{\lambda_0} \tan\delta \tag{4.49-e}$$

式中,$R_S = (\pi f \mu / \sigma)^{\frac{1}{2}}$ 是导体的表面电阻,$\tan\delta$ 是同轴线中填充介质的损耗角正切。

2. 同轴线中的高次模

若同轴线的尺寸与波长相比足够大时,除了 TEM 外,同轴线上有可能传输 TM 和 TE 波。对于同轴线内的高次模而言,其截止波数满足的是超越方程式,严格求解很困难,因此一般采用数值解法。用近似方法可得截止波长的近似表达式。

TM 波有

$$\lambda_c(E_{mn}) \approx \frac{2}{n}(b-a) \quad (n = 1, 2, 3, \cdots) \tag{4.50-a}$$

最低波型为 $\lambda_c(\text{TM}_{01}) \approx 2(b-a)$。

TE 波($m \neq 0, n = 1$)有

$$\lambda_c(H_{m1}) \approx \frac{\pi(a+b)}{m} \quad (m = 1, 2, 3, \cdots) \tag{4.50-b}$$

最低波型为 $\lambda_c(\text{TE}_{11}) \approx \pi(a+b)$。

3. 同轴线尺寸选择

确定同轴线尺寸时，主要考虑以下几方面的因素。

1）保证 TEM 波单模传输

求解方法和波导中的求解方法类似，最终得到工作波长与同轴线尺寸的关系应满足

$$\lambda > \lambda_c(\text{TE}_{11}) = \pi(b+a)$$

2）保证最小的导体损耗

令 $\dfrac{\partial \alpha_c}{\partial a} = 0$，可得

$$\left(\frac{b}{a}\right) \approx 3.59$$

此时，相应的空气同轴线的特性阻抗约为 77 Ω。

3）保证最大的功率容量

令 $\dfrac{\partial P_{br}}{\partial a} = 0$，可得

$$\left(\frac{b}{a}\right) \approx 1.65$$

此尺寸对应的空气同轴线的特性阻抗约为 30 Ω。

上述两种要求对应的同轴线特性阻抗值并不同，具体应用时要兼顾考虑。同轴线的特性阻抗取 75 Ω 和 50 Ω 两个标准值，前者考虑的主要是损耗小，后者兼顾了损耗和功率容量的要求。

4.3.2　带状线

1. 传输模式

带状线是由一个宽度为 W、厚度为 t 的中心导带和相距为 b 的上、下两块接地板构成，其结构如图 4.10。

接地板之间填充 ε_r 的均匀介质。带状线属于双导体系统，且介质均匀，可看成是由同轴线演变而来的，如图 4.11 所示，因此其主模是 TEM 波，也可存在高次波 TE 或 TM 模。通过选择带状线的横向尺寸可以

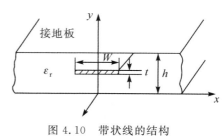

图 4.10　带状线的结构

抑制高次模的出现。分析表明当 $b < \dfrac{\lambda_{\min}}{2\sqrt{\varepsilon_r}}$、$W < \dfrac{\lambda_{\min}}{2\sqrt{\varepsilon_r}}$ 时，能保证带状线单模传输，即只传输 TEM 波。

  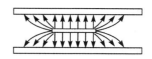

图 4.11　带状线的演变过程

2. 传输参数

对带状线的分析可以使用传输线理论，由长线理论可知，TEM 波传输线的传输参数相速度 v_p、相波长 λ_p、相移常数 β 及特性阻抗 Z_0，分别为

$$v_p = \frac{c}{\sqrt{\varepsilon_r}} \qquad (4.51 - a)$$

$$\lambda_p = \frac{\lambda_0}{\sqrt{\varepsilon_r}} = \frac{v_p}{f} \qquad (4.51 - b)$$

$$\beta = \frac{2\pi}{\lambda_p} \qquad (4.51 - c)$$

$$Z_0 = \frac{1}{v_p C_1} \qquad (4.51 - d)$$

当工作频率一定时，除特性阻抗外，其他三个参数都是定值，这样对带状线的分析，最终归结于求解单位长分布电容 C_1。对于零厚度($t=0$)的带状线，其特性阻抗的近似计算公式为

$$Z_0 = \frac{30\pi}{\sqrt{\varepsilon_r}} \frac{b}{W_e + 0.441b} \qquad (4.52 - a)$$

式中，W_e 是中心导带的有效宽度，且

$$\frac{W_e}{b} = \frac{W}{b} - \begin{cases} 0 & \frac{W}{b} > 0.35 \\ \left(0.35 - \frac{W}{b}\right)^2 & \frac{W}{b} < 0.35 \end{cases} \qquad (4.52 - b)$$

带状线的特性阻抗随导带宽度 W 增大而单调减小，设计电路时，通常是给定特性阻抗 Z_0 和基片材料 ε_r，而要求设计导带的宽度 W，因此由式(4.52)可得如下综合设计公式。

$$\frac{W}{b} = \begin{cases} \dfrac{30\pi}{\sqrt{\varepsilon_r} Z_0} - 0.441, & \sqrt{\varepsilon_r} Z_0 < 120 \ \Omega \\ 0.85 - \sqrt{1.041 - \dfrac{30\pi}{\sqrt{\varepsilon_r} Z_0}}, & \sqrt{\varepsilon_r} Z_0 > 120 \ \Omega \end{cases} \qquad (4.53)$$

对于 $t \neq 0$ 的带状线，其特性阻抗的近似计算公式为

$$Z_0 = \frac{30}{\sqrt{\varepsilon_r}} \ln\left\{ 1 + \frac{4}{\pi} \frac{1}{m} \left[\frac{8}{\pi} \frac{1}{m} + \sqrt{\left(\frac{8}{\pi} \frac{1}{m}\right)^2 + 6.27} \right] \right\} \qquad (4.54 - a)$$

式中，

$$m = \frac{W}{b-t} + \frac{\Delta W}{b-t}$$

$$\frac{\Delta W}{b-t} = \frac{x}{\pi(1-x)}\left\{ 1 - 0.5\ln\left[\left(\frac{x}{2-x}\right)^2 + \left(\frac{0.0796x}{W/b + 1.1x}\right)^n \right] \right\}$$

$$n = \frac{2}{1 + \dfrac{2x/3}{1-x}}, \quad x = \frac{t}{b}$$

若已知特性阻抗 Z_0、ε_r 和 b，非零厚度带状线导带宽度可用如下综合公式计算

$$\frac{W}{b} = \frac{W_e}{b} - \frac{\Delta W}{b} \qquad (4.54 - b)$$

式中，

$$\frac{W_e}{b} = \frac{8(1 - t/b)}{\pi} \frac{\sqrt{e^A + 0.5675}}{e^A - 1}$$

$$\frac{\Delta W}{b} = \frac{t/b}{\pi} \left\{ 1 - \frac{1}{2} \ln \left[\left(\frac{t/b}{2 - t/b} \right)^2 + \left(\frac{0.0796 t/b}{W_e/b - 0.26 t/b} \right)^m \right] \right\}$$

$$m = \frac{2}{1 + \dfrac{2t/3b}{1 - t/b}}, \quad A = \frac{Z_0 \sqrt{\varepsilon_r}}{30}$$

工程上另一种简便的求解特性阻抗的方法是查曲线。图 4.12 给出的是科恩在 1955 年用保角变换法计算出的带状线特性阻抗曲线，他将厚度的影响折合成宽高比来计算，其精度约为 1.5%。

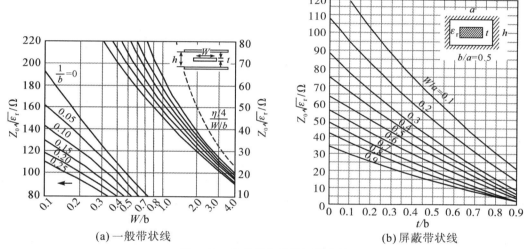

(a) 一般带状线　　　　　　　　(b) 屏蔽带状线

图 4.12　带状线的特性阻抗曲线

4.3.3　微带线

1. 传输模式

如图 4.13(a)所示，微带线由厚度为 t、宽度为 W 的导带和下金属接地板组成，导带和接地板之间是 ε_r 的介质基片。微带线目前是混合微波集成电路(HMIC)和单片微波集成电路(MMIC)中使用最多的一种平面传输线，它容易与其他无源微波电路和有源微波器件连接，从而实现微波电子系统的小型化、集成化。

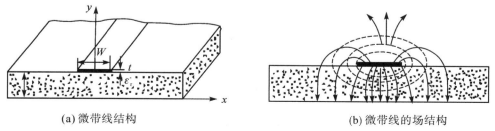

(a) 微带线结构　　　　　　　　(b) 微带线的场结构

图 4.13　微带线的结构

微带线属于双导体传输线，其场结构如图 4.13(b)所示。微带线可看成是由双导线传输线演变而来的，如图 4.14 所示。介质为空气的微带线就是半个双导线。对于空气微带线，由于导带周围的介质是连续的，其上传输的波形是 TEM 波。对于实际填充 ε_r 介质的标准微带线，其导带周围的介质有两种，导带上方为空气，下方为 ε_r 的介质，大部分场集中在导带和接地板之间，其余的场分布在空气介质中。由于 TEM 波在介质中的传播相速度为 $c/\sqrt{\varepsilon_r}$，在空气中的传播相速度为 λ_c，相速度在介质不连续的界面处不可能对 TEM 模匹配，因此标准微带线传输的是一种 TE - TM 的混合波，其纵向场分量主要是由介质、空气分界面处的边缘场 E_z 和 H_z 引起的，在工作频率不是很高时，适当选择尺寸，可忽略纵向场分量的影响，因此微带线中传输模的特性与 TEM 波相差很小，称其为准 TEM 波。本节主要介绍用准静态法分析微带线的准 TEM 特性及一些实用简化结果。

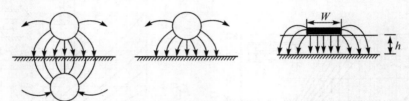

图 4.14　微带线的演变过程

2. 微带线的准 TEM 特性

准静态法是将准 TEM 模看成纯 TEM 模，引入相对有效介电常数为 ε_{re} 的均匀介质来代替原微带的混合介质，从而使导带处在连续介质中，如图 4.15 所示。

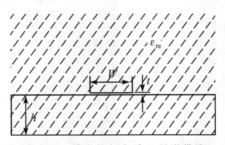

图 4.15　填充均匀介质 ε_{re} 的微带线

这种等效的条件是标准微带的单位长度分布电容 C_1 等于全填充等效介质 ε_{re} 的微带线的单位长度分布电容 C_1'。若设空气微带的单位长度分布电容为 C_{1a}，则有

$$C_1' = C_1 = \varepsilon_{re} C_{1a} \tag{4.55 - a}$$

有效介电常数定义为

$$\varepsilon_{re} = \frac{C_1}{C_{1a}} = \frac{\text{标准微带的单位长度分布电容}}{\text{空气微带的单位长度分布电容}} \tag{4.55 - b}$$

引入等效介质和有效介电常数后，就可由传输线理论得到标准微带线的传输参数，即

$$\begin{cases} v_{\mathrm{p}} = \dfrac{c}{\sqrt{\varepsilon_{\mathrm{re}}}} \\[3mm] \lambda_{\mathrm{p}} = \dfrac{v_{\mathrm{p}}}{f} = \dfrac{\lambda_0}{\sqrt{\varepsilon_{\mathrm{re}}}} \\[3mm] \beta = \dfrac{2\pi}{\lambda_{\mathrm{p}}} \\[3mm] Z_0 = \dfrac{1}{v_{\mathrm{p}} C_1} = \dfrac{Z_{0\mathrm{a}}}{\sqrt{\varepsilon_{\mathrm{re}}}} \end{cases} \qquad (4.55-\mathrm{c})$$

$Z_{0\mathrm{a}}$ 和 $\varepsilon_{\mathrm{re}}$ 可用保角变换法得出精确解，但都是复杂的超越函数式。工程上是用曲线拟合法逼近严格的准静态求解曲线，来得到一组近似计算公式。下面是零厚度($t=0$)微带线的近似计算公式

$$\begin{cases} Z_0 = \dfrac{60}{\sqrt{\varepsilon_{\mathrm{re}}}} \ln\left(\dfrac{8h}{W} + \dfrac{W}{4h}\right) \qquad \dfrac{W}{h} \leqslant 1 \\[3mm] \varepsilon_{\mathrm{re}} = \dfrac{\varepsilon_{\mathrm{r}}+1}{2} + \dfrac{\varepsilon_{\mathrm{r}}-1}{2}\left[\left(1+\dfrac{12h}{W}\right)^{-\frac{1}{2}} + 0.041\left(1-\dfrac{W}{h}\right)^2\right] \\[3mm] Z_0 = \dfrac{120\pi}{\sqrt{\varepsilon_{\mathrm{re}}}} \dfrac{1}{W/h + 1.393 + 0.667\ln(W/h + 1.444)} \qquad \dfrac{W}{h} \geqslant 1 \\[3mm] \varepsilon_{\mathrm{re}} = \dfrac{\varepsilon_{\mathrm{r}}+1}{2} + \dfrac{\varepsilon_{\mathrm{r}}-1}{2}\left(1+\dfrac{12h}{W}\right)^{-\frac{1}{2}} \end{cases} \qquad (4.56-\mathrm{a})$$

在 $0.05 < \dfrac{W}{h} < 20$，$\varepsilon_{\mathrm{r}} < 16$ 内，上式的精度优于 1%。

当导带厚度 $t \neq 0$ 时，在 $t < h$、$t < \dfrac{W}{2}$ 条件下，修正公式近似为

$$\dfrac{W_{\mathrm{e}}}{h} = \dfrac{W}{h} + \dfrac{1.25t}{\pi h}\left(1 + \ln\dfrac{2x}{t}\right) \qquad (4.56-\mathrm{b})$$

式中，

$$x = \begin{cases} h & \dfrac{W}{h} \geqslant \dfrac{1}{2\pi} \\[3mm] 2\pi W & \dfrac{W}{h} \leqslant \dfrac{1}{2\pi} \end{cases}$$

微带线电路的设计通常是给定 Z_0 和 ε_{r}，需要计算导体带宽度 W。此时可由上式得到综合公式

$$\dfrac{W}{h} = \begin{cases} \dfrac{8\mathrm{e}^A}{\mathrm{e}^{2A}-2} & A > 1.52 \\[3mm] \dfrac{2}{\pi}\left\{B-1-\ln(2B-1) + \dfrac{\varepsilon_{\mathrm{r}}-1}{2\varepsilon_{\mathrm{r}}}\left[\ln(B-1) + 0.39 - \dfrac{0.61}{\varepsilon_{\mathrm{r}}}\right]\right\} & A \leqslant 1.52 \end{cases}$$

式中，

$$A = \dfrac{Z_0}{60}\sqrt{\dfrac{\varepsilon_{\mathrm{r}}+1}{2}} + \dfrac{\varepsilon_{\mathrm{r}}-1}{\varepsilon_{\mathrm{r}}+1}\left(0.23 + \dfrac{0.11}{\varepsilon_{\mathrm{r}}}\right), \quad B = \dfrac{377\pi}{2Z_0\sqrt{\varepsilon_{\mathrm{r}}}} = \dfrac{60\pi^2}{Z_0\sqrt{\varepsilon_{\mathrm{r}}}}$$

$$\varepsilon_{\mathrm{re}} = 1 + q(\varepsilon_{\mathrm{r}}-1) \qquad (4.57-\mathrm{a})$$

式中，$q = \dfrac{\varepsilon_{\mathrm{re}}-1}{\varepsilon_{\mathrm{r}}-1}$ 称为填充系数，表示介质填充的程度。q 的值主要取决于微带线的横截面尺

寸 W/h，即

$$q = \begin{cases} \dfrac{1}{2}\left\{1+\left[\left(1+\dfrac{12h}{W}\right)^{-\frac{1}{2}}+0.041\left(1-\dfrac{W}{h}\right)^2\right]\right\} & \dfrac{W}{h}\leqslant 1 \\ \dfrac{1}{2}\left[1+\left(1+\dfrac{12h}{W}\right)^{-\frac{1}{2}}\right] & \dfrac{W}{h}\geqslant 1 \end{cases} \quad (4.57-b)$$

微带线的特性阻抗也满足导带越宽，阻抗越低，导带越窄，阻抗越高的关系，通常称这些窄线和宽线为高阻抗和低阻抗线。

3. 色散特性与尺寸限制

微带线上真正传输的是 TE-TM 的混合模，其传播相速度与频率有关，是弱色散波，工作频率较低时，可以忽略这种色散现象；而上述与频率无关的传输参数也只适用于较低的工作频率。当频率升高时，由于色散效应，微带线的工作频率受到诸多因素的限制，不可能到达很高的微波频段，其最高工作频率可按下式估算

$$f_T = \frac{150}{\pi h(\text{mm})}\sqrt{\frac{2}{\varepsilon_r-1}}\arctan\varepsilon_r \ \text{GHz} \quad (4.58-a)$$

研究结果表明，在工作频率 $f\leqslant 10 \ \text{GHz}$ 时，可以不考虑色散对 Z_0 的影响，但对有效介电常数的影响较大，可用下述修正公式计算

$$\varepsilon_{re}(f) = \left(\frac{\sqrt{\varepsilon_r}-\sqrt{\varepsilon_{re}}}{1+4F^{-1.5}}+\sqrt{\varepsilon_{re}}\right)^2 \quad (4.58-b)$$

式中，

$$F = \frac{4h\sqrt{\varepsilon_r-1}}{\lambda_0}\left\{0.5+\left[1+2\ln\left(1+\frac{W}{h}\right)\right]^2\right\}$$

由于微带线中除了准 TEM 模外，还有高次模。为了抑制高次模，微带线的尺寸应选择为

$$0.4h+W < \frac{\lambda_{\min}}{2\sqrt{\varepsilon_r}}, \quad h < \frac{\lambda_{\min}}{2\sqrt{\varepsilon_r}}, \quad h < \frac{\lambda_{\min}}{4\sqrt{\varepsilon_r-1}}$$

金属屏蔽盒的高度 H 取为 $H\geqslant(5\sim6)h$，接地板的宽度 $\geqslant(5\sim6)W$。

习　题

4-1　一空气矩形波导(尺寸为 $22.9\times10.2 \ \text{mm}^2$)，以主模传输 8.30 GHz 和 12.50 GHz 的微波时，求四个最低模式的截止频率，并求两个频率时主模的 λ_g/λ 值。

4-2　发射机工作频率为 3 GHz，用矩形波导和圆波导分别作馈线，且都以主模传输，比较波导的尺寸大小。

4-3　采用 BJ-32 作馈线：

(1) 工作波长为 5 cm，波导中可以传输哪些模式？

(2) 波导中传输主模时，测得相邻两波节点之间的距离为 10.4 cm，求 λ_g 和 λ_0。

(3) 工作波长为 10 cm 时，求导模的 λ_p、v_p 和 v_g。

4-4　采用 BJ-100 波导作馈线：

（1）当工作波长分别为 2 cm、3 cm、4.5 cm 时，波导中可能存在哪些模式？

（2）为保证只传输 TE_{10} 模，波导传输电磁波的波长和频率范围分别是多少？

4 - 5　设计一个具有 50 Ω 特性阻抗的微带线。当基片厚度为 1.5 mm、ε_r 为 2.55、频率为 2.3 GHz 时，求传输线的线宽和波导波长。

4 - 6　一个空气圆波导的半径为 3 cm：

（1）求 TE_{11}、TE_{01} 和 TM_{01} 模式的截止波长；

（2）工作波长分别为 4 cm、6 cm 和 8 cm 时，波导中可能存在哪些模？

（3）求工作波长为 7 cm 时主模的波导波长。

4 - 7　设计一同轴线，要求所传输的 λ_{min} 为 10 cm，特性阻抗为 50 Ω，介质分别为空气和聚乙烯时，计算其尺寸。

第 5 章

微波网络基础

微波系统由分布参数电路和集总参数网络组合而成。分布参数电路由组成微波电路或系统的规则导行系统等效而成，集总参数网络（微波元件）则由微波电路或系统中的不连续性等效而成，其特性可以用"路"和"场"两种方法来描述。"路"的分析方法，就是用类似低频电路网络理论的方法，将微波元件等效为一个网络，用等效电路来描述其对外接电路的影响。与微波元件相连接的均匀传输线，可以用微波长线（即双线）来等效。这样复杂的微波系统就可以用由此而产生的微波网络理论来描述。"场"的分析方法，是指在一定的边界条件下求解麦克斯韦方程组的过程，即求出微波元件内部任一点的场的分布，从而确定其对外接电路产生的影响。由于多数微波元件的边界条件很复杂，不能以简单的数学形式来表示，导致"场"的方法求解过程十分复杂，在工程中不便使用。两种方法相比，尽管"路"的方法不能描述微波元件的内部特性，但由于网络参数是可以测量的，并且采用"路"的方法可使复杂的计算分析变得简便易行，因此微波网络理论成为分析微波系统的重要工具。一般的微波元件都可以用"路"的分析方法，但也有些元件只适合用"场"的分析方法，如波导谐振腔，因此具体问题应具体分析。本章主要讨论将微波元件等效为"路"问题的分析方法。

5.1 微波网络的定义与分类

5.1.1 微波网络的端口与参考面

根据 3.1 节内容可知，微波传输线分为 3 种：TEM（横电磁）波或准 TEM 波传输线、TE（横电）波传输线、TM（横磁）波传输线。每一种传输线所传输的模式都不同，都分为主模和高次模。其中第一类传输线的主模是 TEM 模，第二类和第三类都是 TE 模、TM 模。在为导行波选择合适的微波传输线时，选择的标准都是希望能选择合适尺寸的传输线，从而保证能以主模波进行传输。

如图 5.1 所示，每个微波元件可以和多个微波传输线相连接，这些传输线将微波元件与系统沟通的同时，还为电磁波进出不均匀区提供了接口通路，这些连接口称为端口。如果均匀传输线工作在单模模式下，则微波元件的电气端口数与几何端口数相同，并且按端口数目的多少可将微波元件分为单端口、双端口、…、n 端口元件，相应的微波网络也称为单端口、双（二）端口或 n(N) 端口网络。如果传输线是多模传输，则电气端口数为各传输模式的总和。若无特别说明，本章提到的端口都指的是单模传输情况下的端口。

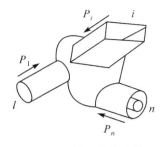

(a) n 端口微波元件

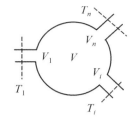

(b) 简化表示法

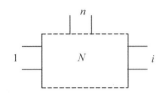

(c) 网络示意图

图 5.1　微波元件及其等效网络

图 5.1(b)中，某个端口(如 1 端口)接上信源后，入射波传输到不均匀区时会发生什么现象呢？由于传输线 1 与不均匀区 V 交界处的边界形状复杂，在不均匀区 V 的内部以及与其相邻的各输入传输线的区域 V_1、V_2、$\cdots$、V_n 中所激起的电磁场也是很复杂的，要用相应的主模和高次模波进行线性叠加来表示，因此在各传输线单模传输的情况下，V_1、V_2、$\cdots$、V_n 等区域中就同时存在着一个传输波型和许多截止波型，随着离开不均匀区的距离越来越远，截止波的场按指数规律迅速衰减。在远离不均匀区某个位置处，截止波的场衰减到非常小，可以忽略不计时，这个位置就被确定为该端口参考面的位置，并用 T_1、T_2、$\cdots$、T_n 表示。即每个端口的参考面都选得离不均匀区较远，使得参考面上只有主模传输。这样参考面(T_1、T_2、$\cdots$、T_n)就把一个复杂的微波元件分成两部分：一部分是参考面外的均匀传输线；另一部分是各参考面内所包围的不均匀或不连续性区域。根据电磁场边值解的唯一性定理：在一个封闭区域内的边界上，切向电场(或磁场)如果是确定的，那么封闭区域内的电磁场也就被唯一地确定。由于不均匀区域的边界是理想导体和各端口的参考面，而参考面上的模式电压和电流是与横向电磁场 E_t、H_t 有关的，因此只要参考面上的模式电压 U_1、U_2、$\cdots$、U_n 确定，则这些参考面上的电流 I_1、I_2、$\cdots$、I_n 也就完全确定了；反之亦然。这样利用参考面上的电压与电流就可将不均匀区域等效为一网络，而均匀传输线则等效为微波双线。由于微波网络的参数是由参考面上的电压与电流确定的，因此参考面的选取始终是决定微波网络特性的关键因素之一，也是微波网络有别于低频网络的主要特征之一。

综上所述，为了把微波元件等效为微波网络，需要解决以下几个问题：

① 首先，根据参考面的选取原则确定微波元件的参考面；

② 其次，定义等效电压和等效电流以及等效阻抗，由横向电磁场定义等效(即模式)电压、等效电流和等效(模式)阻抗，以便将均匀传输线等效为双线传输线；

③ 最后，要确定一组网络参数，建立网络方程，以便将不均匀区等效为网络。

微波网络理论包括网络分析和网络综合两部分内容。

① 网络分析是利用网络或等效电路的方法对已知的基本微波结构、微波元件进行分析，求出其传输特性，再将基本结构组合起来，以实现所需的微波元件的设计。但是该方法在实现过程中所用的元件不是最少，设计也不是最佳。

② 网络综合是根据预定的工作特性要求(各项指标)，运用最优化计算方法，求得物理上可实现的网络结构，并用微波电路来实现，从而得到所需设计的微波元件。该方法可以得到最佳设计。随着计算机技术的广泛应用，网络综合所需的大量数学运算都可由计算机完成，因此网络综合方法已经成为工程中设计微波元件的基本方法。

5.1.2　微波网络的分类

微波元件种类繁多，可以从不同的角度对其进行分类。如果按照网络特性划分，微波网络可以分成以下几种。

（1）有耗与无耗网络。根据微波无源元件内部有无损耗，将其等效的微波网络分为有耗网络与无耗网络。任何微波元件都有损耗，但当损耗很小，以致损耗可以忽略而不影响该元件的特性时，就可以认为是无耗微波网络。

（2）互易与非互易（或可逆与非可逆）网络。填充有互易媒质的微波元件，其对应的网络称为互易微波网络，否则称为非互易网络。各向同性媒质就是互易媒质，微波铁氧体材料为非互易媒质。

（3）线性与非线性网络。若微波网络参考面上的模式电压和模式电流呈线性关系，网络方程便是一组线性方程，这种网络即为线性网络，否则称为非线性网络。

（4）对称与非对称网络。如果微波元件的结构具有对称性，则称为对称微波网络，否则称为非对称网络。

5.2　波导传输线与双线传输线的等效

在低频电路中，电压和电流有明确的定义，并且能直接测量。尽管长线理论中的基本参量也是电压和电流，但是在微波波段，二者是没有办法直接测量的，这是因为电压、电流的测量需要有效端对，而对于非 TEM 传输线，这样的端对是不存在的，对于 TEM 传输线，虽然存在端对，但是在微波频率下也是难以测量的。因此，要将传输线等效为双线，首先就要解决波导传输线的等效问题。

虽然微波网络理论是在低频网络理论的基础上建立起来的，但是两者相比，仍然有很大差异。

1. 有明确的参考面

在微波网络中，与外界相连接的引出传输线是网络的组成部分。由于分布参数效应，参考面的选取位置不同，网络参量也随之不同。因此，一个微波元件或系统用一个微波网络表示时，必须明确规定参考面的位置。参考面的选择原则是：参考面要距离非均匀区足够远，以保证在该参考面以外的传输线只传输主模。

2. 微波网络各端口传输线为单模传输线

微波网络参数是在微波传输线中单模传输时确定的。对于同轴线与带状线，单模传输是指传输 TEM 模；对于微带线，是指传输准 TEM 模；而对于波导传输线中的矩形波导，单模传输是指传输主模 TE_{10} 模。当传输线中传输多种模式时，就要等效为一个多端口网络，一个传输 n 种模式的单端口元件应该被等效成一个 n 端口网络，一个有 n 个传输模的二端口元件应等效为 $2n$ 端口网络，网络参数要按照各个传输模式分别确定。

3. 各端口传输线有相应的等效特性阻抗

用网络理论分析微波系统时，均匀传输线被等效为平行双线，不均匀区被等效为网络。

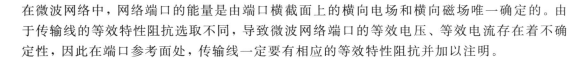

在微波网络中，网络端口的能量是由端口横截面上的横向电场和横向磁场唯一确定的。由于传输线的等效特性阻抗选取不同，导致微波网络端口的等效电压、等效电流存在着不确定性，因此在端口参考面处，传输线一定要有相应的等效特性阻抗并加以注明。

5.2.1　等效的基础与归一化条件

在微波测量技术中，功率是能够直接测量的基本参量之一，可以通过功率关系确定波导传输线与双线之间的等效关系。在单模传输下，微波传输线上的传输功率是由该模式的横向电场和横向磁场所确定的，而与场的纵向分量无关。为此定义等效电压（又称模式电压）U 和等效电流（又称模式电流）I 分别与横向电场 E_t 和横向磁场 H_t 成正比，即

$$\begin{cases} \boldsymbol{E}_t(x,\ y,\ z) = \boldsymbol{e}(x,\ y)U(z) \\ \boldsymbol{H}_t(x,\ y,\ z) = \boldsymbol{h}(x,\ y)I(z) \end{cases} \tag{5.1}$$

式中，$\boldsymbol{e}(x,\ y)$ 和 $\boldsymbol{h}(x,\ y)$ 表示二维矢量函数，等效电压 $U(z)$、等效电流 $I(z)$ 是一维标量复函数，它们表示导行波在纵向的传播特性。

由坡印亭定理可知，复坡印亭矢量在线横截面上的积分等于线上传输的复功率，因此波导传输线上传输的功率为

$$P = \frac{1}{2}\int_S (\boldsymbol{E}_t \times \boldsymbol{H}_t^*) \cdot \boldsymbol{e}_z \mathrm{d}S$$

将式(5.1)中的 $\boldsymbol{E}$ 和 $\boldsymbol{H}$ 代入，得到

$$P = \frac{1}{2}UI^* \cdot \int_S (\boldsymbol{e} \times \boldsymbol{h}^*) \cdot \boldsymbol{e}_z \mathrm{d}S \tag{5.2}$$

由长线理论可知，长线上传输功率为

$$P = \frac{1}{2}UI^* \tag{5.3}$$

对比式(5.2)和式(5.3)，如果矢量模式函数满足下述归一化条件

$$\int_S (\boldsymbol{e} \times \boldsymbol{h}^*) \cdot \boldsymbol{e}_z \mathrm{d}S = 1 \tag{5.4}$$

则波导的传输功率为

$$P = \frac{1}{2}UI^* \tag{5.5}$$

由此可见，只要双线上的电压用等效电压代替，电流用等效电流代替，则微波传输线和双线的传输功率相等。

5.2.2　等效特性阻抗

根据式(5.1)、式(5.4)的定义以及归一化条件确定的波导的等效电压、等效电流、矢量函数是不唯一的：令 k 为任意实数，电压 $U' = kU$，电流 $I' = I/k$，以及 $\boldsymbol{e}'(x,\ y) = \boldsymbol{e}(x,\ y)/k$，$\boldsymbol{h}'(x,\ y) = k\boldsymbol{h}(x,\ y)$ 同样满足定义。按上述定义的电压、电流都只能确定到相差一个常数因子，这种不确定性实际上反映了传输线中阻抗的不确定性。

为了消除等效电压、电流的不唯一带来的不确定性，就要确定基准矢量 $\boldsymbol{e}(x,\ y)$ 和 $\boldsymbol{h}(x,\ y)$，也就是确定等效特性阻抗的选用条件。由式(5.1)可得(以入射场为例)

$$\frac{|\boldsymbol{E}_t|}{|\boldsymbol{H}_t|} = \frac{U_i}{I_i} \frac{|\boldsymbol{e}|}{|\boldsymbol{h}|} = Z_0 \frac{|\boldsymbol{e}|}{|\boldsymbol{h}|} \tag{5.6-a}$$

$$\frac{|\boldsymbol{E}_t|}{|\boldsymbol{H}_t|} = \eta \tag{5.6-b}$$

通过比较可知，基准电场和基准磁场的模之比为

$$\frac{|\boldsymbol{e}|}{|\boldsymbol{h}|} = \frac{\eta}{Z_0} \tag{5.7}$$

其中，Z_0 是微波传输线的等效特性阻抗，也称为特性阻抗，η 是导行波的波阻抗。

综合式(5.7)和式(5.4)，并计算 $\boldsymbol{e} = \frac{\eta}{Z_0} \boldsymbol{h} \times \boldsymbol{e}_z$，$\boldsymbol{h} = -\frac{Z_0}{\eta} \boldsymbol{e} \times \boldsymbol{e}_z$，有

$$\begin{cases} \iint_S |\boldsymbol{e}|^2 \mathrm{d}S = \frac{\eta}{Z_0} \\ \iint_S |\boldsymbol{h}|^2 \mathrm{d}S = \frac{Z_0}{\eta} \end{cases} \tag{5.8}$$

通常按实用和方便的原则来选择特性阻抗 Z_0，经常采用如下三种标准：

(1) 按某种特定的规则来定义和计算 Z_0。先定义出等效电压、电流及已知的传输功率，再来计算 Z_0，此时的 Z_0 和横截面的形状尺寸有关。基准矢量的关系为

$$\frac{|\boldsymbol{e}|}{|\boldsymbol{h}|} = \frac{\eta}{Z_0}, \quad \int_S |\boldsymbol{e}|^2 \mathrm{d}S = \frac{\eta}{Z_0}, \quad \int_S |\boldsymbol{h}|^2 \mathrm{d}S = \frac{Z_0}{\eta} \tag{5.9-a}$$

(2) 选取 Z_0 等于波阻抗 η，基准矢量关系为

$$\frac{|\boldsymbol{e}|}{|\boldsymbol{h}|} = 1, \quad \int_S |\boldsymbol{e}|^2 \mathrm{d}S = 1, \quad \int_S |\boldsymbol{h}|^2 \mathrm{d}S = 1 \tag{5.9-b}$$

此时得到的基准场矢量无频率特性，且 Z_0 不能完全反映出截面尺寸的变化。

(3) 特性阻抗 Z_0 为单位 1，称为归一化特性阻抗，其基准矢量关系为

$$\frac{|\boldsymbol{e}|}{|\boldsymbol{h}|} = \eta, \quad \int_S |\boldsymbol{e}|^2 \mathrm{d}S = \eta, \quad \int_S |\boldsymbol{h}|^2 \mathrm{d}S = \frac{1}{\eta} \tag{5.9-c}$$

此时的特性阻抗 Z_0 与截面尺寸完全无关。

利用上述三种不同的特性阻抗得到的等效传输线形式如图 5.2 所示。任何一种单模微波传输线都可以作为图中所示的一种等效长线。

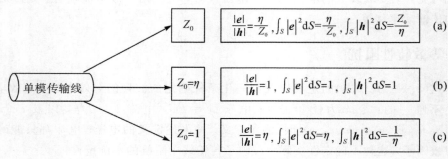

图 5.2 单模传输线的等效传输线

选用不同的特性阻抗，将会导致各等效传输线中的等效电压和电流不同。它们分别与

各自的场基准矢量相对应,但它们都代表共同的 $\boldsymbol{E}_t$ 和 $\boldsymbol{H}_t$,传输的功率也相同。等效特性阻抗选取的标准不同是为了满足不同的需求,如图 5.2(a)用在不同截面传输系统的连接和传输系统的匹配计算等方面;图 5.2(b)的等效形式通常在微波网络分析时采用;而图 5.2(c)的等效形式通常在电磁场理论中用到。

下面以矩形波导中主模 TE_{10} 模为例,求出在后两种 Z_0 选取标准下的各种参量。

由式(5.1)可得

$$
\begin{cases}
\boldsymbol{e}_y E_y = \boldsymbol{e}_y E_\mathrm{m} \sin\left(\dfrac{\pi}{a}x\right) \mathrm{e}^{-\mathrm{j}\beta z} = \boldsymbol{e}U_i = \boldsymbol{e}\,|U_i|\,\mathrm{e}^{-\mathrm{j}\beta z} \\[3mm]
\boldsymbol{e}_x H_x = -\boldsymbol{e}_x \dfrac{E_\mathrm{m}}{\eta} \sin\left(\dfrac{\pi}{a}x\right) \mathrm{e}^{-\mathrm{j}\beta z} = \boldsymbol{h}I_i = \boldsymbol{h}\,|I_i|\,\mathrm{e}^{-\mathrm{j}\beta z}
\end{cases} \tag{5.10}
$$

当 Z_0 采用第二种选取方法时,由式(5.10)可得

$$
Z_0 = \frac{U_i}{I_i} = \eta \tag{5.11 - a}
$$

$$
P_i = \frac{E_\mathrm{m}^2}{4\eta}ab = \frac{1}{2}U_i I_i^* = \frac{1}{2}\frac{|U_i|^2}{\eta} \tag{5.11 - b}
$$

由式(5.11)得到

$$
|U_i| = \sqrt{\frac{ab}{2}}E_\mathrm{m}, \quad |I_i| = \sqrt{\frac{ab}{2}}\frac{E_\mathrm{m}}{\eta} \tag{5.12}
$$

将其代入式(5.10)得到

$$
\begin{cases}
\boldsymbol{e} = \boldsymbol{e}_y \sqrt{\dfrac{2}{ab}} \sin\left(\dfrac{\pi}{a}x\right) \\[3mm]
\boldsymbol{h} = -\boldsymbol{e}_x \sqrt{\dfrac{2}{ab}} \sin\left(\dfrac{\pi}{a}x\right)
\end{cases} \tag{5.13}
$$

用类似的方法得到 Z_0 采用第三种选取法的关系式为

$$
Z_0 = \frac{U_i}{I_i} = 1 \tag{5.14 - a}
$$

$$
|U_i| = \sqrt{\frac{ab}{2}}E_\mathrm{m} = |I_i| \tag{5.14 - b}
$$

$$
P_i = \frac{E_\mathrm{m}^2}{4\eta}ab = \frac{1}{2}U_i I_i^* = \frac{1}{2}|U_i|^2 \tag{5.14 - c}
$$

$$
\boldsymbol{e} = \boldsymbol{e}_y \sqrt{\frac{2\eta}{ab}} \sin\left(\frac{\pi}{a}x\right) \tag{5.14 - d}
$$

$$
\boldsymbol{h} = -\boldsymbol{e}_x \sqrt{\frac{2}{ab\eta}} \sin\left(\frac{\pi}{a}x\right) \tag{5.14 - e}
$$

5.2.3　归一化参量

1. 归一化等效电压、归一化等效电流

对于波导中的色散波,为了消除等效特性阻抗的不确定性,需引入归一化阻抗

$$
\tilde{Z} = \frac{Z}{Z_0} = \frac{1+\Gamma}{1-\Gamma}
$$

特别注意，上式中，$\tilde{Z}$ 表示归一化阻抗，也可用 z 表示。对于归一化电压、归一化电流，也有类似的两种表达方式。

根据归一化阻抗的定义，推导出归一化等效电压、等效电流

$$\tilde{Z} = \frac{Z}{Z_0} = \frac{U(z)/I(z)}{Z_0} = \frac{U(z)/\sqrt{Z_0}}{I(z)\sqrt{Z_0}} = \frac{\tilde{U}}{\tilde{I}} \tag{5.15-a}$$

归一化等效电压为

$$\tilde{U} = \frac{U(z)}{\sqrt{Z_0}} \tag{5.15-b}$$

归一化等效电流为

$$\tilde{I} = I(z)\sqrt{Z_0} \tag{5.15-c}$$

传输功率为

$$P = \frac{1}{2}\mathrm{Re}[UI^*] = \frac{1}{2}\mathrm{Re}\left[\left(\frac{U}{\sqrt{Z_0}}(I^*\sqrt{Z_0})\right)\right] = \frac{1}{2}\mathrm{Re}[\tilde{U}\tilde{I}^*] \tag{5.15-d}$$

其中，归一化等效电压 $\tilde{U}$、归一化等效电流 $\tilde{I}$ 只是一种方便的运算符号，并不具有低频电路理论中电压、电流的意义。

2. 归一化后传输线的参量

采用图 5.2 中归一化特性阻抗 $Z_0 = 1$ 时，有以下参量

归一化等效电压为

$$\tilde{U} = \tilde{U}_i + \tilde{U}_r \tag{5.16-a}$$

归一化等效电流为

$$\tilde{I} = \tilde{I}_i + \tilde{I}_r = \tilde{U}_i - \tilde{U}_r \tag{5.16-b}$$

归一化特性阻抗为

$$Z_0 = \frac{\tilde{U}_i}{\tilde{I}_i} = -\frac{\tilde{U}_r}{\tilde{I}_r} = 1 \tag{5.16-c}$$

有功功率为

$$P = P_i - P_r = \frac{1}{2}\mathrm{Re}[\tilde{U}\tilde{I}^*] \tag{5.16-d}$$

入射功率为

$$P_i = \frac{1}{2}\mathrm{Re}[\tilde{U}_i\tilde{I}_i^*] = \frac{1}{2}|\tilde{U}_i|^2 \tag{5.16-e}$$

反射功率为

$$P_r = \frac{1}{2}\mathrm{Re}[\tilde{U}_r\tilde{I}_r^*] = \frac{1}{2}|\tilde{U}_r|^2 \tag{5.16-f}$$

反射系数为

$$\Gamma = \frac{\tilde{U}_r}{\tilde{U}_i} \tag{5.16-g}$$

归一化阻抗为

$$\tilde{Z} = \frac{\tilde{U}}{\tilde{I}} = \frac{1+\Gamma}{1-\Gamma} \tag{5.16-h}$$

归一化导纳为

$$\widetilde{Y} = \frac{\widetilde{I}}{\widetilde{U}} = \frac{1-\Gamma}{1+\Gamma} \qquad (5.16-\mathrm{i})$$

5.3　微波元件等效为微波网络的原理

　　把微波系统中的不均匀性(称为微波结)等效为网络是基于复功率定理,即交变电磁场中的能量守恒定律。如图 5.3 所示的不均匀区,设其内部无源,除了 n 个端口外,其余部分与外界没有场的联系,各端口的参考面用 T_1、T_2、$\cdots$、T_n 表示,作一封闭曲面 S 将此微波结包围起来,曲面在端口处与参考面重合。在参考面处只存在主模场,不存在高次模场。由坡印亭定理可知,流进这个闭合面的复功率与该闭合面内消耗的功率和储能的关系为

$$-\frac{1}{2}\oint_S (\boldsymbol{E} \times \boldsymbol{H}^*) \cdot \mathrm{d}\boldsymbol{S} = P_L + \mathrm{j}2\omega(W_m - W_e)$$

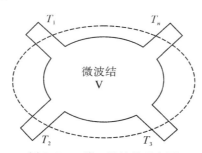

图 5.3　n 端口微波结示意图

　　等式左端的负号代表功率是流入封闭曲面内的,P_L、W_m、W_e 分别表示媒质损耗功率的平均值、空间内所储存的磁场能量的平均值和电场能量的平均值。

　　微波结是由良导体构成的,因此它与外界的能量交换只能通过端口来进行。因此求封闭曲面 S 上复数坡印亭矢量的积分,实际上就是对各端口参考面上的积分,即与各端口相连接的波导横截面上的积分。因此

$$-\frac{1}{2}\oint_S (\boldsymbol{E} \times \boldsymbol{H}^*) \cdot \mathrm{d}\boldsymbol{S} = \frac{1}{2}\sum_i \oint_{S_i} (\boldsymbol{E}_{ti} \times \boldsymbol{H}_{ti}^*) \cdot \mathrm{d}\boldsymbol{S}$$

S_i 代表各端口的横截面积,注意其法线方向指向端口内。

$$-\frac{1}{2}\oint_S (\boldsymbol{E} \times \boldsymbol{H}^*) \cdot \mathrm{d}\boldsymbol{S} = \frac{1}{2}\sum_i U_i I_i^* \int_S (\boldsymbol{e}_i \times \boldsymbol{h}_i^*) \cdot \mathrm{d}\boldsymbol{S} = \mathrm{j}2\omega(W_m - W_e) + P_L$$

当各端口的基准矢量满足归一化条件时,则有

$$\frac{1}{2}\sum_i U_i I_i^* = \mathrm{j}2\omega(W_m - W_e) + P_L \qquad (5.17)$$

$\frac{1}{2}U_i I_i^*$ 代表通过第 i 个端口的复功率,有功功率可以表示为 $\frac{1}{2}\mathrm{Re}(U_i I_i^*)$。因此,上述关系式不仅适用于集总参数电路,还适用于微波电路。利用这一关系式,可将微波结中所存储、损耗的电磁能量的作用,用一个集总参数电路来等效,从而达到将不均匀性(微波结)等效为微波网络的目的。

5.4　阻抗矩阵、导纳矩阵和转移矩阵

5.4.1　阻抗矩阵和导纳矩阵

前面定义了 TEM 和非 TEM 传输线的等效电压和等效电流，在此基础上，即可使用电路理论的阻抗和导纳矩阵来建立微波网络各端口之间电压和电流的关系，从而描述微波网络的特性，这种描述方法在讨论微波无源器件(比如滤波器、耦合器等)的设计时非常有用。

对一个任意的 N 端口微波网络(各端口可以是任意形式的传输线或者单模波导的等效传输线)，若已知各端口参考面上的电流，要求各端口参考面上的电压时，用阻抗矩阵描述最为方便。利用线性叠加原理，写出用各端口参考面上电流表示电压的线性方程组，即

$$\begin{cases} U_1 = Z_{11}I_1 + Z_{12}I_2 + \cdots + Z_{1N}I_N \\ U_2 = Z_{21}I_1 + Z_{22}I_2 + \cdots + Z_{2N}I_N \\ \qquad\qquad\qquad \vdots \\ U_N = Z_{N1}I_1 + Z_{N2}I_2 + \cdots + Z_{NN}I_N \end{cases} \tag{5.18}$$

矩阵形式表示为

$$[U] = [Z][I] \tag{5.19-a}$$

式中，$[U]$、$[I]$ 为列矩阵

$$[U] = \begin{bmatrix} U_1 \\ U_2 \\ \vdots \\ U_N \end{bmatrix}, \ [I] = \begin{bmatrix} I_1 \\ I_2 \\ \vdots \\ I_N \end{bmatrix}$$

$[Z]$ 为网络的阻抗矩阵，是 N 阶方阵，Z_{jj}、Z_{ij} 为阻抗矩阵参量。

$$[Z] = \begin{bmatrix} Z_{11} & Z_{12} & \cdots & Z_{1N} \\ Z_{21} & Z_{22} & \cdots & Z_{2N} \\ \vdots & \vdots & \ddots & \vdots \\ Z_{N1} & Z_{N2} & \cdots & Z_{NN} \end{bmatrix} \tag{5.19-b}$$

可推出

$$Z_{ij} = \frac{U_i}{I_j}\Big|_{I_k=0,\,k\neq j}, \ Z_{jj} = \frac{U_j}{I_j}\Big|_{I_k=0,\,k\neq j} \tag{5.19-c}$$

单个二端口(双端口)网络中，有 4 个阻抗参量：Z_{11}，Z_{12}，Z_{21}，Z_{22}。各参量的定义式为

① $Z_{11} = \dfrac{U_1}{I_1}\Big|_{I_2=0}$：表示端口 2 开路时，端口 1 的输入阻抗；

② $Z_{12} = \dfrac{U_1}{I_2}\Big|_{I_1=0}$：表示端口 1 开路时，端口 2 到端口 1 的转移阻抗；

③ $Z_{21} = \dfrac{U_2}{I_1}\Big|_{I_2=0}$：表示端口 2 开路时，端口 1 到端口 2 的转移阻抗；

④ $Z_{22} = \dfrac{U_2}{I_2}\Big|_{I_1=0}$：表示端口 1 开路时，端口 2 的输入阻抗。

导纳矩阵中各参量的定义可以用类似的方法实现。用电压表示电流的 N 端口网络的矩阵方程为

$$[I] = [Y][U] \tag{5.20}$$

式中，$[Y]$ 为网络的导纳矩阵。

$$[Y] = \begin{bmatrix} Y_{11} & Y_{12} & \cdots & Y_{1N} \\ Y_{21} & Y_{22} & \cdots & Y_{2N} \\ \vdots & \vdots & \ddots & \vdots \\ Y_{N1} & Y_{N2} & \cdots & Y_{NN} \end{bmatrix}$$

阻抗矩阵和导纳矩阵具有以下三个基本性质。

性质 1　若网络内部媒质为各向同性媒质（ε、μ 和 σ 均为标量），此时的网络呈可逆（互易）状态，则矩阵中网络参量满足：

$$Z_{ij} = Z_{ji}, \ Y_{ij} = Y_{ji} \quad (i, j = 1, 2, \cdots, N; \ i \neq j) \tag{5.21}$$

满足这种特性的网络定义为可逆（互易）网络，反之则称为不可逆（非互易）网络。

性质 2　若微波网络既互易又无耗，则网络的所有阻抗和导纳参量均为纯虚数，即

$$Z_{ij} = \mathrm{j} X_{ji}, \ Y_{ij} = \mathrm{j} B_{ji} \quad (i, j = 1, 2, \cdots, N) \tag{5.22}$$

性质 3　若 N 端口网络在结构上具有对称性，则网络的阻抗和导纳参量满足以下关系：

$$Z_{ii} = Z_{jj}, \ Y_{ii} = Y_{jj} \quad (i \neq j) \tag{5.23}$$

阻抗和导纳矩阵的以上三个性质是推导其他网络矩阵（参量）性质的基础。

在微波网络中，常遇到网络的各端口接不同（等效）特性阻抗的传输线的情况，在此情况下，为了计算方便，需将各端口参考面上的电压、电流以及阻抗或导纳进行归一化，使网络参量与端接传输线的等效阻抗无关。

为此，将未归一化电压 U 和未归一化电流 I 与等效阻抗 Z 间的关系推广到 N 端口网络，有

$$[U] = \left[\sqrt{Z_c} \right][u] \tag{5.24}$$

$$[I] = \left[\sqrt{Z_c} \right]^{-1}[i] \tag{5.25}$$

式中，$\left[\sqrt{Z_c} \right]$ 为 N 阶对角方阵，即 $\left[\sqrt{Z_c} \right] = \mathrm{diag}\left(\sqrt{Z_{c1}}, \sqrt{Z_{c2}}, \cdots, \sqrt{Z_{cN}} \right)$。同时，为了与特性阻抗使用的符号统一起见，这里将 Z_e 改记为 Z_c。

于是，将式（5.24）和式（5.25）代入式（5.19），可得归一化以后的电压电流和阻抗

$$[u] = \left[\sqrt{Z_c} \right]^{-1}[Z]\left[\sqrt{Z_c} \right]^{-1}[i] = [z][i] \tag{5.26-a}$$

或

$$\begin{bmatrix} u_1 \\ u_2 \\ \vdots \\ u_N \end{bmatrix} = \begin{bmatrix} z_{11} & z_{12} & \cdots & z_{1N} \\ z_{21} & z_{22} & \cdots & z_{2N} \\ \vdots & \vdots & \ddots & \vdots \\ z_{N1} & z_{N2} & \cdots & z_{NN} \end{bmatrix} \begin{bmatrix} i_1 \\ i_2 \\ \vdots \\ i_N \end{bmatrix} \tag{5.26-b}$$

式中，归一化阻抗矩阵与未归一化阻抗矩阵间的关系为

$$[z] = \left[\sqrt{Z_c} \right]^{-1}[Z]\left[\sqrt{Z_c} \right]^{-1} \tag{5.27}$$

归一化阻抗参量与未归一化阻抗参量之间的关系为

$$z_{ii} = \frac{Z_{ii}}{Z_{ci}}, \ z_{ij} = \frac{Z_{ij}}{\sqrt{Z_{ci}Z_{cj}}} \tag{5.28}$$

类似地，将式(5.24)和式(5.25)代入式(5.20)，可得

$$[i] = \left[\sqrt{Y_c}\right]^{-1}[Y]\left[\sqrt{Y_c}\right]^{-1}[u] = [y][u] \tag{5.29-a}$$

或

$$\begin{bmatrix} i_1 \\ i_2 \\ \vdots \\ i_N \end{bmatrix} = \begin{bmatrix} y_{11} & y_{12} & \cdots & y_{1N} \\ y_{21} & y_{22} & \cdots & y_{2N} \\ \vdots & \vdots & \ddots & \vdots \\ y_{N1} & y_{N2} & \cdots & y_{NN} \end{bmatrix} \begin{bmatrix} u_1 \\ u_2 \\ \vdots \\ u_N \end{bmatrix} \tag{5.29-b}$$

式中，归一化导纳矩阵与未归一化导纳矩阵间的关系为

$$[y] = \left[\sqrt{Y_c}\right]^{-1}[Y]\left[\sqrt{Y_c}\right]^{-1} \tag{5.30}$$

而$\left[\sqrt{Y_c}\right]$也为 N 阶对角方阵，即$\left[\sqrt{Y_c}\right] = \mathrm{diag}\left(\sqrt{Y_{c1}}, \sqrt{Y_{c2}}, \cdots\sqrt{Y_{cN}}\right)$。

归一化导纳参量与未归一化导纳参量间的关系为

$$y_{ii} = \frac{Y_{ii}}{Y_{ci}}, \ y_{ij} = \frac{Y_{ij}}{\sqrt{Y_{ci}Y_{cj}}} \tag{5.31}$$

由式(5.26-a)和式(5.29-b)两式可导出

$$[y] = [z]^{-1}$$

或者

$$[z] = [y]^{-1} \tag{5.32}$$

归一化阻抗参量和导纳参量具有以下性质。

① 互易性：$z_{ij} = z_{ji}$，$y_{ij} = y_{ji}$；

② 无耗、互易性：$z_{ij} = \mathrm{j}x_{ji}$，$y_{ij} = \mathrm{j}b_{ji}$；

③ 对称性：$z_{ii} = z_{jj}$，$y_{ii} = y_{jj}$。

N 端口网络有 N^2 个独立参量，若网络可逆(互易)，则独立参量减少到 $N(N+1)/2$ 个；若网络又具有 k 个对称关系，则独立参量减少到$[N(N+1)/2-k]$个。如果二端口互易网络有三个独立参量，而对称二端口网络则只有两个独立参量。

对多个网络的串联，采用阻抗矩阵分析网络较为方便。图 5.4 示出了两个二端口网络串联构成的总的二端口网络，其中，U_1' 和 I_1'、U_2' 和 I_2' 为分网络 N_1 的端口 1 和端口 2 参考面处的电压和电流，U_1'' 和 I_1''、U_2'' 和 I_2'' 为分网络 N_2 的端口 1 和端口 2 参考面处的电压和电流，而 U_1 和 I_1、U_2 和 I_2 为总的二端口网络的端口 1 和端口 2 参考面处的电压和电流。显然，总的二端口网络的端口 1 和端口 2 参考面处的电压和电流与两个分网络的端口 1 和端口 2 参考面处的电压和电流之间满足关系：$U_1 = U_1' + U_1''$、$U_2 = U_2' + U_2''$ 以及 $I_1 = I_1' = I_1''$、$I_2 = I_2' = I_2''$(或$[U] = [U'] + [U'']$、$[I] = [I'] = [I'']$)。于是，将上述端口参考面处电压和电流的关系代入阻抗矩阵方程，并设各个分网络的阻抗矩阵分别为$[Z']$和$[Z'']$，则总的二端口网络的电压和电流之间满足以下关系：

$$[U] = [U'] + [U''] = [Z'][I'] + [Z''][I''] = ([Z'] + [Z''])[I] = [Z][I]$$

即总的二端口网络的阻抗矩阵$[Z]$为

$$[Z] = [Z'] + [Z''] = \begin{bmatrix} Z_{11}' + Z_{11}'' & Z_{12}' + Z_{12}'' \\ Z_{21+}' Z_{21}'' & Z_{22}' + Z_{22}'' \end{bmatrix} \tag{5.33}$$

这表明，总的二端口网络的阻抗参量等于各个二端口分网络的阻抗参量之和。

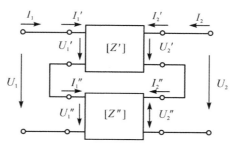

图 5.4　两个二端口网络的串联连接

一般地，对 N 个多端口网络串联，设各个分网络的阻抗矩阵分别为$[Z_1]$、$[Z_2]$、$\cdots$、$[Z_N]$，则总的 N 个多端口网络串联网络的阻抗矩阵$[Z]$为

$$[Z] = [Z_1] + [Z_2] + \cdots + [Z_N] \tag{5.34}$$

类似地，对多个网络的并联，利用导纳矩阵分析网络则较为方便。图 5.5 示出了两个二端口网络并联构成的总的二端口网络，其中总的二端口网络的端口 1 和端口 2 参考面处的电压、电流和两个分网络的端口 1 和端口 2 参考面处的电压、电流之间满足关系：$I_1 = I_1' + I_1''$、$I_2 = I_2' + I_2''$和 $U_1 = U_1' = U_1''$、$U_2 = U_2' = U_2''$（或$[I] = [I'] + [I'']$、$[U] = [U'] = [U'']$）。于是，将上述端口参考面处电压、电流的关系代入导纳矩阵方程，并设各个分网络的导纳矩阵分别为$[Y']$和$[Y'']$，则总的二端口网络的电流、电压之间满足以下关系：

$$[I] = [I'] + [I''] = [Y'][U'] + [Y''][U''] = ([Y'] + [Y''])[U] = [Y][U]$$

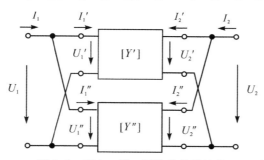

图 5.5　两个二端口网络的并联连接

即总的二端口网络的导纳矩阵$[Y]$为

$$[Y] = [Y'] + [Y''] = \begin{bmatrix} Y_{11}' + Y'' & Y_{12}' + Y_{12}'' \\ Y_{21}' + Y_{21}'' & Y_{12}' + Y'' \end{bmatrix} \tag{5.35}$$

这表明，总的二端口网络的导纳参量等于各个二端口分网络的导纳参量之和。

一般地，对 N 个多端口网络并联，设各个分网络的导纳矩阵分别为$[Y_1]$、$[Y_2]$、$\cdots$、$[Y_N]$，则总的 N 个多端口并联网络的导纳矩阵$[Y]$为

$$[Y] = [Y_1] + [Y_2] + \cdots + [Y_N] \tag{5.36}$$

[例 5 - 1]　求如图 5.6 所示两端口 T 形网络的 Z 参数。

解：根据式(5.19)，端口 2 开路时，端口 1 的输入阻抗为

$$Z_{11} = \frac{U_1}{I_1}\Big|_{I_2} = 0 = Z_A + Z_C$$

利用分压原理，可得

$$Z_{12} = \frac{U_1}{I_2} \Big|_{I_1} = 0 = \frac{U_2}{I_2} \cdot \frac{Z_C}{Z_B + Z_C} = Z_C$$

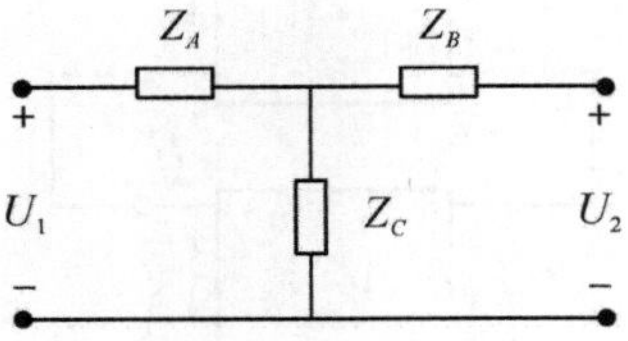

图 5.6　二端口 T 形网络

同理，求出 $Z_{21} = Z_C$，表示电路是互易的。

利用定义可求出端口 2 的输入阻抗为

$$Z_{22} = \frac{U_2}{I_2} \Big|_{I_1} = 0 = Z_B + Z_C$$

5.4.2　转移矩阵

上节中的阻抗和导纳参数可以用来描述任意端口微波网络的特性，但实用中的许多微波网络是由两个或者多个二端口网络级联组成的，用转移矩阵来描述这种网络特别方便。

只有两个端口，并且传输线系统中只传输一个模式的微波元件可等效为如图 5.7 所示的二端口网络。其中，U_1、I_1 是端口参考面 T_1 处的电压、电流；U_2、I_2 是端口参考面 T_2 处的电压、电流；Z_{c1}、Z_{c2} 分别为输入、输出均匀传输线的（等效）特性阻抗。

图 5.7　二端口网络

若用输出端口的电压 U_2 和电流 $-I_2$ 来表示输入端口参考面 T_1 处的电压 U_1 和电流 I_1，则可得到以下表达式：

$$\begin{cases} U_1 = AU_2 \cdot (-BI_2) \\ I_1 = CU_2 \cdot (-DI_2) \end{cases} \tag{5.37}$$

微波网络转移矩阵中，规定网络输出端口参考面处的电流指向网络外部，这样规定的电流方向在使用中更为方便，也就不难理解式（5.37）中 I_2 前面的负号了。用矩阵形式表示式（5.37）

$$\begin{bmatrix} U_1 \\ I_1 \end{bmatrix} = \begin{bmatrix} A & B \\ C & D \end{bmatrix} \begin{bmatrix} U_2 \\ -I_2 \end{bmatrix} = [A] \begin{bmatrix} U_2 \\ -I_2 \end{bmatrix} \tag{5.38}$$

式中，$[A] = \begin{bmatrix} A & B \\ C & D \end{bmatrix}$ 称为二端口网络的转移矩阵。A、B、C、D 为网络的转移参量，这四个参量的定义式为

① $A = \dfrac{U_1}{U_2} \Big|_{I_2 = 0}$：输出端口开路时电压传输系数的倒数；

② $B = \dfrac{U_1}{-I_2}\Big|_{U_2=0}$：输出端口短路时的转移阻抗；

③ $C = \dfrac{I_1}{U_2}\Big|_{I_2=0}$：输出端口开路时的转移导纳：

④ $D = \dfrac{I_1}{-I_2}\Big|_{U_2=0}$：输出端口短路时的电流转移系数。

将式(5.38)中的电压、电流分别关于 Z_{c1}、Z_{c2} 归一化，可得

$$\begin{bmatrix} u_1 \\ i_1 \end{bmatrix} = \begin{bmatrix} a & b \\ c & d \end{bmatrix}\begin{bmatrix} u_2 \\ -i_2 \end{bmatrix} = [a]\begin{bmatrix} u_2 \\ -i_2 \end{bmatrix} \tag{5.39}$$

其中，$[a] = \begin{bmatrix} a & b \\ c & d \end{bmatrix}$ 为归一化的转移矩阵，而 $a = A\sqrt{Z_{c2}/Z_{c1}}$、$b = B/\sqrt{Z_{c1}Z_{c2}}$、$c = C\sqrt{Z_{c1}Z_{c2}}$、$d = D\sqrt{Z_{c1}/Z_{c2}}$。

由二端口网络的归一化阻抗矩阵方程：

$$\begin{bmatrix} u_1 \\ u_2 \end{bmatrix} = \begin{bmatrix} z_{11} & z_{12} \\ z_{21} & z_{22} \end{bmatrix}\begin{bmatrix} i_1 \\ i_2 \end{bmatrix}$$

可解出用 u_2、$-i_2$ 表示 u_1、i_1 的矩阵方程，和归一化的转移矩阵方程式(5.39)相比较，得

$$a = \frac{z_{11}}{z_{21}},\ b = \frac{z_{11}z_{22} - z_{12}z_{21}}{z_{21}},\ c = \frac{1}{z_{21}},\ d = \frac{z_{22}}{z_{21}} \tag{5.40}$$

从归一化阻抗参量的性质可以导出归一化转移参量的以下性质。

① 网络互易：$ad - bc = 1$；

② 网络对称：$a = d$；

③ 网络无耗、互易：a、d 为实数，b、c 为虚数。

如图 5.8 所示，N 个二端口网络级联而成一个新的网络，其中各个二端口网络的转移矩阵分别为 $[a_1]$、$[a_2]$、$\cdots$、$[a_N]$，参考面分别为 T_1 和 T_2、T_2 和 T_3、$\cdots$、T_N 和 T_{N+1}，归一化转移矩阵方程分别为

$$\begin{bmatrix} u_1 \\ i_1 \end{bmatrix} = \begin{bmatrix} a_1 & b_1 \\ c_1 & d_1 \end{bmatrix}\begin{bmatrix} u_2 \\ i_2 \end{bmatrix} = [a_1]\begin{bmatrix} u_2 \\ i_2 \end{bmatrix}$$

$$\begin{bmatrix} u_2 \\ i_2 \end{bmatrix} = \begin{bmatrix} a_2 & b_2 \\ c_2 & d_2 \end{bmatrix}\begin{bmatrix} u_3 \\ i_3 \end{bmatrix} = [a_2]\begin{bmatrix} u_3 \\ i_3 \end{bmatrix}$$

$$\vdots$$

$$\begin{bmatrix} u_N \\ i_N \end{bmatrix} = \begin{bmatrix} a_N & b_N \\ c_N & d_N \end{bmatrix}\begin{bmatrix} u_{N+1} \\ i_{N+1} \end{bmatrix} = [a_N]\begin{bmatrix} u_{N+1} \\ i_{N+1} \end{bmatrix} \tag{5.41}$$

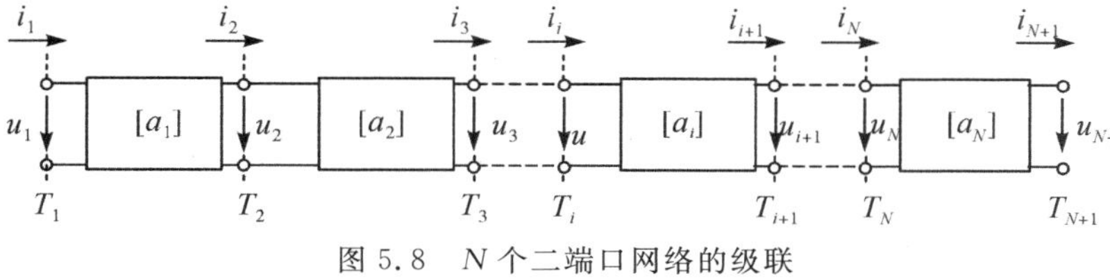

图 5.8 N 个二端口网络的级联

N 个二端口网络级联而成的总网络的归一化转移矩阵方程为

$$\begin{bmatrix} u_1 \\ i_1 \end{bmatrix} = \begin{bmatrix} a & b \\ c & d \end{bmatrix} \begin{bmatrix} u_{N+1} \\ i_{N+1} \end{bmatrix} = [a] \begin{bmatrix} u_{N+1} \\ i_{N+1} \end{bmatrix} \tag{5.42}$$

结合式(5.41)和式(5.42)，可知

$$\begin{bmatrix} a & b \\ c & d \end{bmatrix} = \begin{bmatrix} a_1 & b_1 \\ c_1 & d_1 \end{bmatrix} \begin{bmatrix} a_2 & b_2 \\ c_2 & d_2 \end{bmatrix} \cdots \begin{bmatrix} a_N & b_N \\ c_N & d_N \end{bmatrix}$$

或

$$[a] = [a_1][a_2]\cdots[a_N] \tag{5.43}$$

由此可见，级联二端口网络总的归一化转移矩阵等于各个分网络的归一化转移矩阵之积。

同理，对参考阻抗均相等的 N 个分网络的级联，总网络的未归一化转移矩阵同样等于各个分网络的未归一化转移矩阵的乘积，即

$$[A] = [A_1][A_2]\cdots[A_N] \tag{5.44}$$

输出端口参考面处接任意负载的二端口网络如图 5.9 所示，利用转移参量求解其输入端口处的输入阻抗和反射系数较为方便。

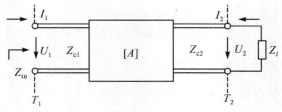

图 5.9 接任意负载的二端口网络

由式(5.38)，并考虑到网络输出端口参考面 T_2 处的电压 U_2 和电流 $-I_2$ 间的关系为 $U_2/(-I_2) = Z_l$。于是，参考面 T_1 处的输入阻抗为

$$Z_{in} = \frac{U_1}{I_1} = \frac{AU_2 - BI_2}{CU_2 - DI_2} = \frac{AZ_l + B}{CZ_l + B} \tag{5.45}$$

将式(5.45)中的电压和电流分别对 Z_{c1} 和 Z_{c2} 进行归一化，可得

$$z_{in} = \frac{u_1}{i_1} = \frac{az_l + b}{cz_l + b} \tag{5.46}$$

式中，$z_{in} = Z_{in}/Z_{c1}$，$z_l = Z_l/Z_{c2}$。由上式即得参考面 T_1 处的输入端反射系数为

$$\Gamma_{in} = \frac{z_{in} - 1}{z_{in} + 1} = \frac{(a-c)z_l + (b-d)}{(a-c)z_l + (b+d)} \tag{5.47}$$

前述的三种网络矩阵各有用处，但在微波网络的分析和计算中，使用更多的则是转移矩阵。

[**例 5 - 2**] 如图 5.10 所示，参考面 T_1 和 T_2 之间为一个二端口级联网络，Y 为并联导纳，求该二端口网络的 $[a]$ 矩阵。

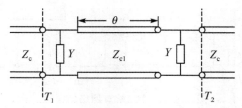

图 5.10 传输线与并联导纳级联而成的网络

解： 因为参考面 T_1 和 T_2 间的二端口级联网络可分解为三个分网络，所以总的二端口网络的未归一化的转移矩阵 $[A]$ 为

$$[A] = \begin{bmatrix} 1 & 0 \\ Y & 1 \end{bmatrix} \begin{bmatrix} \cos\theta & jZ_{c1}\sin\theta \\ j\dfrac{1}{Z_{c1}}\sin\theta & \cos\theta \end{bmatrix} \begin{bmatrix} 1 & 0 \\ Y & 1 \end{bmatrix}$$

$$= \begin{bmatrix} \cos\theta + jYZ_{c1}\sin\theta & jZ_{c1}\sin\theta \\ jY^2 Z_{c1}\sin\theta + 2Y\cos\theta + j\dfrac{\sin\theta}{Z_{c1}} & jYZ_{c1}\sin\theta + \cos\theta \end{bmatrix}$$

根据未归一化转移矩阵 $[A]$ 与归一化转移矩阵 $[a]$ 的矩阵参量间的转换关系，可得 $a = A$、$b = B/Z_c$、$c = CZ_c$、$d = D$。于是，总的二端口网络归一化转移矩阵 $[a]$ 为

$$[a] = \begin{bmatrix} \cos\theta + jy\dfrac{Z_{c1}}{Z_c}\sin\theta & j\dfrac{Z_{c1}}{Z_c}\sin\theta \\ 2y\cos\theta + j\dfrac{Z_c}{Z_{c1}}\sin\theta + jy^2\dfrac{Z_c}{Z_{c1}}\sin\theta & jy\dfrac{Z_{c1}}{Z_c}\sin\theta + \cos\theta \end{bmatrix}$$

其中，$y = Y/Y_c = YZ_c$。

5.5　散射矩阵

在微波频率下，电压和电流已失去了明确的物理意义，且难以测量。而上述三种网络矩阵都是用网络中两个端口参考面处的电压和电流来表示网络特性的，因此对应的网络参数也难以测量，其测量所需的开路和短路条件在微波频率下难以实现。在微波频率下能直接测量的参数包括反射系数、电压驻波比以及功率等。为了研究微波电路和系统的特性，设计微波电路的结构，就需要一种在微波频率能用直接测量方法确定的网络矩阵参数，散射参数（S 参数）就是用网络各端口参考面处的入射波和反射波来描述微波网络的，它是在微波网络的分析和综合中用得最多的一种既便于测量又概念清晰的网络参数。

5.5.1　散射参数的定义

1. 二端口网络散射参数定义

散射矩阵是用网络各端口的入射波电压和反射波电压来描述网络特性的矩阵。

由传输线理论可知，均匀无耗传输线上任一点 z 处的电压和电流表示为

$$\begin{cases} U(z) = U^+ e^{-j\beta z} + U^- e^{j\beta z} = U^+(z) + U^-(z) \\ I(z) = \dfrac{1}{Z_c}(U^+ e^{-j\beta z} - U^- e^{j\beta z}) = I^+(z) + I^-(z) \end{cases} \tag{5.48}$$

将式(5.48)进一步整理，并将电压和电流对 Z_c 归一化，可得

$$\begin{cases} \dfrac{U^+(z)e^{-j\beta z}}{\sqrt{Z_c}} = \dfrac{1}{2}\left[\dfrac{U(z)}{\sqrt{Z_c}} + \sqrt{Z_c}\,I(z)\right] \\ \dfrac{U^-(z)e^{+j\beta z}}{\sqrt{Z_c}} = \dfrac{1}{2}\left[\dfrac{U(z)}{\sqrt{Z_c}} + \sqrt{Z_c}\,I(z)\right] \end{cases} \tag{5.49}$$

令

$$u^+ = \frac{U^+(z)}{\sqrt{Z_c}}, \; u^- = \frac{U^-(z)}{\sqrt{Z_c}} \tag{5.50}$$

式中，u^+ 和 u^- 分别为归一化入射波和归一化反射波（或归一化出射波），显然有

$$\frac{u^-}{u^+} = \frac{U^- e^{j\beta z}}{U^+ e^{-j\beta z}} = \frac{U^-}{U^+} e^{j2\beta z} = \Gamma(z) \tag{5.51}$$

求解式(5.49)，可得

$$\begin{cases} U(z) = \sqrt{Z_c} \, (u^+ + u^-) \\ I(z) = \dfrac{1}{\sqrt{Z_c}} (u^+ - u^-) \end{cases} \tag{5.52}$$

或写成归一化形式为

$$\begin{cases} u = u^+ + u^- \\ i = u^+ - u^- \end{cases} \tag{5.53}$$

于是，传输线上任一点的传输功率为

$$P = \frac{1}{2} \mathrm{Re}[U(z)I^*(z)] = \frac{1}{2} \mathrm{Re}[(u^+ u^{+*} - u^- u^{-*}) + (u^- u^{+*} - u^+ u^{-*})]$$

$$= \frac{1}{2}(u^+ u^{+*} - u^- u^{-*}) = \frac{1}{2}(|u^+|^2 - |u^-|^2) \tag{5.54}$$

式(5.54)表示 z 处的净功率为入射波功率与反射波功率之差，而线上的归一化电压和归一化电流也可用归一化入射波和归一化反射波表示，从而把无法用电压和电流来描述的微波网络参数问题归结到用入射波和反射波的概念来描述。注意，此处的特性阻抗 Z_c 一般为实数，若传输线的损耗不可忽略，特性阻抗为复数，上述关系不成立。同样，由式(5.53)可导出用归一化电压和归一化电流表示归一化入射波和归一化反射波的表达式，即

$$u^+ = \frac{1}{2}(u + i), \; u^- = \frac{1}{2}(u - i) \tag{5.55}$$

若将上述讨论的传输线视为与微波网络相连的第 i 根分支传输系统，那么在此传输系统中就有入射波和反射波存在，如图 5.11 所示。归一化入射波和归一化反射波间的关系即可表示为 $u_i^- = \Gamma_i u_i^+ = S_{ii} u_i^+$。类似地，再考虑如图 5.12 所示的二端口网络，若以各端口参考面上的归一化入射波来表示归一化反射波，则可写为

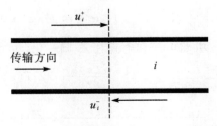

图 5.11　第 i 个分支传输系统上的归一化入射波和反射波

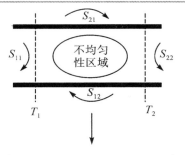

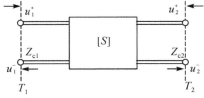

图 5.12　二端口网络的散射矩阵

$$\begin{cases} u_1^- = S_{11} u_1^+ + S_{12} u_2^+ \\ u_2^- = S_{21} u_1^+ + S_{22} u_2^+ \end{cases} \tag{5.56}$$

用矩阵形式表示则为

$$\begin{bmatrix} u_1^- \\ u_2^- \end{bmatrix} = \begin{bmatrix} S_{11} & S_{12} \\ S_{21} & S_{22} \end{bmatrix} \begin{bmatrix} u_1^+ \\ u_2^+ \end{bmatrix} \tag{5.57}$$

或简写为

$$[u^-] = [S][u^+] \tag{5.58}$$

式中，$[u^-]$、$[u^+]$ 分别为归一化反射波和归一化入射波的列矩阵，$[S] = \begin{bmatrix} S_{11} & S_{12} \\ S_{21} & S_{22} \end{bmatrix}$ 为散射矩阵，而 S_{11}、S_{12}、S_{21}、S_{22} 为散射参数。

式(5.56)中，各散射参数定义式为

① $S_{11} = \dfrac{u_1^-}{u_1^+}\bigg|_{u_2^+ = 0} = \Gamma_1$：$T_2$ 处接匹配负载时，T_1 处的反射系数；

② $S_{12} = \dfrac{u_1^-}{u_2^+}\bigg|_{u_1^+ = 0} = T_{12}$：$T_1$ 处接匹配负载时，端口 2 到端口 1 的电压传输系数；

③ $S_{21} = \dfrac{u_2^-}{u_1^+}\bigg|_{u_2^+ = 0} = T_{21}$：$T_2$ 处接匹配负载时，端口 1 到端口 2 的电压传输系数；

④ $S_{22} = \dfrac{u_2^-}{u_2^+}\bigg|_{u_1^+ = 0} = \Gamma_2$：$T_1$ 处接匹配负载时，T_2 处的反射系数。

利用网络输入和输出端口参考面处接匹配负载即可测定各个散射参量：为使 $u_1^+ = 0$，则需要在网络输入端口参考面处接负载 $Z_l = Z_{c1}$；为使 $u_2^+ = 0$，则需要在网络的输出端口参考面处接负载 $Z_l = Z_{c2}$。通常情况下，各端口所接的微波传输线的(等效)特性阻抗是相同的（$Z_{c1} = Z_{c2} = Z_c$）。

2. 二端口网络散射参数的测量

对于线性互易二端口网络，可以采用"三点法"来测量其散射参数：

式(5.56)中，结合输出端口（参考面 T_2 所在的端口 2）电压和反射系数的关系 $u_2^+ =$

$\Gamma_L u_2^-$，以及输入端口（参考面 T_1 所在的端口 1）电压和反射系数的关系 $u_1^- = \Gamma_{in} u_1^+$，可以得到线性互易二端口网络（$S_{21} = S_{12}$）的散射参数之间的关系式

$$\Gamma_{in} = S_{11} + \frac{S_{12}^2 \Gamma_L}{1 - S_{22} \Gamma_L} \tag{5.59}$$

当输出端口分别短路（$\Gamma_L = -1$）、开路（$\Gamma_L = 1$）和接匹配负载（$\Gamma_L = 0$）时，根据上式，可得

$$\Gamma_{in, sc} = S_{11} - \frac{S_{12}^2}{1 + S_{22}} \tag{5.60}$$

$$\Gamma_{in, oc} = S_{11} + \frac{S_{12}^2}{1 - S_{22}} \tag{5.61}$$

$$\Gamma_{in, mat} = S_{11} \tag{5.62}$$

分别将输出端口短路、开路和接匹配负载，测出 $\Gamma_{in, sc}$、$\Gamma_{in, oc}$ 和 $\Gamma_{in, mat}$，就可以根据上面的表达式测量出散射参数 S_{11}、S_{12} 和 S_{22}。

事实上，网络的散射参数目前大都采用微波网络分析仪进行自动测量，用网络分析仪测量网络的散射参数既快又准确。网络分析仪分为两类：一类是标量网络分析仪，另一类是矢量网络分析仪。标量网络分析仪主要用于测量网络散射参数的幅值，其缺点是不能测得散射参数的相位。矢量网络分析仪既可测量散射参数的幅值，又可测量其相位，在实际中应用更为广泛。图 5.13 示出矢量网络分析仪的结构方框图以及测量同轴被测件（DUT）散射参数的示意图。其中，若被测件为无源元件，则测量时无须为被测件提供直流偏压。

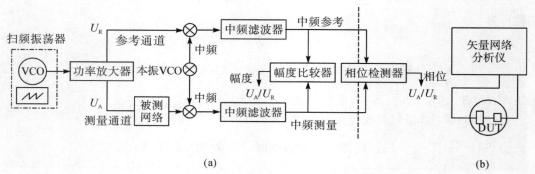

图 5.13　矢量网络分析仪的结构方框图和同轴无源测量系统

上述的测量方法同样可用于 N 端口网络，此时只需将 N 端口网络中的两个端口作为输入和输出端口，而其他各端口均接匹配负载。

3. N 端口网络的散射参数

以上分析二端口网络的结果可推广到 N 端口网络的情况。如果在第 N 端口的参考面处有归一化入射波 u_N^+ 单独进入网络，那么将在各端口参考面处有归一化出射波 $u_1^- = S_{1N} u_N^+$、$u_2^- = S_{2N} u_N^+$、$\cdots$、$u_N^- = S_{NN} u_N^+$ 存在。若网络的各端口参考面处同时有 u_1^+、u_2^+、$\cdots$、u_N^+ 进入网络，则由叠加原理可知，网络各端口参考面处的归一化反射波为

$$\begin{cases} u_1^- = S_{11} u_1^+ + S_{12} u_2^+ + \cdots + S_{1N} u_N^+ \\ u_2^- = S_{21} u_1^+ + S_{22} u_2^+ + \cdots + S_{2N} u_N^+ \\ \quad\vdots \\ u_N^- = S_{N1} u_1^+ + S_{N2} u_2^+ + \cdots + S_{NN} u_N^+ \end{cases} \tag{5.63-a}$$

用矩阵形式表示则为

$$\begin{bmatrix} u_1^- \\ u_2^- \\ \vdots \\ u_N^- \end{bmatrix} = \begin{bmatrix} S_{11} & S_{12} & \cdots & S_{1N} \\ S_{21} & S_{22} & \cdots & S_{2N} \\ \vdots & \vdots & \ddots & \vdots \\ S_{N1} & S_{N2} & \cdots & S_{NN} \end{bmatrix} \begin{bmatrix} u_1^+ \\ u_2^+ \\ \vdots \\ u_N^+ \end{bmatrix} \tag{5.63-b}$$

或简写为

$$[u^-] = [S][u^+] \tag{5.63-c}$$

式中,各散射参数定义为

$$S_{ij} = \frac{u_i^-}{u_j^+} \bigg|_{u_1^+ = u_2^+ = \cdots = u_k^+ = \cdots = 0} \qquad (i,j = 1,2,\cdots,N; k \neq j) \tag{5.64}$$

它表示除第 j 个端口外,所有其他端口接匹配负载时,端口 j 到端口 i 的电压传输系数;

$$S_{ii} = \frac{u_i^-}{u_i^+} \bigg|_{u_1^+ = u_2^+ = \cdots = u_k^+ = \cdots = 0} \qquad (i,j = 1,2,\cdots,N; k \neq i) \tag{5.65}$$

它表示除第 i 个端口外,其他所有各端口均接匹配负载时,第 i 个端口上的电压反射系数。

上述散射参数是在假设网络各端口端接传输线的特性阻抗各不相等的情况下定义的。若网络的各端口参考面端接的等效传输线的特性阻抗均相同,即 $Z_{ci} = Z_c$,$(i=1,2,\cdots,N)$,此时 $[u^-] = [S][u^+]$ 以及 $[U^-] = [S][U^+]$ 同时成立。这样,可直接利用网络端口参考面处的未归一化入射波电压和未归一化反射波电压导出网络的散射参数,如

$$S_{ij} = \frac{U_i^-}{U_j^+} \bigg|_{U_1^+ = U_2^+ = \cdots = U_k^+ = \cdots = 0} \qquad (i,j = 1,2,\cdots,N; k \neq j) \tag{5.66}$$

一般的散射参量是假设微波网络(元件)各端口参考面处端接匹配负载的情况下由归一化入射波和归一化反射波进行定义的,但实际测量中与网络各端口的等效互连传输线端接的负载却均是阻值为 50 Ω 的标准负载,此时就要利用散射参量间的转换关系,以确定实际网络的散射参量。

5.5.2　[S]和其他矩阵之间的转换

散射矩阵是描述网络端口参考面处入射波和反射波间的关系的,其余三种矩阵则是描述网络端口参考面处电压和电流间的关系的,既然它们可描述同一网络,那么之间必然存在着一定的转换关系。

1. [S]与阻抗矩阵、导纳矩阵间的转换关系

对于一个 N 端口网络,第 i 个端口参考面处的归一化入射波和归一化反射波可用该端口参考面处的归一化电压和归一化电流表示为

$$u_i^+ = \frac{1}{2}(u_i + i_i), \ u_i^- = \frac{1}{2}(u_i - i_i) \tag{5.67}$$

若用矩阵表示,则为

$$[u^+] = \frac{1}{2}([u] + [i]) = \frac{1}{2}([z] + [I])[i]$$

$$[u^-] = \frac{1}{2}([u] - [i]) = \frac{1}{2}([z] - [I])[i]$$

式中,$[I]$ 为单位矩阵。结合以上两式和式(5.63-c),得到

$$[S] = ([z] - [I])([z] + [I])^{-1} \tag{5.68}$$

对单端口网络，式(5.68)可简化为

$$[S] = [\sqrt{Y_c}]([Z] - [Z_c])([Z] + [Z_c])^{-1}[\sqrt{Z_c}] \tag{5.69}$$

式中，$[Z]$、$[\sqrt{Z_c}]$ 以及 $[\sqrt{Y_c}]$ 分别为 N 阶对角矩阵，即

$$[Z_c] = \begin{bmatrix} Z_{c1} & 0 & 0 & \cdots & 0 \\ 0 & Z_{c2} & 0 & \cdots & 0 \\ 0 & 0 & Z_{c3} & \cdots & 0 \\ \vdots & \vdots & \vdots & & \vdots \\ 0 & 0 & 0 & \cdots & Z_{cN} \end{bmatrix} = \mathrm{diag}(Z_{c1}, Z_{c2}, \cdots, Z_{cN})$$

$$[\sqrt{Z_c}] = \mathrm{diag}(\sqrt{Z_{c1}}, \sqrt{Z_{c2}}, \cdots, \sqrt{Z_{cN}})$$

$$[\sqrt{Y_c}] = \mathrm{diag}(\sqrt{Y_{c1}}, \sqrt{Y_{c2}}, \cdots, \sqrt{Y_{cN}})$$

同理可得

$$[z] = ([I] + [S])([I] - [S])^{-1} \tag{5.70}$$

以及 $[Z]$ 与 $[S]$ 间的关系

$$[Z] = [\sqrt{Z_c}]([I] + [S])([I] - [S])^{-1}[\sqrt{Z_c}] \tag{5.71}$$

仿照上述思路，可推导出 $[S]$ 与 $[y]$ 间的关系为

$$[S] = ([I] - [y])([I] + [y])^{-1} \tag{5.72}$$

和

$$[y] = ([I] - [S])([I] + [S])^{-1} \tag{5.73}$$

以及 $[S]$ 与 $[Y]$ 间的关系为

$$[S] = [\sqrt{Z_c}]([Y_c] - [Y])([Y_c] + [Y])^{-1}[\sqrt{Y_c}] \tag{5.74}$$

和

$$[Y] = [\sqrt{Y_c}]([I] - [S])([I] + [S])^{-1}[\sqrt{Y_c}] \tag{5.75}$$

2. $[S]$ 与转移矩阵的转换关系

在级联二端口网络中，由于转移矩阵更适合于级联网络参数的分析，一般先求出级联网络的转移矩阵，然后通过散射矩阵和转移矩阵之间的转换关系求出整个级联网络的散射矩阵 $[S]$。

将电压、电流分解成入射波和反射波的叠加：$u_1 = u_1^+ + u_1^-$，$i_1 = u_1^+ - u_1^-$，$u_2 = u_2^+ + u_2^-$，$i_2 = u_2^+ - u_2^-$，代入二端口网络的归一化转移矩阵方程，并展开可得

$$u_1^- - (a+b)u_2^- = -u_1^+ + (a-b)u_2^+$$

$$-u_1^- - (c+d)u_2^- = -u_1^+ + (c-d)u_2^+$$

用矩阵形式表示上式

$$\begin{bmatrix} u_1^- \\ u_2^- \end{bmatrix} = \begin{bmatrix} 1 & -a-b \\ -1 & -c-d \end{bmatrix}^{-1} \begin{bmatrix} -1 & a-b \\ -1 & c-d \end{bmatrix} \begin{bmatrix} u_1^+ \\ u_2^+ \end{bmatrix}$$

$$= \frac{1}{a+b+c+d} \begin{bmatrix} a+b-c-d & 2(ad-bc) \\ 2 & b+d-a-c \end{bmatrix} \begin{bmatrix} u_1^+ \\ u_2^+ \end{bmatrix}$$

于是有

$$[S] = \frac{1}{a+b+c+d} \begin{bmatrix} a+b-c-d & 2(ad-bc) \\ 2 & b+d-a-c \end{bmatrix} \tag{5.76}$$

互易网络中 $ad-bc=1$，所以

$$[S] = \frac{1}{a+b+c+d} \begin{bmatrix} a+b-c-d & 2 \\ 2 & b+d-a-c \end{bmatrix} \tag{5.77}$$

以上关系也可利用 $[z]$ 与 $[a]$ 间的转换关系以及 $[S]$ 与 $[z]$ 间的转换关系得到。

类似地，若二端口网络的输入端口和输出端口的参考阻抗均为 Z_c，则 $[S]$ 与未归一化转移矩阵 $[A]$ 间的转换关系为

$$[S] = \frac{1}{A+B/Z_c+CZ_c+D} \begin{bmatrix} A+B/Z_c-CZ_c-D & 2(AD-BC) \\ 2 & -A+B/Z_c-CZ_c+D \end{bmatrix}$$

对互易网络，则 $AD-BC=1$

表 5.1 列出了二端口网络的散射矩阵参量与其他未归一化矩阵参量之间的转换关系，其中二端口网络的输入端口和输出端口的参考阻抗均为 Z_c。

表 5.1 二端口网络的散射矩阵参量与其他未归一化矩阵参量之间的转换关系

网络 参量	以 $[Z]$ 参量表示	以 $[Y]$ 参量表示	以 $[A]$ 参量表示	以 $[S]$ 参量表示
Z_{11}	Z_{11}	$\dfrac{Y_{22}}{\|Y\|}$	$\dfrac{A}{C}$	$Z_c \dfrac{(1+S_{11})(1-S_{22})+S_{12}S_{21}}{(1-S_{11})(1-S_{21})-S_{12}S_{21}}$
Z_{12}	Z_{12}	$-\dfrac{Y_{21}}{\|Y\|}$	$\dfrac{\|A\|}{C}$	$Z_c \dfrac{2S_{12}}{(1-S_{11})(1-S_{22})-S_{12}S_{21}}$
Z_{21}	Z_{21}	$-\dfrac{Y_{22}}{\|Y\|}$	$\dfrac{1}{C}$	$Z_c \dfrac{2S_{21}}{(1-S_{11})(1-S_{22})-S_{12}S_{21}}$
Z_{22}	Z_{22}	$\dfrac{Y_{11}}{\|Y\|}$	$\dfrac{D}{C}$	$Z_c \dfrac{(1-S_{11})(1+S_{22})+S_{12}S_{21}}{(1-S_{11})(1-S_{22})-S_{12}S_{21}}$
Y_{11}	$\dfrac{Z_{22}}{\|Z\|}$	Y_{11}	$\dfrac{D}{B}$	$Y_c \dfrac{(1-S_{11})(1+S_{22})+S_{12}S_{21}}{(1+S_{11})(1+S_{22})-S_{12}S_{21}}$
Y_{12}	$-\dfrac{Z_{12}}{\|Z\|}$	Y_{12}	$-\dfrac{\|A\|}{B}$	$-Y_c \dfrac{S_{12}}{(1+S_{11})(1+S_{22})-S_{12}S_{21}}$
Y_{21}	$-\dfrac{Z_{21}}{\|Z\|}$	Y_{21}	$-\dfrac{1}{B}$	$-Y_c \dfrac{2S_{21}}{(1+S_{11})(1+S_{22})-S_{12}S_{21}}$
Y_{22}	$\dfrac{Z_{11}}{\|Z\|}$	Y_{22}	$\dfrac{A}{B}$	$Y_c \dfrac{(1+S_{11})(1-S_{22})+S_{12}S_{21}}{(1+S_{11})(1+S_{22})-S_{12}S_{21}}$
A	$\dfrac{Z_{11}}{Z_{21}}$	$-\dfrac{Y_{22}}{Y_{21}}$	A	$\dfrac{(1+S_{11})(1-S_{22})+S_{12}S_{21}}{2S_{21}}$
B	$\dfrac{\|Z\|}{Z_{21}}$	$-\dfrac{1}{Y_{21}}$	B	$Z_c \dfrac{(1+S_{11})(1+S_{22})-S_{12}S_{21}}{2S_{21}}$
C	$\dfrac{1}{Z_{21}}$	$-\dfrac{\|Y\|}{Y_{21}}$	C	$\dfrac{1}{Z_c} \dfrac{(1-S_{11})(1-S_{22})-S_{12}S_{21}}{2S_{21}}$
D	$\dfrac{Z_{22}}{Z_{21}}$	$-\dfrac{Y_{11}}{Y_{21}}$	D	$\dfrac{(1-S_{11})(1+S_{22})-S_{12}S_{21}}{2S_{21}}$

网络参量	以[Z]参量表示	以[Y]参量表示	以[A]参量表示	以[S]参量表示
S_{11}	$\dfrac{(Z_{11}-Z_c)(Z_{22}+Z_c)-Z_{12}Z_{z1}}{\Delta Z}$	$\dfrac{(Y_c-Y_{11})(Y_c+Y_{22})+Y_{12}Y_{21}}{\Delta Y}$	$\dfrac{A+\dfrac{B}{Z_c}-CZ_c-D}{A+\dfrac{B}{Z_c}+CZ_c+D}$	S_{11}
S_{12}	$\dfrac{2Z_{12}Z_c}{\Delta Z}$	$\dfrac{-A+\dfrac{B}{Z_c}-CZ_c+D}{A+\dfrac{B}{Z_c}+CZ_c+D}$	$\dfrac{2\mid A\mid}{A+\dfrac{B}{Z_c}+CZ_c+D}$	S_{12}
S_{21}	$\dfrac{2Z_{21}Z_c}{\Delta Z}$	$-\dfrac{2Y_{21}Y_c}{\Delta Y}$	$\dfrac{2}{A+\dfrac{B}{Z_c}+CZ_c+D}$	S_{21}
S_{22}	$\dfrac{(Z_{11}+Z_c)(Z_{22}-Z_c)-Z_{12}Z_{21}}{\Delta Z}$	$\dfrac{(Y_c+Y_{11})(Y_c-Y_{22})+Y_{12}Y_{21}}{\Delta Y}$	$\dfrac{-A+\dfrac{B}{Z_c}-CZ_c+D}{A+\dfrac{B}{Z_c}+CZ_c+D}$	S_{22}

[例 5 - 3]　二端口网络的散射矩阵为

$$[S]=\begin{bmatrix} 0.3\mathrm{e}^{\mathrm{j}0°} & 1.6\mathrm{e}^{-\mathrm{j}90°} \\ 0.4\mathrm{e}^{\mathrm{j}90°} & 0.2\mathrm{e}^{\mathrm{j}0°} \end{bmatrix}$$

① 判断该网络的特性;

② 端口 2 接匹配负载时,求端口 1 的回波损耗;

③ 端口 2 短路时,求端口 1 的回波损耗。

解: ① 由于网络的 $S_{21}\neq S_{12}$、$S_{11}\neq S_{22}$ 以及 $\mid S_{11}\mid^2+\mid S_{12}\mid^2=0.6625\neq1$,因此网络是非对称、非互易以及非无耗的网络。

② 由于当端口 2 的参考面处接匹配负载时,从端口 1 看进去的反射系数 $\Gamma_{1m}=S_{11}$,因此端口 1 的回波损耗为

$$RL=-20\lg\mid\Gamma_{1m}\mid=-20\lg(0.3)=10.457\ \mathrm{dB}$$

③ 由于当端口 2 的参考面处短路时,$\Gamma_l=-1$,即 $u_2^+=-u_2^-$,于是,由二端口网络的散射矩阵方程,有

$$\begin{cases} u_1^-=S_{11}u_1^+-S_{12}u_2^- \\ u_2^-=S_{21}u_1^+-S_{22}u_2^- \end{cases}$$

联立求解,可得从端口 1 看进去的反射系数 Γ_{1s} 为

$$\Gamma_{1s}=\frac{u_1^-}{u_1^+}=S_{11}-S_{12}\frac{u_2^-}{u_1^+}=S_{11}-\frac{S_{12}S_{21}}{1+S_{22}}=-0.2333$$

因此,端口 1 的回波损耗为

$$RL=-20\lg\mid\Gamma_{1s}\mid=-20\lg(0.2333)=12.64\ \mathrm{dB}$$

5.5.3　参考面移动对网络散射参量的影响

对如图 5.14 所示的 N 端口网络,若将第 i 个端口的参考面 T_i 外移 l_i 长度后得到新的网络参考面 T_i',并设原参考面 T_i 和新参考面 T_i' 处的归一化入射波和归一化反射波分别为 u_i^+、$u_i^{+'}$ 以及 u_i^-、$u_i^{-'}$,则有

$$u_i^+ = e^{-j\beta_i l_i} u_i^{+\prime} = D_i u_i^{+\prime}, \ u_i^{-\prime} = e^{-j\beta_i l_i} u_i^- = D_i u_i^- \qquad (5.78)$$

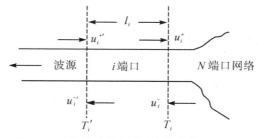

图 5.14　参考面移动对网络散射参量的影响

式(5.78)中，假设各端口等效分支传输系统无耗，$D_i = e^{-j\beta_i l_i} = e^{-j\theta_i}$，$i = 1, 2, \cdots, N$，可用矩阵形式表示为

$$[u^+] = [D][u^{+\prime}], \ [u^{-\prime}] = [D][u^-] \qquad (5.79)$$

式(5.79)中，$[D]$ 为一对角矩阵，即 $[D] = \mathrm{diag}(D_1, D_2, \cdots, D_N)$。

设参考面为 T_i 和 T_i' 时，网络的散射参量分别为 $[S]$ 和 $[S']$，于是由式(5.79)，有

$$[S'][u^{+\prime}] = [D][u^-] = [D][S][u^+] = [D][S][D][u^{+\prime}]$$

由此可知

$$[S'][u^{+\prime}] - [D][S][D][u^{+\prime}] = 0$$

从而可得 $[S]$ 和 $[S']$ 间的关系为

$$[S'] = [D][S][D] \qquad (5.80-a)$$

根据矩阵乘法的运算法则，可得 $[S]$ 和 $[S']$ 各参量间的关系为

$$S_{ij}' = S_{ij} e^{-j(\beta_i l_i + \beta_j l_j)} = S_{ij} e^{-j(\theta_i + \theta_j)} \qquad (5.80-b)$$

显然，当网络的参考面移动时，散射参量的模值不变，只是幅角(相位)发生变化。式(5.80-b)是在参考面外移的情况下导出的，若参考面内移时，相应的 θ_i 或 θ_j 应取负值。

5.6　传 输 矩 阵

散射矩阵与阻抗矩阵、导纳矩阵相比，尽管便于测量，但是不便于分析级联网络。解决的办法之一是采用转移矩阵进行运算，然后再转换成散射矩阵。分析级联网络的另一个办法是采用一组新定义的散射矩阵来进行运算，即传输散射矩阵，又称传输矩阵。

仿照转移矩阵($ABCD$ 矩阵)的定义，传输矩阵是以输入端口的入射波和反射波为因变量，输出端口的入射波和反射波为自变量，来定义一组新参量。传输参量方程为

$$\begin{cases} u_1^+ = T_{11} u_2^- + T_{12} u_2^+ \\ u_1^- = T_{21} u_2^- + T_{22} u_2^+ \end{cases} \qquad (5.81-a)$$

用矩阵形式表示则为

$$\begin{bmatrix} u_1^+ \\ u_1^- \end{bmatrix} = \begin{bmatrix} T_{11} & T_{12} \\ T_{21} & T_{22} \end{bmatrix} \begin{bmatrix} u_2^- \\ u_2^+ \end{bmatrix} \qquad (5.81-b)$$

式中，T_{11}、T_{12}、T_{21} 和 T_{22} 称为传输参量，而

$$T_{11} = \frac{u_1^+}{u_2^+}\bigg|_{u_2^+=0} = \frac{1}{S_{21}} \tag{5.82}$$

它表示网络输出端口接匹配负载时，输入端口到输出端口电压传输系数的倒数。除 T_{11} 外，其他三个参量均没有明确的物理意义。

将式(5.81)中的两个方程进行整理，并与散射矩阵方程比较，则可得到 $[T]$ 与 $[S]$ 间的转换关系为

$$[T] = \begin{bmatrix} \dfrac{1}{S_{21}} & -\dfrac{S_{22}}{S_{21}} \\[2mm] \dfrac{S_{11}}{S_{21}} & S_{12} - \dfrac{S_{11}S_{22}}{S_{21}} \end{bmatrix} \quad 及 \quad [S] = \begin{bmatrix} \dfrac{T_{21}}{T_{11}} & T_{22} - \dfrac{T_{12}T_{21}}{T_{11}} \\[2mm] \dfrac{1}{T_{11}} & -\dfrac{T_{12}}{T_{11}} \end{bmatrix} \tag{5.83}$$

于是，根据 $[S]$ 的性质，可导出 $[T]$ 的如下性质。

① 网络互易：$[T] = T_{11}T_{22} - T_{12}T_{21} = 1$；

② 网络无耗、互易：$T_{11} = T_{22}^*$，$T_{12} = T_{21}^*$；

③ 网络对称：$T_{12} = -T_{21}$。

对如图 5.8 所示的二端口级联网络，因前一分网络的输出就是后一分网络的输入，于是

$$\begin{bmatrix} u_1^+ \\ u_1^- \end{bmatrix} = [T_1][T_2]\cdots[T_N]\begin{bmatrix} u_{N+1}^- \\ u_{N+1}^+ \end{bmatrix} = [T]\begin{bmatrix} u_{N+1}^- \\ u_{N+1}^+ \end{bmatrix} \tag{5.84}$$

式中，$[T] = [T_1][T_2]\cdots[T_N]$。

5.7　常用二端口元件的网络参量

1. 传输线段的阻抗参量

图 5.15(a)是特性阻抗为 Z_c 的均匀无耗传输线，根据传输线理论可知

$$\begin{cases} U_1 = \cos\theta U_2 + jZ_c\sin\theta(-I_2) \\ I_1 = j\dfrac{U_2}{Z_c}\sin\theta + \cos\theta(-I_2) \end{cases} \tag{5.85}$$

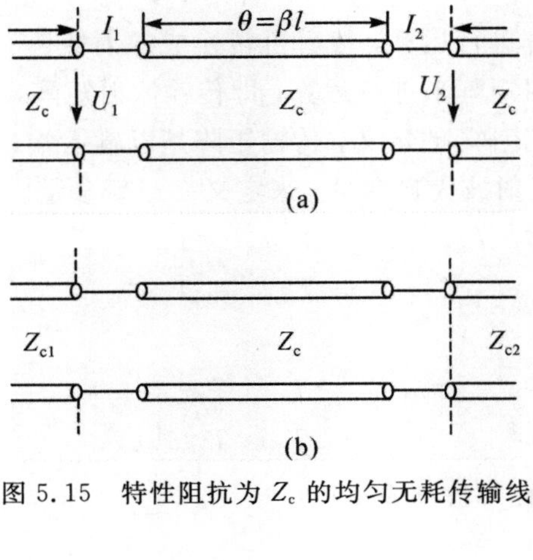

(a)

(b)

图 5.15　特性阻抗为 Z_c 的均匀无耗传输线

结合网络中阻抗参量的定义

$$\left.\begin{aligned} Z_{11} &= \frac{U_1}{I_1}\bigg|_{I_2=0} = \frac{Z_{\mathrm{c}}\cos\theta}{\mathrm{j}\sin\theta} = -\mathrm{j}Z_{\mathrm{c}}\cot\theta \\ Z_{12} &= \frac{U_1}{I_2}\bigg|_{I_1=0} = -\mathrm{j}\frac{Z_{\mathrm{c}}}{\sin\theta} \end{aligned}\right\}$$

由对称性可知：$Z_{12}=Z_{21}$，$Z_{11}=Z_{22}$，于是阻抗矩阵为

$$[Z] = -\mathrm{j}Z_{\mathrm{c}}\begin{bmatrix} \cot\theta & \csc\theta \\ \csc\theta & \cot\theta \end{bmatrix} \tag{5.86}$$

当这段均匀无耗传输线的特性阻抗与它相接的传输线的特性阻抗不相等（图 5.15(b)）时，将式(5.85)中的电压和电流进行归一化，可得

$$\left.\begin{aligned} u_1 &= \cos\theta\sqrt{\frac{Z_{\mathrm{c2}}}{Z_{\mathrm{c1}}}}u_2 - \mathrm{j}\frac{Z_{\mathrm{c}}\sin\theta}{\sqrt{Z_{\mathrm{c1}}Z_{\mathrm{c2}}}}i_2 \\ i_1 &= \mathrm{j}\frac{\sqrt{Z_{\mathrm{c1}}Z_{\mathrm{c2}}}\sin\theta}{Z_{\mathrm{c}}}u_2 - \cos\theta\sqrt{\frac{Z_{\mathrm{c1}}}{Z_{\mathrm{c2}}}}i_2 \end{aligned}\right\} \tag{5.87}$$

根据归一化阻抗参量的定义，可得

$$\left.\begin{aligned} z_{11} &= \frac{u_1}{i_1}\bigg|_{i_2=0} = -\mathrm{j}\frac{Z_{\mathrm{c}}}{Z_{\mathrm{c1}}}\cot\theta \\ z_{12} &= \frac{u_1}{i_2}\bigg|_{i_1=0} = -\mathrm{j}\frac{Z_{\mathrm{c}}}{\sqrt{Z_{\mathrm{c1}}Z_{\mathrm{c2}}}\sin\theta} \\ z_{22} &= \frac{u_2}{i_2}\bigg|_{i_1=0} = -\mathrm{j}\frac{Z_{\mathrm{c}}}{Z_{\mathrm{c2}}}\cot\theta \end{aligned}\right\}$$

对于互易网络，$z_{12}=z_{21}$。归一化阻抗矩阵表示为

$$[z] = -\mathrm{j}Z_{\mathrm{c}}\begin{bmatrix} \dfrac{\cot\theta}{Z_{\mathrm{c1}}} & \dfrac{\csc\theta}{\sqrt{Z_{\mathrm{c1}}Z_{\mathrm{c2}}}} \\ \dfrac{\csc\theta}{\sqrt{Z_{\mathrm{c1}}Z_{\mathrm{c2}}}} & \dfrac{\cot\theta}{Z_{\mathrm{c2}}} \end{bmatrix} \tag{5.88}$$

2. 串联阻抗的转移参量

图 5.16(a)是一个串联阻抗电路，根据转移矩阵 $ABCD$ 的定义，可知

$$\left.\begin{aligned} A &= \frac{U_1}{U_2}\bigg|_{I_2=0} = 1, \quad B = \frac{U_1}{-I_2}\bigg|_{U_2=0} = Z \\ C &= \frac{I_1}{U_2}\bigg|_{I_2=0} = 0, \quad D = \frac{I_1}{-I_2}\bigg|_{U_2=0} = 1 \end{aligned}\right\} \tag{5.89}$$

$$[A] = \begin{bmatrix} 1 & Z \\ 0 & 1 \end{bmatrix} \tag{5.90}$$

图 5.16(b)中，串联阻抗两端传输线的特性阻抗不同，其电路方程为

$$\left.\begin{aligned} U_1 &= ZI_1 + U_2 \\ I_1 &= -I_2 \end{aligned}\right\} \tag{5.91}$$

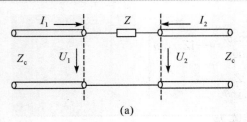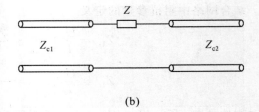

图 5.16　串联阻抗

对式(5.91)中电压和电流进行归一化，得

$$u_1 = \sqrt{\frac{Z_{c2}}{Z_{c1}}} u_2 + \left(\frac{Z}{\sqrt{Z_{c1}Z_{c2}}}\right)(-i_2) \left.\begin{array}{c}\\ \\ \\ \\ \\\end{array}\right\}$$

$$i_1 = -\sqrt{\frac{Z_{c1}}{Z_{c2}}} i_2$$

$$(5.92)$$

即

$$\begin{bmatrix} u_1 \\ i_1 \end{bmatrix} = \begin{bmatrix} \sqrt{\dfrac{Z_{c2}}{Z_{c1}}} & \dfrac{Z}{\sqrt{Z_{c1}Z_{c2}}} \\ 0 & \sqrt{\dfrac{Z_{c1}}{Z_{c2}}} \end{bmatrix} \begin{bmatrix} u_3 \\ -i_2 \end{bmatrix}$$

串联阻抗的归一化转移矩阵为

$$[a] = \begin{bmatrix} \sqrt{\dfrac{Z_{c2}}{Z_{c1}}} & \dfrac{Z}{\sqrt{Z_{c1}Z_{c2}}} \\ 0 & \sqrt{\dfrac{Z_{c1}}{Z_{c2}}} \end{bmatrix} \qquad (5.93)$$

3. 串联阻抗的散射矩阵

图 5.17(a)中，串联阻抗左、右两端传输线的归一化特性阻抗为 1。根据散射参量的定义，有

$$S_{11} = \frac{u_1^-}{u_1^+} \bigg|_{u_2^+ = 0} = \Gamma_1$$

$u_2^+ = 0$ 说明网络的输出端口接匹配负载(其归一化值为 1)，如图 5.17(c)所示，故有

$$S_{11} = \Gamma_1 = \frac{z_l - 1}{z_l + 1} = \frac{z}{z + 2} \qquad (5.94)$$

式中，$z_l = z + 1$。因电路对称，有

$$S_{22} = S_{11} = \frac{z}{z + 2} \qquad (5.95)$$

根据 S_{21} 的定义

$$S_{21} = \frac{u_2^-}{u_1^+} \bigg|_{u_2^+ = 0}$$

$u_2^+ = 0$ 时，$u_2 = u_2^+ + u_2^- = u_2^-$，而 $u_1 = u_1^+ + u_1^- = u_1^+(1 + S_{11})$，由分压公式，得

$$u_2 = u_2^- = \frac{1}{z+1}u_1 = \frac{u_1^+}{z+1}(1+S_{11})$$

于是

$$S_{21} = \frac{2}{z+2} \tag{5.96}$$

又由互易性知

$$S_{12} = S_{21} \tag{5.97}$$

所以，归一化串联阻抗的散射矩阵为

$$[S] = \frac{1}{z+2}\begin{bmatrix} z & 2 \\ 2 & z \end{bmatrix} \tag{5.98}$$

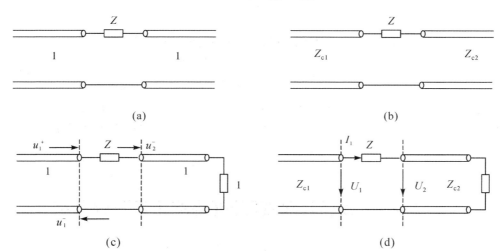

图 5.17　求解串联阻抗的散射参量

图 5.17(b)中，串联阻抗 Z 两端所接传输线的特性阻抗不相同。结合散射参数的定义，求解 S_{11} 和 S_{21} 时，需要满足 $u_2^+ = 0$，即电路的输出端口接匹配负载(其值应为 Z_{c2})，此时电路可等效为如图 5.17(d)所示的电路。图中

$$U_1 = I_1(Z + Z_{c2}) \tag{5.99}$$

$$U_1 = I_1 Z + U_2 \tag{5.100}$$

对式(5.99)进行归一化可得

$$u_1\sqrt{Z_{c1}} = \frac{i_1}{\sqrt{Z_{c1}}}(Z + Z_{c2})$$

即 $(u_1^+ + u_1^-)\sqrt{Z_{c1}} = (u_1^+ - u_1^-)\dfrac{(Z+Z_{c2})}{\sqrt{Z_{c1}}}$，整理可得 S_{11} 为

$$S_{11} = \left.\frac{u_1^-}{u_1^+}\right|_{u_2^+=0} = \frac{Z + Z_{c2} - Z_{c1}}{Z + Z_{c1} + Z_{c2}} \tag{5.101}$$

对式(5.100)进行归一化，可得

$$u_1\sqrt{Z_{c1}} = \frac{Z}{\sqrt{Z_{c1}}}i_1 + u_2\sqrt{Z_{c2}}$$

即

$$u_1^+ + u_1^- = \frac{Z}{Z_{c1}}(u_1^+ - u_1^-) + u_2^- \frac{\sqrt{Z_{c2}}}{\sqrt{Z_{c1}}}$$

于是，可得

$$S_{21} = \frac{u_2^-}{u_1^+}\bigg|_{u_2^+=0} = \frac{2\sqrt{Z_{c1}Z_{c2}}}{Z + Z_{c1} + Z_{c2}} \tag{5.102}$$

由互易性知

$$S_{12} = S_{21} = \frac{2\sqrt{Z_{c1}Z_{c2}}}{Z + Z_{c1} + Z_{c2}} \tag{5.103}$$

当求 S_{22} 时，要求 $u_1^+ = 0$，仿照上述求解步骤，有

$$S_{22} = \frac{Z + Z_{c1} - Z_{c2}}{Z + Z_{c1} + Z_{c2}} \tag{5.104}$$

综上，串联阻抗两端所接传输线的特性阻抗不同时的散射矩阵为

$$[S] = \frac{1}{Z + Z_{c1} + Z_{c2}} \begin{bmatrix} Z + Z_{c2} - Z_{c1} & 2\sqrt{Z_{c1}Z_{c2}} \\ 2\sqrt{Z_{c1}Z_{c2}} & Z + Z_{c1} - Z_{c2} \end{bmatrix} \tag{5.105}$$

按照类似的方法，对于其他电路单元的网络参量，同样可从电路单元端口变量的电路方程出发，通过对电路方程进行处理，然后就可根据网络参量的定义式直接导出各种网络参量。

5.8 二端口(双端口)网络的工作特性参数

用网络分析法设计电路时，所得的电路元件一般不是最佳的，只有用网络综合法，才能得到最佳设计。而网络综合时，优化设计的依据就是工作特性参数。这些特性参数都与网络参数密切相关，因此，知道网络的结构以及网络参量后，就可以确定网络的工作特性参数。下面是几个常用的二端口(双端口)网络工作特性参数。

1. 电压传输系数 T

定义：网络输出端口接匹配负载时，输出端口参考面上反射波电压 u_2^- 与输入端口参考面上入射波电压 u_1^+ 之比，即

$$T = \frac{u_2^-}{u_1^+}\bigg|_{u_2^+=0} = S_{21} \tag{5.106}$$

对于互易网络，$S_{21} = S_{12}$，所以 $T = S_{12}$。

2. 插入相移 θ

定义：输出端口参考面上的反射波电压 u_2^- 与输入端口参考面上入射波电压 u_1^+ 的相位差，即

$$\theta = \arg\frac{b_2}{a_1} \tag{5.107}$$

3. 插入驻波比 ρ

定义：微波网络的输出端口接匹配负载时，网络输入端口的驻波比。由于此时终端反

射系数 $\Gamma_L(\Gamma_l)=0$，因此输入端反射系数 $\Gamma_{\text{in}}=S_{11}$，插入驻波比为

$$\rho = \frac{1+|S_{11}|}{1-|S_{11}|} \quad \text{或} \quad |S_{11}| = \frac{\rho-1}{\rho+1} \tag{5.108}$$

4. 网络的插入衰减 L_I 与工作衰减 L_A

1）插入衰减 L_I

插入衰减定义：网络未插入前负载吸收的功率 P_{L0} 与网络插入后负载吸收的功率 P_L 之比的分贝数，即

$$L_I = 10\lg\frac{P_{L0}}{P_L}\ \text{dB} \tag{5.109-a}$$

由于
$$P_{L0} = \frac{1}{2}\left|\frac{\overline{E_g}}{\overline{Z_L}+\overline{Z_g}}\right|^2 \cdot \frac{\overline{Z_L}+\overline{Z_L}^*}{2} = \frac{|E_g|^2}{8} \cdot \frac{|1-\Gamma_g|^2(1-|\Gamma_L|^2)}{|1-\Gamma_g\Gamma_L|^2}$$

结合具有信源与负载的二端口网络中，负载吸收的功率如下（其中 Γ_g 是信源端的反射系数）

$$P_L = \frac{1}{8}\frac{|S_{21}|^2}{|1-S_{22}\Gamma_L|^2}\frac{|1-\Gamma_g|^2(1-|\Gamma_L|^2)}{|1-\Gamma_g\Gamma_{\text{in}}|^2}|E_g|^2$$

可得

$$L_I = 10\lg\frac{|1-S_{22}\Gamma_L|^2\ |1-\Gamma_g\Gamma_{\text{in}}|^2}{|S_{21}|^2\ |1-\Gamma_g\Gamma_L|^2} \tag{5.109-b}$$

插入衰减 L_I 是衡量了网络插入前后，信源和负载之间匹配情况的改善程度。

① $L_I>0$ 时，说明网络插入后负载吸收的功率小于插入前负载吸收的功率，即网络插入后，匹配状况变坏；

② $L_I=0$ 时，说明网络插入前、后负载吸收的功率相等，匹配状况没有改善；

③ $L_I<0$ 时，说明网络插入后负载吸收的功率大于插入前负载吸收的功率，即网络插入后，匹配状况得到了改善。

要想达到最佳匹配，插入衰减 L_I 该如何取值呢？从式(5.109-b)是不能直接得知的，这是插入衰减定义的不足之处。为解决此问题，又定义了工作衰减。

2）工作衰减 L_A

工作衰减 L_A 定义为信源的资用功率 P_a 与网络输出端负载吸收的功率 P_L 之比的分贝数，即

$$L_A = 10\lg\frac{P_a}{P_L} = 10\lg\frac{|1-S_{22}\Gamma_L|^2\ |1-\Gamma_g\Gamma_{\text{in}}|^2}{|S_{21}|^2(1-|\Gamma_g|^2)(1-|\Gamma_L|^2)}\text{dB} \tag{5.110}$$

工作衰减是衡量网络插入后，信源和负载之间匹配状况的变坏程度。若无源网络插入后，负载吸收的功率仍等于信源的资用功率，则 $L_A=0$，表明网络使负载和源之间达到了最佳匹配。当负载吸收的功率 $P_L<P_a$ 时，$L_A>0$，表明网络使源和负载失配，L_A 越大，失配越严重。对于无源网络，由于负载吸收的功率总是等于或小于信源的资用功率，故工作衰减 L_A 总是正值。

结合式(5.109-b)和式(5.110)，得到工作衰减和插入衰减的关系

$$L_A = L_I + 10\lg\frac{|1-\Gamma_g\Gamma_L|^2}{(1-|\Gamma_g|^2)(1-|\Gamma_L|^2)} \tag{5.111}$$

式(5.111)表明，两种衰减之间相差一个常数。对于二端口网络的信源和负载都匹配的系统，即归一化以后的 $z_g = z_L = 1$，则由 $\Gamma_g = \Gamma_L = 0$ 可知

$$L_A = L_I = 10 \lg \frac{1}{|S_{21}|^2} \tag{5.112}$$

表明此时工作衰减等于插入衰减。对式(5.112)变换有

$$L_A = L_I = 10 \lg \frac{1}{1 - |S_{11}|^2} + 10 \lg \frac{1 - |S_{11}|^2}{|S_{21}|^2}$$

该式表明，对于信源和负载都匹配的网络系统，插入网络后引起的衰减由两部分构成：第一部分衰减是插入网络后引起的反射衰减（$\Gamma_{in} = S_{11}$）；第二部分衰减是网络的吸收衰减。若所插入的网络是无耗的，则 $|S_{21}|^2 = 1 - |S_{11}|^2$，即吸收衰减项为零，插入网络后的衰减仅由反射衰减构成。

5. 回波损耗和反射损耗

1）回波损耗 L_r

定义：入射波功率与反射波功率之比，即

$$L_r = 10 \lg \frac{P_i}{P_r} \tag{5.113}$$

结合 $P_r = |\Gamma|^2 P_i$，得到

$$L_r = 10 \lg \frac{1}{|\Gamma|^2} = -20 \lg |\Gamma| \tag{5.114}$$

无耗传输线时，

$$|\Gamma| = |\Gamma_L|$$

有耗传输线时，

$$|\Gamma| = |\Gamma_L| \mathrm{e}^{-2\alpha l}$$

二端口微波网络系统中，

$$|\Gamma| = |\Gamma_{in}| = \left| S_{11} + \frac{S_{12} S_{21} \Gamma_L}{1 - S_{22} \Gamma_L} \right|$$

负载端匹配时，

$$\Gamma_L = 0, \Gamma = \Gamma_{in} = S_{11}$$

回波损耗为

$$L_r = 10 \lg \frac{1}{|\Gamma|^2} = -20 \lg |S_{11}| \tag{5.115}$$

回波损耗越大，反射功率越小；回波损耗越小，反射功率越大。当负载和两端口网络均匹配时，回波损耗为无穷大，此时没有反射波；当全反射时，回波损耗为零，此时入射波功率被全部反射。

2）反射损耗 L_R

定义：信源匹配时匹配负载吸收的功率与不匹配时负载吸收的功率之比，即

$$L_R = 10 \lg \frac{P_L |_{z_L = z_0}}{P_L |_{z_L = z_0}} \tag{5.116}$$

因为

$$P_L\big|_{Z_L=Z_0} = \frac{|U_i|^2}{2Z_0} = \frac{1}{2}|a_1|^2, \quad P_L\big|_{Z_L\ne Z_0} = \frac{|U_i|^2}{2Z_0}(1-|\Gamma_L|^2)$$

$$= \frac{1}{2}|a_1|^2(1-|\Gamma_L|^2)$$

所以

$$L_R = 10\lg\frac{1}{1-|\Gamma_L|^2} = 10\lg\frac{(\rho+1)^2}{4\rho} \qquad (5.117)$$

反射损耗通常用于衡量负载不匹配时，导致负载吸收功率减小的程度。

[**例 5 - 4**] 求图 5.18(a)所示传输线单节四分之一波长($\lambda/4$)阻抗变换器的插入衰减的频率特性，设 $Z_L=Z_{02}$，$Z_g=Z_{01}$。

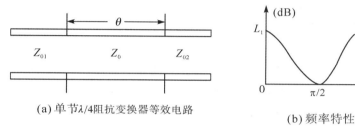

(a) 单节$\lambda/4$阻抗变换器等效电路

(b) 频率特性

图 5.18　例 5 - 4 图

解： 根据阻抗匹配的条件，实现匹配传输时，$\lambda/4$ 变换器的特性阻抗 Z_0 为

$$Z_0 = \sqrt{Z_{01}Z_{02}}$$

其插入衰减 L_I 等于工作衰减 L_A，即

$$L_I = 10\lg\frac{1}{|S_{21}|^2} = 10\lg\frac{|a_{11}+a_{12}+a_{21}+a_{22}|^2}{4}$$

插入变换段的 a 参数为

$$a = \begin{bmatrix} \sqrt{\dfrac{Z_{02}}{Z_{01}}}\cos\theta & \mathrm{j}\sin\theta \\[2mm] \mathrm{j}\sin\theta & \sqrt{\dfrac{Z_{01}}{Z_{02}}}\cos\theta \end{bmatrix}$$

令 $R=\dfrac{Z_{02}}{Z_{01}}$，则

$$a = \begin{bmatrix} \sqrt{R}\cos\theta & \mathrm{j}\sin\theta \\[2mm] \mathrm{j}\sin\theta & \sqrt{\dfrac{1}{R}}\cos\theta \end{bmatrix}$$

因此

$$L_I = 10\lg\frac{1}{4}\left[\left(\sqrt{R}+\frac{1}{\sqrt{R}}\right)^2\cos^2\theta + 4\sin^2\theta\right]$$

$$= 10\lg\left\{1+\left[\frac{1}{4}\left(\sqrt{R}+\frac{1}{\sqrt{R}}\right)^2-1\right]\cos^2\theta\right\}$$

式中，$\theta=\dfrac{2\pi}{\lambda_p}\cdot\dfrac{\lambda_{p_0}}{4}=\dfrac{\pi}{2}\cdot\dfrac{f}{f_0}$，其频率特性如图 5.18(b)所示。

5.9 微波网络的信号流图

信号流图是图论的一个分支，是 1953 年由 S. J. Mason 提出来的。它是用一个有向图来描述线性方程组变量之间的关系，因此可以不直接求解电路方程，可以从图形得到解答，从而大大简化了电路的分析。信号流图结合散射参数，是微波网络和微波测量系统的分析过程中简便而有效的方法，信号流图概念的引入，将有助于免去对散射方程的复杂运算。本节就信号流图的基本概念与流图的两种简化解法做一简单介绍，并举例说明信号流图在微波网络分析中的应用。

5.9.1 信号流图的构成

信号流图的基本构成部分是节点和支路。

（1）节点：方程组的变量，用一个节点（小圆圈或圆点）表示，微波网络的每个端口都有两个节点 a_k 和 b_k，a_k 定义为流入端口 k 的波，b_k 定义为流出端口 k 的波。

（2）支路：又称为分支，是两个节点之间的有向线段，是节点 a_k 和 b_k 之间的直接通路，表示变量之间的关系。每个支路都有相应的 S 参数或反射系数，支路上的箭头方向表示信号流图的方向；支路终点的变量等于起点的变量乘以相应支路的系数，并满足叠加原理，此系数称为支路的传输值，标注在相应支路旁，传输值为 1 时，一般略去不进行标注。

（3）节点上信号流的大小，等于该流图信号乘以它所经支线旁的系数，而与其他支线的信号流通无关。

（4）节点上流入信号的总和等于该节点的信号，而与流出的信号无关。

（5）从某一节点出发，沿着支路方向连续经过一些支路而终止于另一节点或同一节点所经过的途径称为通路或者路径；闭合的路径称为环；只有一个支路的环，称为自环。

（6）通路的传输值等于所经各支路传输值之积。

[例 5 - 5]　画出图 5.19(a)所示二端口网络的信号流图。

解： 根据散射参数的定义，写出散射方程：

$$b_1 = S_{11}a_1 + S_{12}a_2, \quad b_2 = S_{21}a_1 + S_{22}a_2$$

画出的信号流图如图 5.19(b)所示。

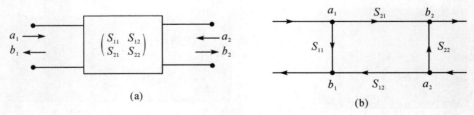

图 5.19　二端口网络及其信号流图

不写出网络的方程组，也可以根据信号在网络中的流动情况，直接画出信号流图。当微波系统较复杂时，可以把它分成若干个基本电路，分别画出基本电路的网络流图，再将它们级联起来，就可得到整个系统的信号流图，表 5.2 给出了常用简单微波网络的信号流图。

表 5.2 常用简单微波网络的信号流图

名称	简图	信号流图	备注
短截线	Z_0，θ	$a_1 \xrightarrow{\;e^{-j\theta}\;} a_2$；$b_1 \xleftarrow{\;e^{-j\theta}\;} b_2$	
信号源	V_s，Z_p，Z_0	$E_k \to a$，Γ_s，b	$E_0=\dfrac{V_s\sqrt{L_0}}{z_s+Z_0}$ $\Gamma_s=\dfrac{Z_s-Z_0}{Z_s+Z_0}$
负载	Z_p，Z_L	$a_1 \xrightarrow{1+\Gamma} b_1$，$\Gamma$，$\Gamma$，$b_2 \xrightarrow{1+\Gamma} a_2$	$\Gamma=\dfrac{Z_1-Z_0}{Z_1+Z_0}$
并联导纳	Y_0，Y，Y_0	$a_1 \xrightarrow{1+\Gamma} b_1$，$\Gamma$，$\Gamma$，$b_2 \xrightarrow{1+\Gamma}$	$\Gamma=\dfrac{-Y}{Y+2Y_0}$
串联阻抗	Z_0，Z，Z_0	$a_1 \xrightarrow{1+\Gamma} b_1$，$\Gamma$，$\Gamma$，$b_2 \xrightarrow{1+\Gamma} a_2$	$\Gamma=\dfrac{z}{Z+2Z_0}$

5.9.2 信号流图的求解方法

用信号流图形式表示一个微波网络,可以相对容易地求出所要求的波振幅比。在微波网络分析中,常需要求两个变量之间的关系,在信号流图中则表现为求两个节点信号的比值,称为求节点之间的传输。求解方法有两种:一种是流图化简法,一种是流图公式法。

1. 流图化简法

流图化简法又称为流图分解法或流图拓扑变换法。它是根据信号流图的一些拓扑变换规则,将一个复杂的信号流图简化成两个节点之间的一条支路,从而求出这两个节点之间的传输。流图化简有 4 条基本变换规则,即同向串联支路合并、同向并联支路合并、自环消除、支节分裂,化简时应遵循以下 4 条规则。

(1)同向串联支路合并规则:两节点之间如有几条首尾相接的串联支路,则可以合并

为一条支路，新支路的传输值为各串联支路传输值之积，图 5.20(a)所示为此规则的流图，其基本关系是

$$V_3 = S_{32}V_2 = S_{32}S_{21}V_1 \tag{5.118}$$

（2）同向并联支路合并规则：两节点之间如有几条同相并联支路，可合并为一条支路，新支路的传输值为各并联支路传输值的和，图 5.20(b)所示为此规则的流图，其基本关系是

$$V_2 = S_aV_1 + S_bV_1 = (S_a + S_b)V_1 \tag{5.119}$$

（3）自环消除规则：假设在某节点有传输为 S 的自环，则可将所有流入该节点的支路的传输值都除以 $1-S$，而流出支路的传输值不变，即可消除自环，图 5.20(c)所示为此规则的流图，其基本关系是

$$V_2 = S_{21}V_1 + S_{22}V_2, \ V_3 = S_{32}V_2 \tag{5.120 - a}$$

消除 V_2，则

$$V_3 = \frac{S_{32}S_{21}}{1-S_{22}}V_1 \tag{5.120 - b}$$

（4）支节分裂规则：一个节点可以分裂成两个或者几个节点，只要分裂后的图形仍保持原来节点上的信号流通情况即可。如果在此节点上有自环，则分裂后的每一个节点都应该保持原有的自环，图 5.20(d)所示为此规则的流图，其基本关系是

$$V_4 = S_{42}V_2 = S_{21}S_{42}V_1 \tag{5.121}$$

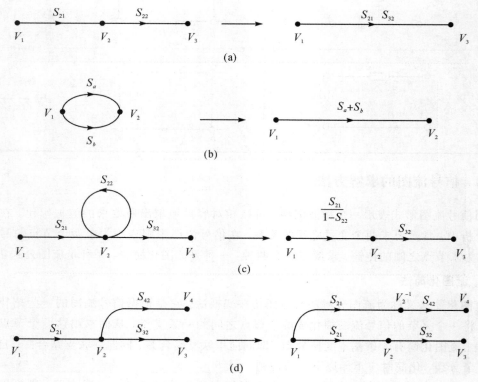

图 5.20　流图简化规则

〔**例 5 - 6**〕　用化简法求图 5.21(a)接任意源和负载的二端口网络的输入端反射系数 Γ_{in}。

解：由于 $\Gamma_{\text{in}} = b_1 / a_1$，应用上述流图化简规则，如图 5.21(b)～图 5.21(e)所示，最后得

$$\Gamma_{\text{in}} = \frac{b_1}{a_1} = S_{11} + \frac{S_{12} S_{21} \Gamma_{\text{L}}}{1 - S_{22} \Gamma_{\text{L}}} 。$$

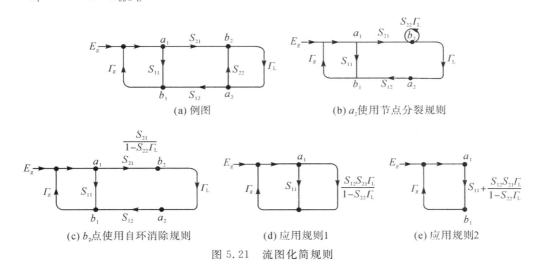

(a) 例图　　　　　　　　　　(b) a_2 使用节点分裂规则

(c) b_2 点使用自环消除规则　　　(d) 应用规则1　　　(e) 应用规则2

图 5.21　流图化简规则

2. 流图公式法

流图公式法称为梅森不接触环法则，简称梅森公式，根据梅森公式，可以直接求出流图中任意两节点之间的传输值。求流图中节点 j 至节点 k 的传输值 T_{jk} 的梅森公式为

$$T_{jk} = \frac{a_k}{a_j} = \frac{\sum_{i=1}^{n} P_i \Delta_i}{\Delta} \tag{5.122}$$

式中，a_k 是节点 k 的值，a_j 是节点 j 的值，P_i 是节点 j 到节点 k 的第 i 条通路的传输值。

$$\Delta_i = 1 - \sum L_{1i} + \sum L_{2i} - \sum L_{3i} + \cdots$$

$$\Delta_i = 1 - \sum L_1 + \sum L_2 - \sum L_3 + \cdots$$

这里，$\sum L_1$ 为所有一阶环传输值之和（一阶环就是一条由一系列首尾相接的定向线段按一定方向传输的闭合通路，而且其中没有一个节点接触一次以上，其传输值等于各线段传输值之积）；$\sum L_2$ 为所有二阶环传输值之和（任何两个互不接触的一阶环就构成一个二阶环，其传输值等于两个一阶环传输值之积）；$\sum L_3$ 为所有三阶环传输值之和（任何三个互不接触的一阶环就构成一个三阶环，其传输值等于三个一阶环传输值之积）；更高阶环的情况以此类推。$\sum L_{1i}$ 为所有不与第 i 条通路相接触的一阶环传输值之和；$\sum L_{2i}$ 为所有不与第 i 条通路相接触的二阶环传输值之和；$\sum L_{3i}$ 为所有不与第 i 条通路相接触的三阶环传输值之和；以此类推。

[例 5 - 7]　用梅森公式重做例 5 - 6。

解：用梅森公式求 Γ_{in} 时，所求节点 a_1 和 b_1 左边的电路部分无须考虑，由图 5.21(a)可知，从节点 a_1 到节点 b_1 有两条通路：$P_1 = S_{11}$，$P_2 = S_{21}\Gamma_L S_{12}$。一个一阶环：$\sum L_1 = \Gamma_L S_{22}$；无二阶环和高阶环。所有一阶环不与 P_1 相接触的传输值之和是 $\sum L_{11} = \Gamma_L S_{22}$，不与 P_2 相接触的所有一阶环的传输值之和 $\sum L_{12} = 0$，代入梅森公式：

$$\sum_{i=1}^{2} P_i \Delta_i = P_1 \Delta_1 + P_2 \Delta_2 = S_{11}(1 - \Gamma_L S_{22}) + S_{21}\Gamma_L S_{12}, \quad \Delta = 1 - \Gamma_L S_{22}$$

$$\Gamma_{in} = \frac{b_1}{a_1} = \frac{\sum_{i=1}^{2} P_i \Delta_i}{\Delta} = \frac{S_{11}(1 - S_{22}\Gamma_L) + S_{12}S_{21}\Gamma_L}{1 - S_{22}\Gamma_L} = S_{11} + \frac{S_{12}S_{21}\Gamma_L}{1 - S_{22}\Gamma_L}$$

与前面的化简方法结果一致。

习　题

5 - 1　波导等效为双线的等效条件是什么？为什么要引入归一化阻抗的概念？

5 - 2　归一化电压和归一化电流的定义是什么？二者的量纲是否相同？

5 - 3　将微波元件等效为微波网络进行分析有何优点？

5 - 4　题图 5 - 1 中、T_1、T_2 是网络参考面，求这两个参考面确定的微波网络的转移参量矩阵。

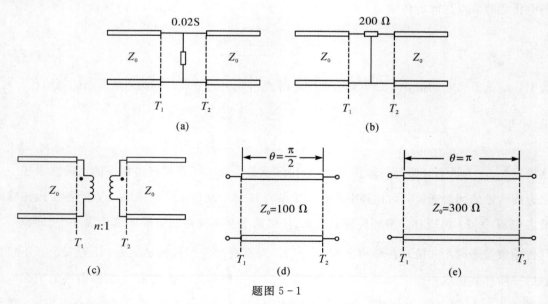

题图 5 - 1

5 - 5　求题图 5 - 2 中参考面 T_1、T_2 所确定的网络的 $[S]$ 矩阵。

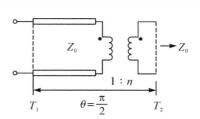 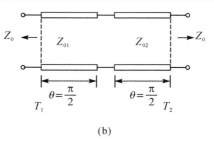

(a)　　　　　　　　　　　　　　　(b)

题图 5 - 2

5 - 6　已知互易无耗二端口网络的转移参量 $a=d=1+XB$，$c=2B+XB^2$（式中，X 为电抗，B 为电纳），证明转移参量 $b=X$。

5 - 7　求题图 5 - 3 所示参考面 T_1、T_2 所确定的网络的归一化转移参量、归一化阻抗参量矩阵。

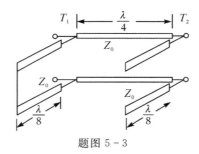

题图 5 - 3

5 - 8　证明：N 端口网络的散射矩阵 $[S]$ 与未归一化阻抗矩阵 $[Z]$ 之间的关系为式如下：

$$[S] = [\sqrt{Y_c}]([Z]-[Z_c])([Z]+[Z_c])^{-1}[\sqrt{Z_c}]$$

$$[Z] = [\sqrt{Z_c}]([I]+[S])([I]-[S])^{-1}[\sqrt{Z_c}]$$

5 - 9　已知二端口网络的转移参量 $A_{11}=A_{22}=1$、$A_{12}=jZ_0$、$A_{21}=0$，网络外接传输线特性阻抗为 Z_0，求网络插入驻波比（驻波系数）。

5 - 10　如题图 5 - 4 所示，参考面 T_1、T_2 所确定的二端口网络的散射参量为 S_{11}、S_{12}、S_{21} 和 S_{22}，网络输入端传输线上波的相移常数为 β。若参考面 T_1 外移距离 l_1 至 T_1' 处，求参考面 T_1' 和 T_2 所确定的网络的散射参量矩阵 $[S']$。

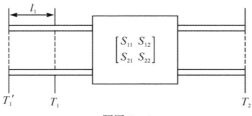

题图 5 - 4

5 - 11　已知二端口网络的散射矩阵为 $[S] = \begin{bmatrix} 0.2e^{j3\pi/2} & 0.98e^{j\pi} \\ 0.98e^{j\pi} & 0.2e^{j3\pi/2} \end{bmatrix}$，求二端口网络在输入、输出端口参考面接匹配波源和匹配负载情况下的相移 θ、插入衰减 L_I、电压传输系数 T

及输入驻波比 ρ。

5-12 如题图 5-5 所示，一对称、无耗、互易二端口网络的参考面 T_2 处接匹配负载，测得距参考面 T_1 的距离为 $0.125\lambda_g$ 处是电压波节点，驻波比为 1.5。求该二端口网络的散射矩阵。

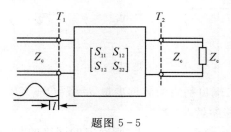

题图 5-5

5-13 如题图 5-6 所示，在互易二端口网络参考面 T_2 处接负载导纳 Y_L，证明参考面 T_1 处的输入导纳为

$$Y_{in} = Y_{11} - \frac{Y_{12}^2}{Y_{22} + Y_L}$$

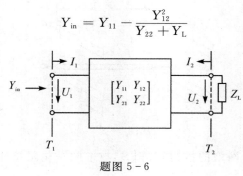

题图 5-6

第 6 章

微波元件

微波系统是由多个起不同作用的微波元器件组成的，如图 6.1 所示是一个雷达高频系统。为了完成雷达信号导波的发射、接收、传输等，该系统除了有规则的传输系统外，还要有各种所需的微波元器件及其他装置。

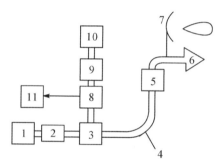

1—发射机；2—隔离器；3—天线收发开关；4—馈电传输系统；
5—旋转关节；6—照射器；7—反射器；8—混频器；9—可变衰减器；
10—本地振荡器；11—前置中频放大器。

图 6.1　雷达高频系统

低频电路中的电阻、电容和电感等基本元件都属于集总参数元件。但在微波波段，这类元件寄生参数的影响不能再忽略，它们会改变原集总参数元件的性质。因此在微波波段，必须使用与集总参数元件完全不同的元件，这些元件是基于传输线的分布参数性质而制成的。

微波元器件的种类有很多，按线性和非线性可分为线性元件和非线性器件；按传输系统可分为波导型、同轴型、微带型等；按作用不同可分为匹配元件、终端元件、衰减元件等。在本章中，仅介绍一些常用元件，并着重定性分析元件的工作原理与基本特性。

6.1　阻抗匹配和变换元件

在微波系统中，当负载阻抗不等于传输线的特性阻抗时，就会引起反射，可采用阻抗匹配元件消除反射。匹配的本质是人为在负载阻抗附近产生一个新的反射波，若该波恰好和负载引起的反射波等幅反相，就达到匹配传输的目的，从而确保传输线工作在行波状态。

在微波电路中，常用的匹配方法包含两类：第一类是阻抗变换法，采用 $\lambda/4$ 阻抗变换器或渐变线阻抗变换器，使不匹配的负载或两段特性阻抗不同的传输线实现匹配连接；第二类是电抗补偿法，在传输线的某些位置加入如纯电抗的膜片、短路调配器等不耗能的匹配元件，使这些电抗性负载产生的反射与负载产生的反射相互抵消，从而实现匹配传输。这些电抗负载不消耗能量，因此传输效率较高。

1. 电抗补偿法

1）波导中的膜片与销钉

波导中的膜片包括电容膜片和电感膜片。由于电容膜片的功率容量小，因此实际电路中多用电感膜片。实际应用时，利用史密斯圆图将归一化的负载阻抗等效到 $G=1$ 圆上的 $1+B$ 点，可确定出电感膜片电纳值和响应的接入位置，再求出膜片的尺寸，可通过实验确定最终的尺寸与接入位置。

波导中销钉的作用原理与膜片相同，在计算膜片和销钉尺寸的公式中，所用的特性导纳与相波长一定要用 TE_{10} 模波导的相应值。

2）螺钉调配器

当销钉、膜片的尺寸确定后，只能作为一个固定电抗元件使用。而位于波导宽壁中间的螺钉则有所不同，因为其电抗是根据螺钉进入波导的深度（h）而变化的，图 6.2 是波导可调螺钉及其等效电路。

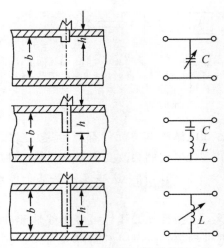

图 6.2　波导可调螺钉及其等效电路

当螺钉插入波导中时，螺钉附近高次模的电场较为集中，宽壁上的轴向电流也进入螺钉，产生附加磁场。插入深度 h 较小时，后者的影响较小，总的作用等效为电容；随着深度增大，高次模的电能、磁能发生相对变化，当 $h=\lambda/4$ 时，电能和磁能相等，此时螺钉等效为一个串联谐振电路；随着深度继续增大，附加磁场的影响起主要作用，螺钉此时等效为一个电感。通常使用的螺钉调配器，由于螺钉插入的深度都较小，因此等效为电容。由于螺钉是作为可调电抗元件使用的，因此其电纳值多是在实际电路中调整得到，无须用公式计算。单螺钉调配器的调配原理与长线理论中的单支节匹配电路的原理相同。微波传输线中采用单支节实现匹配，因为支节的位置在传输线上是可以随要求而改变的。但是，波导的单螺钉调配器在波导中的位置一般是不能随意改变的，因此用单螺钉调配器很难实现系统匹配。波导系统中多采用双螺钉调配器、三螺钉调配器或四螺钉调配器，在同轴系统中也多用双分支、三分支或四分支调配器，相邻分支或螺钉间的距离通常是 $\lambda_\mathrm{p}/4$、$\lambda_\mathrm{p}/8$ 或者 $3\lambda_\mathrm{p}/8$，但不能是 $\lambda_\mathrm{p}/2$。

同轴并联双支节调配器和双螺钉调配器，都可用图 6.3 所示的等效电路来表示，区别是螺钉只能提供容性电纳，而双支节调配器还可以提供感性电纳。

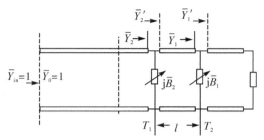

图 6.3　同轴双分支调配器的等效电路

2. $\lambda/4$ 阻抗变换器

根据第 3 章的内容可知，传输线段具有"阻抗变换"作用。四分之一波长传输线就是一个阻抗变换器。由一段长为 $\lambda/4$ 的传输线段组成的阻抗变换器称为单节阻抗变换器。由于其结构简单，工作频带太窄，因此采用多节阻抗变换器可以展宽工作频带。

1）多节变换器理论

如图 6.4 所示为多节阻抗变换器。

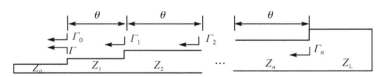

图 6.4　多节阻抗变换器的局部反射系数

多节阻抗变换器是将单节变换器的较大阻抗突变分散成多个较小的突变，通过合理设计突变的尺寸和长度，在特定频段范围内使其产生的反射互相抵消。多节变换器的总反射系数表示为 $\Gamma(\theta) = \displaystyle\sum_{i=0}^{n} \Gamma_i \mathrm{e}^{-2i*j\theta}$，其中，

$$\Gamma_0 = \frac{Z_1 - Z_0}{Z_1 + Z_0}, \ \Gamma_i = \frac{Z_{i+1} - Z_i}{Z_{i+1} + Z_i}, \ \Gamma_n = \frac{Z_\mathrm{L} - Z_n}{Z_\mathrm{L} + Z_n}$$

将该变换器设计成对称形式，若 n 为奇数，则

$$\Gamma(\theta) = 2\mathrm{e}^{-jn\theta}\left[\Gamma_0 \cos n\theta + \Gamma_1 \cos(n-2)\theta + \cdots + \Gamma_{(n-1)/2}\cos\theta\right]$$

若 n 为偶数，则

$$\Gamma(\theta) = 2\mathrm{e}^{-jn\theta}\left[\Gamma_0 \cos n\theta + \Gamma_1 \cos(n-2)\theta + \cdots + \frac{1}{2}\Gamma_{n/2}\right]$$

设计多节阻抗匹配器时，在给定输入阻抗、输出阻抗、工作带宽、最大反射系数时，选择合适的多项式函数，令其等于上式，确定选择阶数及计算各阶长度和各阶的等效特性阻抗。多项式多选用切比雪夫多项式，其特点为带宽内响应等波纹。

2) 切比雪夫阻抗变换器

n 阶切比雪夫多项式是递推多项式，设计切比雪夫阻抗变换器时，需改写成下面的形式

$$T_1(\sec\theta_m\cos\theta) = \sec\theta_m\cos\theta$$

$$T_2(\sec\theta_m\cos\theta) = \sec^2\theta_m(1+\cos2\theta) - 1$$

$$T_3(\sec\theta_m\cos\theta) = \sec^3\theta_m(\cos3\theta + 3\cos\theta) - 3\sec\theta_m\cos\theta$$

$$T_4(\sec\theta_m\cos\theta) = \sec^4\theta_m(\cos4\theta + \cos2\theta + 3) - 4\sec^2\theta_m(\cos2\theta + 1) + 1$$

$$T_n(\sec\theta_m\cos\theta) = 2\sec\theta_m\cos\theta T_{n-1}(\sec\theta_m\cos\theta) - T_{n-2}(\sec\theta_m\cos\theta)$$

其中，θ_m 由下式决定

$$T_n(\sec\theta_m) = \frac{1}{\Gamma_m}\left|\frac{Z_L - Z_0}{Z_L + Z_0}\right| \approx \frac{1}{2\Gamma_m}\left|\ln\frac{Z_L}{Z_0}\right|$$

6.2 定向耦合器与功率分配器

定向耦合元件是微波系统中应用最广泛的元件，可用作衰减器、功率分配器，还可用于监测功率、频率，测量馈线系统和元件的反射系数、插入衰减等，该元件具有定向传输性能，一般为四端口，一个端口输入功率时，可实现功率按照比例和相位从某两个端口输出，而另一个端口则无功率输出。因此，要用多端口网络理论进行分析。

6.2.1 定向耦合器

1. 定向耦合器的分类

定向耦合器的种类和形式较多，结构差异也较大，工作原理也不尽相同，可以从不同角度对其进行分类。按传输线的类型可分为同轴线型、波导型、带状线型与微带线型等；按耦合方式不同可分为平行线耦合、分支线耦合、小孔耦合等；按耦合输出的相位可分为 90°定向耦合器、180°定向耦合器等。图 6.5 是几种常见的定向耦合器及桥路元件。

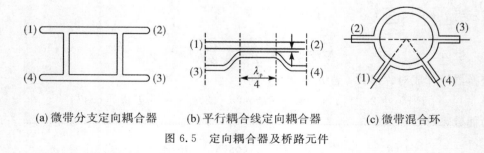

(a) 微带分支定向耦合器   (b) 平行耦合线定向耦合器   (c) 微带混合环

图 6.5 定向耦合器及桥路元件

2. 定向耦合器的技术指标

定向是指信号的输出口是指定的，理论上不会从其他端口输出。按照耦合端与输入端、直通端的相对位置关系，定向耦合器可以分为三种：同向定向耦合器、反向定向耦合器和

双向定向耦合器。其［S］矩阵虽然不相同，但是均为四端口无耗可逆矩阵，具有相同的性质。

如图 6.6(a)所示，端口 1 为输入端，端口 2 为直通端，是信号直接输出的端口，端口 3 为耦合端，是信号耦合输出的端口，端口 4 是隔离端，理想情况下输出功率为零。下面几个技术指标是在各端口都接匹配负载的情况下定义的。

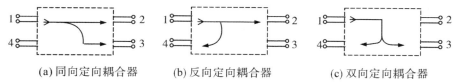

(a) 同向定向耦合器   (b) 反向定向耦合器   (c) 双向定向耦合器

图 6.6 定向耦合器的工作示意图

（1）隔离度 I：定义为输入端的输入功率 P_1 与隔离端的输出功率 P_4 之比的分贝数，表示为

$$I = 10\lg\left(\frac{P_1}{P_4}\right)$$

（2）方向性 D：定义为耦合端的输出功率 P_3 和隔离端的输出功率 P_4 之比的分贝数，表示为

$$D = 10\lg\left(\frac{P_3}{P_4}\right) = 20\lg|S_{34}|$$

（3）耦合度 C：定义为输入端的输入功率 P_1 与耦合端的输出功率 P_3 比值的分贝数，表示为

$$C = 10\lg\left(\frac{P_1}{P_3}\right) = -20\lg|S_{31}|$$

上述三个指标之间的关系：

$$D = 10\lg\left(\frac{P_1}{P_4}\frac{P_3}{P_1}\right) = 10\lg\left(\frac{P_3}{P_1}\right) + 10\lg\left(\frac{P_1}{P_4}\right) = I - C$$

这三个指标中，D 和 I 都是描述定向耦合器定向性能的量，但实际上更多使用方向性 D，而较少使用 I。方向性越高越好，理想情况下 $P_4 = 0$，$D = \infty$。其他技术指标包括带宽、驻波比、插入损耗等，与其他器件类似。

6.2.2 功率分配器

在实际应用中，有时需要将信号源的功率分别馈送给若干个分支电路（负载），例如，将发射机的功率分别馈送给天线的很多个辐射单元，此时就需要功率分配器。功率分配器的主要指标包括分配损耗、插入损耗、隔离度等，其他指标包括端口驻波比、带宽等，与其他器件类似。

（1）分配损耗：主路到支路的分配损耗与功率分配器的功率分配比有关。

$$L_A = 10\lg\left(\frac{P_{\text{in}}}{P_{\text{out}}}\right)$$

（2）插入损耗：由于传输线的介质或导体不理想、端口回波不理想等因素带来的附加损耗称为插入损耗。

$$L_I = L - L_A$$

（3）隔离度：衡量支路端口信号相互影响的程度。

$$I_{ij} = 10\lg\left(\frac{P_{\text{in}i}}{P_{\text{in}j}}\right)$$

1. 同轴线型功率分配器

同轴线型功率分配器由一个分支结（T型结或十字结）和一段多节或单节 $\lambda/4$ 阻抗变换器组成，如图 6.7 所示。

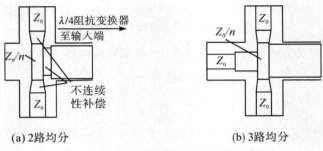

(a) 2路均分   (b) 3路均分

图 6.7 同轴线型功率分配器结构示意图

设输入阻抗、输出阻抗均为 Z_0，分 n 路输出，则分支结处的输入阻抗应为 Z_0/n，$\lambda/4$ 阻抗变换器应完成阻抗从 Z_0 到 Z_0/n 的变换，这样才能实现带宽内的最大驻波比要求。由于分支结处存在的不连续性，因此在此处一般要进行补偿，通常通过软件仿真确定补偿位置与方法。

同轴线型功率分配器本身没有隔离度，只能做到输入端口匹配，输出支路均处于强失配状态，因此仅可用作功率分配使用而不能用于功率合成。

一般单个分支节在实际中最多为 4 个，否则不易实现。更多路功率分配则可以通过多个分支节级联实现。图 6.8 给出了直接均分 4 路输出与两次均分 4 路的模型图。

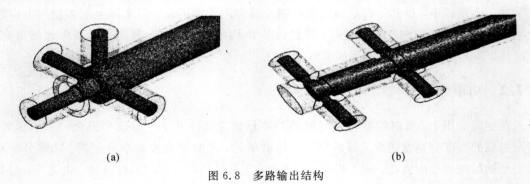

(a)   (b)

图 6.8 多路输出结构

2. 威尔金森功率分配器

威尔金森功率分配器的基本结构也是同轴线结构，采用隔离电阻以保证其具有输出隔离的性能。同轴结构的威尔金森功率分配器，其缺点是加工难度大，不易实现宽频，因此后来只在微带和带状线结构上得到了广泛应用和发展。

图 6.9 是等分威尔金森功率分配器结构示意图，输入线Ⅰ和输出线Ⅱ、Ⅲ的特性阻抗均为 Z_0，从分支结处向两条输出线看进去的输入阻抗为 $2Z_0$，为完成带宽内的匹配，自分支结处与输出线间采用 $\dfrac{\lambda_g}{4}$ 阻抗变换器实现阻抗变换。

当Ⅱ、Ⅲ端口都接匹配负载时，可以从输入端获得等分的功率，信号从Ⅰ端口输入，Ⅱ、Ⅲ端口等电位，R 上没有电流流过。若Ⅱ、Ⅲ端口有一个不匹配，则会有反射波存在，该反射波可能从Ⅲ端口进入。当接有 R 时，反射波进入Ⅲ端口的路径有两条，一条路径直接通过 R；另一条路径通过微带线 CO、OD。两条路径的反射波在Ⅲ端口进行叠加且相位差为 $180°$。适当选择 R 的值，可以使两路信号的振幅在Ⅲ端口相等，从而进行抵消，实现Ⅱ、Ⅲ端口之间的隔离，因此 R 被称为隔离电阻。

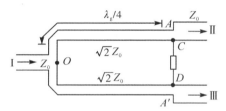

图 6.9　威尔金森功率分配器结构示意图

6.3　微波谐振器

微波谐振器作为微波系统中最基本的元件之一，广泛应用于振荡器、放大器、滤波器、频率计等器件中。微波谐振器和电路理论中的 LC 集总参数谐振电路类似，在微波电路中承担着储能、选频的作用。微波谐振器既可由 TEM 波和非 TEM 波传输线构成，也可由非传输线的特殊腔体构成。无论是何种结构的谐振器，在进行理论分析时，都要从电磁场方程出发，求解其满足特定边界条件的场方程，所以场论是分析微波谐振器的基本理论。但对于单模工作的传输线型谐振器，用分布参数的等效电路理论进行研究更为方便，本节主要从基本特性的角度分析微波谐振器，对其场的分析不作介绍。

1. 微波谐振器的一般概念

LC 谐振电路中，当激励源的信号频率与电路的谐振频率 f_0 相同时，就会发生谐振。源的能量存储在电容电路中，磁场能量集中在电感线圈中，电场能量集中在电容中，如图 6.10(a)所示。这时若从谐振电路耦合输出，则输出信号的频率就是谐振频率，在微波波段同样需要这样的储能和选频元件，但在微波频率下，集总参数的 LC 谐振电路已失去作用，因此必须用分布参数的电路来实现。微波波段，一段理想的短路线或开路线，沿线的电磁场是驻波分布。若在距终端短路(或开路)面半波长整数倍处再加一理想短路(或开路)面，其内部的场仍满足驻波分布，如图 6.10(b)所示的同轴谐振器(也称同轴谐振腔)电路。在此谐振器内，电能与磁能随时间变化不停互换，其能量转换关系与 LC 谐振电路一致。不同的是，由于传输线上分布参数的作用，电能和磁能分布在整个结构中，不能截然分开，因此在微波波段，一段短路线或者开路线起的作用与 LC 谐振电路是一样的，这样的结构称为微波传输线型谐振器，若是由波导或同轴传输线构成，则称其为谐振腔。

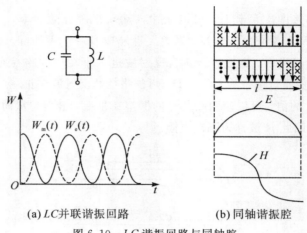

(a) LC 并联谐振回路 　　　　　　(b) 同轴谐振腔

图 6.10　LC 谐振回路与同轴腔

2. 微波谐振器的特性参数

与集总性质的 LC 谐振电路不同，分布参数系统的微波谐振器的特性参数包括谐振波长、品质因数和等效电导。

1) 谐振波长

对于微波传输线型谐振器(见图 6.11)，工作波长

$$\lambda_0 = \frac{1}{\sqrt{\left(\dfrac{p}{2l}\right)^2 + \dfrac{1}{\lambda_c^2}}}$$

其中，$\beta l = p\pi (p = 1, 2, 3, \cdots)$。谐振波长就是工作波长 λ_0。当谐振器内部介质是空气时，$\lambda_0 = c/f$，并且谐振波长与谐振器的尺寸、传输模式有关。

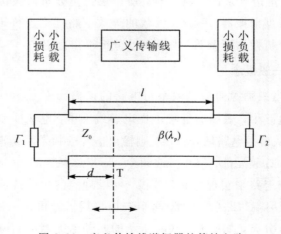

图 6.11　广义传输线谐振器的等效电路

注：图中，$\Gamma_1 = |\Gamma_1| \mathrm{e}^{\mathrm{j}\varphi_1}$，$\Gamma_2 = |\Gamma_2| \mathrm{e}^{\mathrm{j}\varphi_2}$

TEM 谐振器中，同一谐振器可以包含多个谐振波长，而同一个工作波长，可对应多个谐振器的结构尺寸。因此 TEM 模谐振器是一个单模多谐系统。矩形波导模谐振器（谐振腔）的工作波长为

$$\lambda_0 = \frac{2}{\sqrt{\left(\dfrac{m}{a}\right)^2 + \left(\dfrac{n}{b}\right)^2 + \left(\dfrac{p}{l}\right)^2}}$$

当谐振器（腔）的结构尺寸固定时，每一组 m、n、p 可确定一个谐振波长，对应一种场型分布，称为谐振模式。因此每一个谐振器，理论上可以有无数个谐振模式和谐振波长。非 TEM 波传输线型谐振器是一种多模多谐系统。

2）品质因数

与集总参数谐振回路相同，微波分布参数电路谐振器品质因数的定义如下：

$$Q = 2\pi \frac{\text{谐振器内的储能}}{\text{谐振器在一个周期内的耗能}} = \omega_0 \frac{W}{P_l}$$

谐振器的损耗功率 P_l 由两部分组成，一部分是谐振器内部自身的损耗功率，用 P_{l0} 表示，另外一部分是谐振器外部负载损耗的功率，用 P_{le} 表示。由 P_{l0} 确定的品质因数称为固有品质因数或无载品质因数：

$$P_{l0} = \frac{R_s}{2} \oiint_S |H_\tau|^2 \mathrm{d}S$$

$$Q_0 = \omega_0 \frac{W}{P_{l0}} = \frac{\omega_0 \mu}{R_s} \frac{\int_V |H|^2 \mathrm{d}V}{\oiint_S |H_\tau|^2 \mathrm{d}S} = \frac{2}{\delta} \frac{\int_V |H|^2 \mathrm{d}V}{\oiint_S |H_\tau|^2 \mathrm{d}S}$$

R_s 为表面电阻，由于导体表面的切向磁场，总是大于导体腔内部的磁场，所以可近似认为 $|H|^2 \approx \dfrac{1}{2}|H_\tau|^2$，这样可得到一个估算谐振器（腔）固有品质因数 Q 的近似公式

$$Q_0 \approx \frac{1}{\delta} \frac{V}{S}$$

对于一个实际的谐振器，损耗功率 $P_l = P_{l0} + P_{le}$，其品质因数称为有载品质因数，表示为

$$Q_l = \omega_0 \frac{W}{P_{l0} + P_{le}}$$

3）等效电导

等效电导 G 定义为

$$G = \frac{2P_l}{|U|^2}$$

其中，G 表示谐振器功率损耗的大小，U 为广义传输线的模式电压。由于模式电压的不唯一，因此 G 也不是唯一值。

3. 等效条件

任何一个单模微波谐振器都可看成一个单端口网络。由网络理论可知,在某个点频上,任何单端口网络都可用集总参数的 R(或 G)LC 串(或并)联电路来等效。但要使这种等效不局限在某一点频上,就需要增加一些等效条件。

图 6.12 是 RLC 串联谐振电路与 GLC 并联谐振电路的示意图。

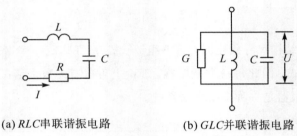

(a) RLC串联谐振电路   (b) GLC并联谐振电路

图 6.12   串联谐振电路与并联谐振电路

串联谐振电路的频率特性是:

① 在谐振频率 ω_0 附近,电阻 R 不随频率变化,是个常数。

② 在 $\omega=\omega_0$ 时,电抗 X 等于零。

③ 在 ω_0 附近,电抗斜率是个常数,并且大于零。

当微波谐振器在谐振频率点附近满足上述条件时,就可以等效为一个 RLC 串联谐振电路。电路中元件 L、C 的值可由电抗斜率参数确定。

并联谐振电路有如下频率特性:

① 在 ω_0 附近,电导 G 不随频率变化,是一个常数。

② 在 $\omega=\omega_0$ 时,电纳 B 等于零。

③ 在 ω_0 附近,电纳斜率是个常数,并且大于零。

如果微波谐振器在谐振频率点附近具有上述频率特性,就可以等效为一个 GLC 的并联谐振电路。电路中元件 L、C 的取值可由电纳斜率参数确定。

因此,等效的条件就是看微波谐振器在谐振频率点附近对外呈现的频率特性,与一个集总参数谐振电路对外呈现的频率特性是否完全相同。若相同,就可以彼此相互等效。

6.4   微波滤波器

在射频/微波技术中,特别是在多频率工作的各种微波系统中,微波滤波器是一种十分重要的微波元件。微波滤波器的种类很多,按衰减特性分,可分为低通滤波器、高通滤波器、带通滤波器和带阻滤波器;按频率特性响应分,有最平坦式滤波器、切比雪夫式滤波器、椭圆函数式滤波器;按其所用的传输系统分,有波导型滤波器、同轴型滤波器、微带型滤波器等。

构成低频滤波器的集总元件 L、C 不适合在微波频段使用,故微波滤波器在结构上与低频滤波器完全不一样,虽然集总元件滤波器也有工作在 $1 \sim 12$ GHz 频段的,但是,由于制作工艺要求高、损耗大且 Q 值低,因此目前大量应用的仍是分布参数元件。

1．高通滤波器

高通滤波器的结构通常用同轴短截线来实现并联电感，用垫有聚四氟乙稀的内导体圆盘实现串联电容，从而构成梯形高通滤波器。图 6.13 是高通滤波器的内部结构和等效电路。

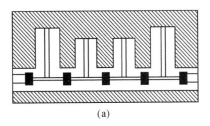 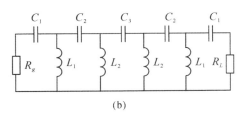

图 6.13　高通滤波器的内部结构和等效电路

2．低通滤波器

由于低阻抗传输线可实现并联电容，高阻抗传输线可实现串联电感，因此在微波频段，低通滤波器的典型结构是由高阻抗传输线与低阻抗传输线交替级联组成的糖葫芦式滤波器。通过调整高阻抗值、低阻抗值和长度，可以设计出性能良好、结构简单的低通滤波器。典型的 15 阶同轴结构低通滤波器的内部结构、等效电路，如图 6.14 所示。

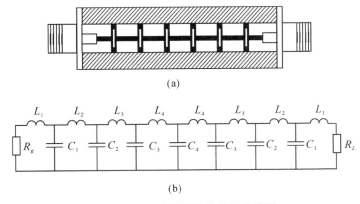

图 6.14　15 阶同轴结构低通滤波器

3．带通滤波器

带通滤波器是应用最广泛的滤波器，根据带通的相对带宽不同，可分为窄带带通滤波器和宽带带通滤波器。窄带带通滤波器是相对带宽小于 20％的滤波器，而相对带宽大于 40％时，称为宽带带通滤波器。带通滤波器的实现结构很多，其基本原理都可以归结为耦合腔的级联（串联或并联）。如图 6.15(a) 所示，如果一个并联谐振的 LC 谐振器并联在电路中，则谐振频率是可以通过的，失谐的频率将会被阻止；如果有多个谐振在不同频率上的并联谐振回路级联在电路中，且谐振频率相差不大，则前一个回路里的能量会被耦合到后一个回路里。耦合方式可以是电感耦合，或者是电容耦合，于是会有一定范围的频率可以通过，这样就构成了带通滤波器，其原理图如图 6.15(b)所示。

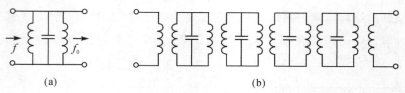

(a)   (b)

图 6.15   带通滤波器工作原理

4. 带阻滤波器

带阻滤波器的 LC 原型电路如图 6.16 所示。该滤波器可对某些特殊频率进行衰减，其并联谐振器可用串联谐振器按图 6.17 的方法得到。

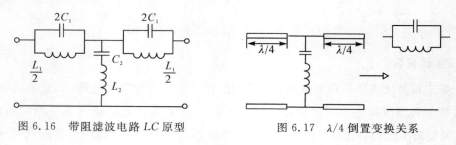

图 6.16   带阻滤波电路 LC 原型   图 6.17 $\lambda/4$ 倒置变换关系

习   题

6-1   平行耦合带状线定向耦合器耦合度为 13 dB 时，写出其散射参量矩阵 $[S]$。

6-2   两只相同的平行耦合线定向耦合器串接后耦合度 $C=5$ dB，求每只定向耦合器的耦合度为多大？耦合系数为多大？

6-3   标准 3 cm 矩形波导 $a\times b=22.86\times10.16$ mm²，现将此波导（填充媒质是空气）通过四分之一波长变换器与一等效阻抗为 100 Ω 的矩形波导相连接（它们的尺寸 a 相同），求 $\lambda=3.2$ cm 时，变换器的尺寸 b' 为多少。

6-4   填充介质为空气的矩形波导与一段填充相对介电常数为 $\varepsilon_r=2.56$ 的电介质的矩形波导，借助一段四分之一波长变换器进行匹配，如题图 6-1 所示，求匹配段介质的相对介电常数 ε_r' 及变换器长度 l。已知：$a=2.5$ cm，$f=10000$ MHz。

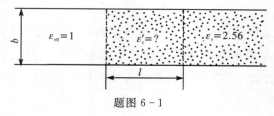

题图 6-1

6-5   平行耦合带状线定向耦合器的特性阻抗 $Z_0=50$ Ω、耦合度 $C=10$ dB，求其耦合线的奇、偶模特性阻抗值。

6-6   微波谐振器（腔）与集总参数谐振回路相比，有哪些特点？

6-7　一段同轴线，两端都接感抗 X_L，若等效为一个两端短路的 $\lambda/2$ 型同轴谐振腔，此段同轴线的长度如何确定？

6-8　谐振腔的品质因数 Q 如何定义？什么是固有品质因数？什么是有载品质因数？

6-9　有一 $\lambda/4$ 同轴谐振腔，腔内介质为空气，特性阻抗为 100 Ω，开路端的杂散电容为 1.5 pF，采用短路活塞调谐，当调到 $l=0.22\lambda_0$ 时谐振，求谐振频率 f_0。

6-10　画出题图 6-2 中滤波器简图的等效电路，并判断它为何种滤波器。

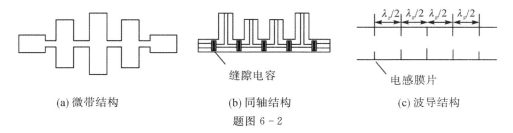

(a) 微带结构　　　　　　(b) 同轴结构　　　　　　(c) 波导结构

题图 6-2

第 7 章

天 线 理 论

通信系统可分为两大类：一类利用各种传输线传递信息，例如，有线电话、局域网等，称为有线通信系统；另一类则利用无线电波传递信息，例如，电视信号、卫星通信、雷达、导航等，称为无线通信系统。而无线电波的发射与接收，则要依靠天线来完成，如图 7.1 和图 7.2 所示。发射机回路的高频振荡能量经过馈线送到发射天线，发射天线将高频电流（或导波）能量变成电磁波能量，向规定的方向发射出去；在接收端，接收天线的作用是将来自一定方向的无线电波能量还原为高频电流（或导波）能量，经过馈线送入接收机的输入回路。由此可见，天线是无线电波的出口和入口，完成高频电流（或导波）能量和电磁波能量之间的变换，是无线电通信系统中不可缺少的重要设备。

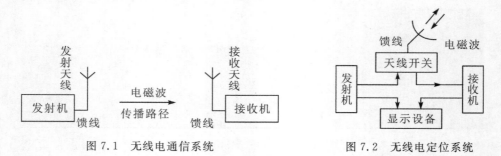

图 7.1　无线电通信系统　　　　　　图 7.2　无线电定位系统

连接天线和发射机、接收机的馈线系统是无线通信系统的重要组成部分，其作用包括把电磁能量送往天线、把电磁能量从接收天线送往接收机两部分。馈线系统和天线统称为天馈系统。

本章从最小的线元-基本振子的电磁辐射着手，在研究天线相关辐射机理的基础上，对常见的线天线、面天线进行了介绍。

7.1　天线的分类及分析方法

7.1.1　电磁波的辐射

天线的基本功能是辐射或接收电磁波。电磁波能够脱离场源在空间传播的现象，称为电磁波的辐射。

　　根据麦克斯韦的两个旋度方程可知，磁场不仅能由传导电流产生，而且能由随时间变化的电场产生；电场不仅能由电荷产生，而且能由随时间变化的磁场产生。一般情况下，由于电场随时间的变化率是可变的，因此由电场产生的磁场也是随时间变化的，这个变化的磁场又将激发出新的变化电场。

　　由此可见，随着时间变化的电磁场，其电场和磁场永远是相互联系而不能分割的，从而形成统一的电磁场。因此，如果自由空间中某一给定区域中的电场有变化，变化的电场在邻近区域激起变化的磁场，这个变化的磁场又在较远处的区域激起新的变化电场，而后又在更远的区域激发出变化磁场，以此类推，这种由近及远、交替激起电场和磁场的过程，就是电磁波产生的辐射过程。

7.1.2　天线的定义及要求

　　无线电设备中用来辐射和接收电磁波的装置称为天线。天线是无线电通信、导航、雷达、遥测、遥感、射电天文以及电子对抗等各种民用和国防系统中必不可少的组成部分之一。

　　根据通信系统不同，常常要求天线只向某个特定的方向辐射电磁波（接收来自特定方向的电磁波），在其他方向辐射很弱（接收能力很弱或不能接收），这就是要求天线要作定向的辐射或接收，即天线要具有方向性。

　　从不同的角度对天线作如下定义：

　　（1）天线作为能量转换器件，可以高效率地完成电磁波能量和高频振荡能量之间的转换；

　　（2）天线作为方向性器件，发射端将能量定向辐射在规定方向，在接收端只接收确定方向的电磁波；

　　（3）天线作为极化器件，能发射、接收规定极化的电磁波；

　　（4）天线是馈线的负载，与之相连接的馈线或电路要考虑阻抗匹配问题。

　　能辐射或接收电磁波的设备不一定都能用作天线，因为任何高频电路，只要不完全屏蔽起来，都可以向周围空间或多或少地辐射电磁波，或从周围空间或多或少地接收电磁波。但是，不是所有的高频设备都能用作天线，这和其辐射或接收电磁波的效率有很大关系。只有能有效地辐射和接收电磁波的设备才能作为天线使用。要能有效地辐射或接收电磁波，天线在结构和形式上必须满足一定的要求。像平行双线传输线这样的封闭结构就不能用作天线，因为该结构在周围空间只能激发很弱的电磁场，只有把双线传输线的开路末端张开，它才能有效地辐射、接收电磁波，而这样的结构称为开放结构。

　　综上，结合天线的定义，作为天线的装置必须满足以下要求。

　　（1）装置的工作频率要尽可能高。

　　因为电磁波的辐射依赖于变化的电场（即位移电流）和变化的磁场，电磁场变化的快慢决定着所激发场的强弱，也就决定着辐射能量的多少。当频率很高时，电场的高速改变在空间构成了较强的位移电流。换言之，频率越高，在一定的场强下，位移电流就越强，辐射的能量就越多；对于稳定场，其频率为零，不辐射能量；低频场改变缓慢，辐射微弱。所以，装置的波源频率是影响其辐射强弱的一个重要因素。

　　（2）装置的场源结构必须是开放系统，能有效地辐射、接收电磁波。

装置的场源结构必须是开放系统，从而使波源激发出的电场和磁场分布在同一空间。例如，施加在两块平行导体板间的波源激发的电磁场主要束缚在两导体板之间，大部分电磁场能量在场与源之间来回转换，其辐射能力很弱，但若将两块导体板拉开呈开放结构，则将形成与空间耦合很强的系统，就可获得很强的辐射。

另外，天线必须具有一定的频带宽度，在此频带内，天线的性能变化不大，满足给定的指标要求。

总之，天线是有效地进行能量转换和定向辐射、接收电磁波的一种装置。天线的辐射场分布、接收来波的场效应，以及与接收机、发射机的最佳匹配，都是天线工程研究的关键问题。

7.1.3 天线的分类

为适应各种用途的要求，设计了各种形式的天线。对于天线的分类，有多种不同的方法。按工作性质不同，天线可分为接收天线与发射天线两大类。按适用波段不同，天线可分为微波天线、超短波天线和长波天线、中波天线、短波天线，这种分类方法符合天线发展的历史过程，但有许多天线可用于多个波段。理论上讲，任何一种形式的天线都可用到所有的波段上，但是由于其结构装置、电气性能等的限制，在某些波段不能使用，因此这种分类方法不够理想。

从便于分析和研究天线性能等角度考虑，天线比较合理的分类方法是按结构进行划分，可分为两大类：线天线和面天线(也称口径天线)。

1. 线天线

线天线是指载有高频电流的金属导线，天线的半径要远小于天线的长度及天线辐射电磁波的波长。金属面上线状的长槽也属于线天线，此长槽的横向尺寸要远小于波长及其纵向尺寸，长槽上载有横向高频电场。线状天线一般用于长波、中波和短波，线状槽天线常应用于超短波和微波波段。

线天线的基本辐射单元是沿导线分布的电基本振子(又称电流元)，其辐射性能取决于天线的长度、几何形状以及沿线电流的振幅和相位分布。线天线的典型例子是双极天线(对称振子)，其结构如图 7.3 所示。

(a) 对称振子   (b) 引向天线   (c) 螺旋天线

图 7.3 常用线天线

2. 面天线

面天线是由金属或介质板、导线栅格组成的面状天线，其面积要比波长的平方大得多，面天线一般用在微波波段。

超短波天线的结构形式一般是线状天线与面状天线兼而有之。线天线和面天线的基本辐射原理是相同的，但分析方法有所不同。

面天线如图 7.4 所示，其典型例子是喇叭天线，基本辐射单元是喇叭开口平面上的惠更斯元。惠更斯元是口径平面上相伴随的空间电场和磁场的物理表象。喇叭天线的辐射性能基本上取决于喇叭口径平面上的电磁场分布（即惠更斯元的分布）和口径的几何尺寸，而不必考虑激励天线的电流分布。无论面天线内部电流状态如何，其辐射性能仅根据开口面上的电磁场分布就可以相当准确地计算出来。

(a) 喇叭天线   (b) 波导缝隙天线   (c) 抛物面天线

图 7.4 常用面天线

7.1.4 天线的分析方法

由于空间电磁波的场源是天线上的时变电流和电荷，因此辐射问题就是求解天线上的场源在其周围空间所产生的电磁场分布。

严格地说，空间电磁场的求解就是在天线几何形状确定的边界条件下求解麦克斯韦方程组，原则上与分析波导系统所采用的方法相同。但在分析天线问题时，若采用这种方法将会导致数学上的复杂性，在绝大多数情况下是十分困难的，甚至是不可能的。

因此，辐射问题的求解往往采用近似解法，即先近似选取天线上的场源分布，再根据场源分布求天线辐射场。根据天线的场源分布求其辐射空间的电磁场，可采用直接解法和间接解法。

（1）直接解法就是根据电磁场的瞬时矢量（或复矢量）E 和 H 满足的非齐次矢量波动方程（或亥姆霍兹方程），由天线的电流分布直接求解 E 和 H，这种解法的积分运算十分复杂。

（2）间接解法就是先由天线上的电流分布求解矢量磁位 A，再由 E 和 H 与 A 间的微分关系求得 E 和 H，这种解法的运算通常比直接解法要简单得多。因此，多采用间接解法求解天线的辐射问题。

求解天线辐射场问题最常用的工程方法是：利用电磁场的线性叠加原理完成计算。在线性系统内，若干场源在空间的总场是各个场源单独存在时所激发的场进行线性叠加的结果；线天线和面天线的辐射场，是微分场源（即辐射元）产生的场的合成体，因此上述线性叠加要换成积分运算。在工程上通常采用叠加原理来处理外场问题，可使问题的求解得到简化。

无论是线天线还是面天线，其辐射源都是高频电流元，因为面天线口径上的惠更斯元也是由内部的电流元产生的，因此，本章将从电基本振子（或电流元）的辐射问题开始阐述。

7.2 基本辐射单元的辐射

实际天线的结构、特性都各有不同，它们的分析都是建立在基本辐射单元辐射机理的基础上。基本辐射单元包括电基本振子、磁基本振子、基本缝隙以及基本面元(惠更斯元),本节对电基本振子和磁基本振子的辐射过程进行详细介绍。

7.2.1 电基本振子的辐射

电基本振子又称为电流元,指的是无限小的线性电流单元,其长度 l 远小于工作波长 λ,截面半径 a 远小于 l,线上的电流振幅和相位处处相同,即均匀分布,因此其上的电流瞬时值可表示为 $i(t) = I\cos\omega t$。

尽管任何实际天线上的电流都不可能均匀分布,但是实际的天线可分解为许多个电流元。因此,分析和推导电流元辐射场具有实际意义。

如图 7.5 所示,电基本振子位于坐标原点,采用双端馈电(即中心馈电),沿 z 轴放置,电流元的两臂长度各为 $l/2$,空间中的媒质为线性、均匀、各向同性的理想介质(ε_0,μ_0),电流元 Il 产生的矢量位的复矢量振幅为

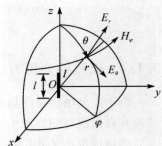

图 7.5　电基本振子的坐标

$$A = \frac{\mu_0 Il}{4\pi r} e^{-jkr} e_z = A_z e_z \qquad (7.1)$$

矢量位在球坐标系中可分解为

$$A = e_r A_r + e_\theta A_\theta + e_\varphi A_\varphi$$

$$\begin{cases} A_r = A_z \cos\theta \\ A_\theta = -A_z \sin\theta \\ A_\varphi = 0 \end{cases} \qquad (7.2)$$

根据矢量位和场的关系,求出电流元产生的磁场强度为

$$H = \frac{1}{\mu_0} \nabla \times A = \frac{1}{\mu_0 r^2 \sin\theta} \begin{vmatrix} e_r & re_\theta & r\sin\theta e_\varphi \\ \dfrac{\partial}{\partial r} & \dfrac{\partial}{\partial \theta} & \dfrac{\partial}{\partial \varphi} \\ A_r & rA_\theta & 0 \end{vmatrix} = H_\varphi e_\varphi \qquad (7.3-a)$$

其中,

$$H_\varphi = \frac{Il}{4\pi} \sin\theta \left(j\frac{k}{r} + \frac{1}{r^2} \right) e^{-jkr} \qquad (7.3-b)$$

利用麦克斯韦方程中电磁场的关系 $E = \dfrac{1}{j\omega\varepsilon} \nabla \times H$,可得电场强度如下所示

$$E = E_r e_r + E_\theta e_\theta$$

$$\begin{cases} E_r = \dfrac{Il}{4\pi} \dfrac{2}{\omega\varepsilon_0} \cos\theta \left(\dfrac{k}{r^2} - j\dfrac{1}{r^3} \right) e^{-i} \\ E_\theta = \dfrac{Il}{4\pi} \dfrac{1}{\omega\varepsilon_0} \sin\theta \left(j\dfrac{k^2}{r} + \dfrac{k}{r^2} - j\dfrac{1}{r^3} \right) e^{-jr} \end{cases} \qquad (7.4)$$

式中,λ 为自由空间的波长,$k = \omega\sqrt{\mu_0\varepsilon_0} = \dfrac{2\pi}{\lambda}$ 是自由空间相移常数。

从电场、磁场的结果中可以看出,电基本阵子的几个场分量都随着距离 r 的增大而减小,因此,通常按照距离 r 将其电磁场分成不同的区域:近区、中间区和远区。下面根据距

离的远近，分区讨论场量的性质。

1. 近区场

近区场指的是 $kr \ll 1$，即 $r \ll \dfrac{\lambda}{2\pi}$（但 $r > l$）的区域，在此区域中 $\dfrac{1}{kr} \ll \dfrac{1}{(kr)^2} \ll \dfrac{1}{(kr)^3}$，与后两项相比，$1/r$ 项可以忽略，并近似认为 $e^{-jkr} \approx 1$，于是，电基本振子的场近似为

$$\begin{cases} H_\varphi = \dfrac{Il}{4\pi r^2}\sin\theta \\[2mm] E_r = -j\dfrac{Il}{2\pi r^3}\dfrac{1}{\omega\varepsilon_0}\cos\theta \\[2mm] E_\theta = -j\dfrac{Il}{4\pi r^3}\dfrac{1}{\omega\varepsilon_0}\sin\theta \\[2mm] E_\varphi = H_r = H_\theta = 0 \end{cases} \tag{7.5}$$

将式(7.5)和稳态场推导出的结论相比，发现 E_r、E_θ 与静电场中电偶极子产生的电场相似，H_φ 与恒定电流元产生的磁场相似，故近区场也称为似稳场或感应场。

分析近区场的表达式可以得到以下重要特点。

① 电场滞后于磁场，二者之间存在 $\pi/2$ 的相位差，代表电磁能流的坡印亭矢量 $\boldsymbol{S} = \dfrac{1}{2}\boldsymbol{E}\times\boldsymbol{H}^*$ 是纯虚数，每周期的平均辐射功率 $\boldsymbol{S}_{av} = \dfrac{1}{2}\mathrm{Re}[\boldsymbol{E}\times\boldsymbol{H}^*] \approx 0$，意味电磁能量在电场与磁场以及场与源之间振荡而没有辐射，所以近区场也称为感应场。

虽然在近区对场的分析过程中忽略了很小的 $1/r$ 项，但是在电基本振子的远区场中，正是这一项构成了远区的辐射实功率。

② 电场和磁场均正比例于 $1/r^2$、$1/r^3$，场会随着距离的增大而迅速减小，当 $r > \lambda$ 时，该场可以被忽略。

2. 中间区场

中间区是介于远区和近区之间的区域，此区域中的场是感应场和辐射场的组合。在此区域中，$kr > 1$，电基本振子的场与 $1/r$、$1/r^2$、$1/r^3$ 的项成正比，这三项的大小差不多，因此表达式中不可以忽略任何一项。

3. 远区场

电基本振子远区场如图 7.6 所示。远区是指 $kr \gg 1$，即 $r \gg \dfrac{\lambda}{2\pi}$ 的区域，在此区域内 $1 \gg \dfrac{1}{kr} \gg \dfrac{1}{(kr)^2} \gg \dfrac{1}{(kr)^3}$，此时电流元的电磁场主要由 $\dfrac{1}{r}$ 项决定，高次项很小可以忽略，因此电基本振子场的表达式为

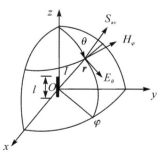

图 7.6 电基本振子远区场

$$\begin{cases} H_\varphi = j\dfrac{Il}{2\lambda r}\sin\theta e^{-jkr} \\[2mm] E_\theta = j\dfrac{60\pi Il}{\lambda r}\sin\theta e^{-jkr} \\[2mm] E_r = 0 \\[2mm] H_r = H_\theta = E_\varphi = 0 \end{cases} \tag{7.6}$$

由式(7.6)可见，远区场具有与近区场完全不同的特点。

（1）电场只有 E_θ 分量，磁场也只有一个 H_φ 分量，二者相互垂直，坡印亭矢量平均值为

$$S_{av} = \frac{1}{2}\mathrm{Re}[\boldsymbol{E} \times \boldsymbol{H}^*] = \frac{15\pi I^2 l^2}{\lambda^2 r^2}\sin^2\theta \boldsymbol{e}_r \tag{7.7}$$

可以看出，电磁能量沿径向 r 方向向外辐射。由于传播方向上电磁场的分量为零，因此称其为横电磁波，记为 TEM 波。电磁能量离开场源流向空间不再返回的现象称为辐射，电基本振子远区场又称为辐射场。

（2）波的传播速度为 $c = \dfrac{1}{\sqrt{\mu_0\varepsilon_0}}$；$E_\theta$、$H_\varphi$ 与距离 r 均成反比，场分量中都包含相位因子 $\mathrm{e}^{-\mathrm{j}}$，说明辐射场的相位沿 r 方向滞后，等相位面是 $r=$ 常数的球面，所以称其对应的 TEM 波为球面波。$\boldsymbol{E}$、$\boldsymbol{H}$ 和 $\boldsymbol{S}_{av}$ 相互垂直，且符合右手螺旋定则。

（3）E_θ 和 H_φ 与 $\sin\theta$ 成正比，与方位角 φ 无关，说明电基本振子的辐射具有方向性，在相同距离不同方向的各点场强是不同的，辐射场不是均匀球面波。在垂直于振子轴的平面（$\theta=90°$）内，场强是最大值；在振子轴的延长线上（$\theta=0°$ 和 $\theta=180°$），场强为 0。

因此，任何实际的电磁辐射绝不可能具有完全的球对称性，这也是所有辐射场的普遍特性。

（4）E_θ 和 H_φ 的比值为常数，称为媒质的波阻抗，记为 η。自由空间中 $\eta = \dfrac{E_\theta}{H_\varphi} = \sqrt{\dfrac{\mu_0}{\varepsilon_0}} = 120\pi$。研究天线辐射场时，只要掌握其中一个场量，即可求出另一个，电场强度通常作为分析的主体。

（5）辐射功率和辐射电阻。天线的辐射功率可以用坡印亭矢量积分法来计算。电基本振子向自由空间辐射的总功率 P_r，等于坡印亭矢量在包围天线的球面上的积分，即

$$
\begin{aligned}
P_r &= \oiint_S \boldsymbol{S}_{av} \cdot \mathrm{d}S \\
&= \oiint_S \frac{1}{2}\mathrm{Re}[\boldsymbol{E} \times \boldsymbol{H}^*] \cdot \boldsymbol{e}_n \mathrm{d}S \\
&= \int_0^{2\pi}\mathrm{d}\varphi \int_0^{\pi} \frac{15\pi I^2 l^2}{\lambda^2}\sin^3\theta \mathrm{d}\theta \\
&= 40\pi^2 \left(\frac{Il}{\lambda}\right)^2
\end{aligned}
\tag{7.8}
$$

从式(7.8)可以看出：

① 辐射功率与电流 I 有关，电流越大，功率越大，因为场是由源激发的。

② 辐射功率与振子的电长度 l/λ 有关，电长度越大，辐射功率越大；若几何长度不变，频率越高或波长越短，则辐射功率越大，说明天线更能有效地辐射电磁波。

③ 辐射功率与距离 r 无关，因为已经假定空间媒质不消耗功率且在空间内无其他场源。

既然辐射出去的能量不再返回波源，为方便起见，将天线辐射的功率看成是被一个等

效阻抗所完全吸收。在天线周围存在着感应场和辐射场，感应场的电磁能量只在场和源之间来回振荡，不向外辐射，是虚功率，因此广义上的辐射功率是复功率，既有实功率，也有虚功率。如果只分析远区场，此时的辐射功率是一个实功率，等效阻抗是一个纯电阻，用 R_r 来表示

仿照电路理论的相应关系式，可以得出：

$$P_r = \frac{1}{2} I^2 R_r \tag{7.9}$$

式中，R_r 称为该天线归算于电流 I 的辐射电阻，I 是电流的振幅值。将式（7.9）代入式（7.8），可得电基本振子的辐射电阻为

$$R_r = 80\pi^2 \left(\frac{l}{\lambda} \right)^2 \tag{7.10}$$

天线辐射电阻的大小反映了其辐射能力，一般总希望天线的辐射电阻越大越好。但对电流元，由于 $l \ll \lambda$，故其辐射能力很差。例如，电长度为 0.02 时，可得 $R_r = 0.158\ \Omega$。

7.2.2 磁基本振子的辐射

磁基本振子又称磁流元或者磁偶极子。磁流元就是载有高频电流的小圆环，环的半径和周长远远小于波长，因此流过小环的时谐电流的振幅和相位处处相同，即电流是均匀分布的。尽管自然界中迄今为止还未发现有孤立的磁荷和磁流存在，但是利用它来分析某些天线的辐射问题会使计算过程大为简化，因此对它的讨论是很有必要的。

1. 磁基本振子

（1）辐射场。

如图 7.7 所示，设想在球坐标系的原点放置一段长为 $l(l \ll \lambda)$ 的磁流元 $I_m l$，根据电磁对偶性原理，进行如下变换可得到磁基本振子的场分布：

$$\begin{cases} \boldsymbol{E}_e \Leftrightarrow \boldsymbol{H}_m \\ \boldsymbol{H}_e \Leftrightarrow -\boldsymbol{E}_m \\ I_e \Leftrightarrow I_m, \ \boldsymbol{Q}_e \Leftrightarrow \boldsymbol{Q}_m \\ \varepsilon_0 \Leftrightarrow \mu_0 \end{cases} \tag{7.11}$$

式（7.11）中，下标 e、m 代表电源和磁源，磁基本振子远区场的表达式为

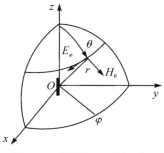

图 7.7 磁基本振子的坐标

$$
\begin{cases}
E_\varphi = -\mathrm{j}\,\dfrac{I_\mathrm{m} l}{2\lambda r}\sin\theta\mathrm{e}^{-\mathrm{j}kr} \\[3mm]
H_\theta = \mathrm{j}\,\dfrac{I_\mathrm{m} l}{2\lambda r}\sqrt{\dfrac{\varepsilon_0}{\mu_0}}\sin\theta\mathrm{e}^{-\mathrm{j}k}
\end{cases}
\tag{7.12}
$$

从电流元和磁流元辐射场的表达式中可以看出，除了辐射场的极化方向相互正交之外，其他特性完全相同。

（2）辐射功率和辐射电阻。

磁偶极子的辐射总功率为

$$
P_\mathrm{r} = \oiint_s \boldsymbol{S}_\mathrm{av}\cdot \mathrm{d}S = \oiint_s \frac{1}{2}\mathrm{Re}[\boldsymbol{E}\times\boldsymbol{H}^*]\cdot \mathrm{d}S = 160\pi^4 I^2\left(\frac{s}{\lambda^2}\right)^2
\tag{7.13}
$$

其辐射电阻为

$$
R_\mathrm{r} = \frac{2P_\mathrm{r}}{I^2} = 320\pi^4\left(\frac{s}{\lambda^2}\right)^2
\tag{7.14}
$$

由此可见，同样电长度的导线，绕制成磁偶极子，在电流振幅相同的情况下，远区的辐射功率要比电偶极子的小几个数量级。

不仅小电流环可以视为磁偶极子，开在理想导体平面上的短缝隙也可以视为磁偶极子。

2. 电流环的辐射场

磁基本振子的实际模型是电流环，如图 7.8 所示，环上的谐变电流 I 的振幅和相位处处相同，其周长远小于 λ。

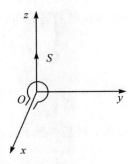

图 7.8　小电流环（位于 xOy 面上，$i(t)=I\cos\omega t$）

电流环所对应的磁矩如图 7.9 所示，其中 $\boldsymbol{S}$ 代表环的面积矢量，其方向可按照右手螺旋定则由环电流 I 来确定：

$$
\boldsymbol{p}_\mathrm{m} = \mu_0 I\boldsymbol{S}
\tag{7.15}
$$

求解电流环远区场时，把磁矩看作一个时变的磁偶极子，磁极上的磁荷是 $+q_m$、$-q_m$，二者的间距是 l。为保证磁流的连续性，假设磁荷之间有磁流 I_m，则磁矩又可表示为

图 7.9 小电流环等效磁矩

$$\boldsymbol{p}_{\mathrm{m}} = q_{\mathrm{m}}\boldsymbol{l} \tag{7.16}$$

l 的方向与环面积矢量的方向一致。

比较式(7.15)和式(7.16)，得 $q_{\mathrm{m}} = \dfrac{\mu_0 I_s}{l}$，又因为 $I_{\mathrm{m}} = \dfrac{\mathrm{d}q_{\mathrm{m}}}{\mathrm{d}t} = \dfrac{\mu_0 S}{l}\dfrac{\mathrm{d}I}{\mathrm{d}t}$，所以用复数表示的磁流元为

$$I_{\mathrm{m}}l = \mathrm{j}\omega\mu_0 SI \tag{7.17}$$

将式(7.17)代入场的求解过程，得到电流环的远区场为

$$E_{\varphi} = \frac{\omega\mu_0 SI}{2\lambda r}\sin\theta \mathrm{e}^{-\mathrm{j}kr}$$

$$H_{\theta} = -\frac{\omega\mu_0 SI}{2\lambda r}\sqrt{\frac{\varepsilon_0}{\mu_0}}\sin\theta \mathrm{e}^{-\mathrm{j}kr} \tag{7.18}$$

小电流环是一种实用天线，称之为环型天线。事实上，对于一个很小的环来说，如果环的周长远小于 $\lambda/4$，则该天线的辐射场方向性与环的实际形状无关，即环可以是矩形、三角形或其他形状的。

7.2.3 缝隙元的辐射

1. 缝隙天线的结构

缝隙元是指在无限大且无限薄的理想导电金属平板上所开的直线型缝隙。缝隙长度为 l、宽度为 d，且 l、$d \ll \lambda$，如图 7.10 所示。缝隙上切向电场均匀分布，切向磁场为 0，而在缝隙区以外的理想导体平面附近恰好相反。

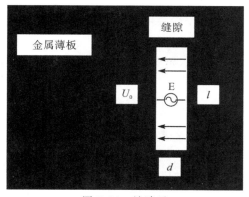

图 7.10 缝隙元

　　缝隙天线可看成是由许多缝隙元组成的天线。在金属片或波导、空腔谐振器壁上开缝，如图 7.11 所示，就可以透过缝隙辐射或接收电磁波，这样的天线就称为缝隙天线。由于缝隙天线可以与物体表面齐平，既隐蔽也不影响物体的运动，因此这类天线特别适合于诸如飞行器、车辆等的运动类物体。

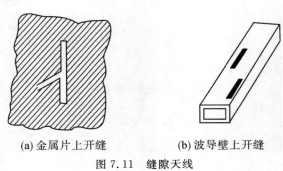

(a) 金属片上开缝　　　　　(b) 波导壁上开缝

图 7.11　缝隙天线

2．天线场的分析

　　如果略去天线两端的边缘效应，由于天线的缝隙很窄，则缝内的电场近似均匀分布，缝隙元可看成另一种磁基本振子。缝隙中的均匀电场可认为是其中的均匀传导磁流产生的，因此对于缝隙元辐射场的计算，可用缝隙中的等值磁流来代替，这与电基本振子的辐射场形成了对偶关系。

　　如果将无限大的金属片移开，在缝隙的位置上，换上与缝隙形状及尺寸均相同的无限薄理想导电金属片，并且在金属片的中点进行馈电，这就构成了一个电基本振子。依据对偶原理，根据电基本振子的场就可确定缝隙元的场，两者所产生的电磁场分布和方向性完全相同，其差别仅在于：

（1）电场和磁场互换；

（2）缝隙金属片两个侧面的场量不连续，它们的方向差 $180°$。

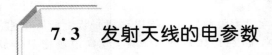

7.3　发射天线的电参数

　　描述天线工作特性的参数称为天线电参数，又称电指标。它们是定量衡量天线性能的依据。天线的电参数包括主瓣宽度、副瓣电平、前后比、方向性系数、效率、增益、输入阻抗、等效高度等。

　　大多数天线电参数是针对发射状态规定的，以衡量天线把高频电流能量转换为空间电波能量的能力以及天线定向辐射的能力。下面介绍发射天线的主要电参数，并且以基本辐射单元——电基本振子、磁基本振子的特性参数为例进行说明。

7.3.1　天线的方向性及方向性参数

1．方向函数

　　由电基本振子的分析可知，天线辐射出去的电磁波虽然是一球面波，却不是均匀球面波。因此，任何一个天线的辐射场都具有方向性。天线的辐射功率在有些地方大，有些地方小。

所谓方向性，就是在相同距离的条件下天线辐射场的相对值与空间方向的关系，在球坐标系中，空间方向取决于子午角 θ 和方位角 φ，如图 7.12 所示。

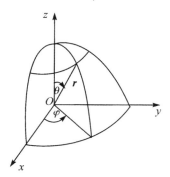

图 7.12　空间方位角

1）方向函数 $f(\theta, \varphi)$

天线辐射的电场强度用 $\boldsymbol{E}(r, \theta, \varphi)$ 表示，把电场强度（绝对值）写成

$$\left| \boldsymbol{E}(r, \theta, \varphi) \right| = \frac{60}{r} f(\theta, \varphi) \tag{7.19}$$

式（7.20）中，定义 I 为归算电流，驻波天线的归算电流通常取波腹电流 I_m；定义 $f(\theta, \varphi)$ 为场强方向函数。天线的场强方向函数 $f(\theta, \varphi)$ 就是辐射电场中与方向 (θ, φ) 有关的函数，因此，方向函数可定义为

$$f(\theta, \varphi) = \frac{\left| E(r, \theta, \varphi) \right|}{\left(\dfrac{60I}{r} \right)} \tag{7.20}$$

对于电基本振子，其场强方向函数为

$$f(\theta, \varphi) = \frac{\pi l}{\lambda} \left| \sin\theta \right| \tag{7.21}$$

2）归一化方向函数 $F(\theta, \varphi)$

由于方向函数 $f(\theta, \varphi)$ 不能明确表明天线方向性的优劣，为了清楚表明不同天线的方向性，引入归一化方向图函数 $F(\theta, \varphi)$ 和方向图参数。

$$F(\theta, \varphi) = \frac{f(\theta, \varphi)}{f_{\max}(\theta, \varphi)} = \frac{\left| E(\theta, \varphi) \right|}{\left| E_{\max} \right|} \tag{7.22}$$

式中，$\boldsymbol{E}(\theta, \varphi)$ 表示同一距离 (θ, φ) 方向上的电场强度，$\boldsymbol{E}_{\max}$ 表示最大辐射方向上的电场强度。归一化方向函数 $F(\theta, \varphi)$ 的最大值为 1，即 $F(\theta, \varphi) \leqslant 1$。

$$\left| \boldsymbol{E}(\theta, \varphi) \right| = \left| \boldsymbol{E}_{\max} \right| \cdot F(\theta, \varphi)$$

上式表明，在 r 为常数的球面上，如果已知最大场强值和场强方向图函数，即可得到该球面上任意方向的场强值。

根据方向图函数的定义，可以得到电基本振子的归一化方向函数为

$$F(\theta, \varphi) = \left| \sin\theta \right| \tag{7.23}$$

为了分析和对比方便，在分析中认为理想点源是无方向性天线，因为它在各个方向、

相同距离处产生的辐射场的大小是相等的，其归一化方向函数为

$$F(\theta, \varphi) = 1 \qquad (7.24)$$

3）功率方向函数 $\Phi(\theta, \varphi)$

辐射的功率流密度 $S(\theta, \varphi)$（坡印亭矢量模值）与方向 (θ, φ) 之间的关系，称为功率方向（图）函数 $\Phi(\theta, \varphi)$。

$$\Phi(\theta, \varphi) = \frac{S(\theta, \varphi)}{S_{\max}}$$

其中，$S_{\max}$ 是最大功率流密度。功率方向函数与场强方向函数之间的关系为

$$\Phi(\theta, \varphi) = F^2(\theta, \varphi) \qquad (7.25)$$

注意：方向函数经常用分贝（dB）表示，根据分贝方向函数画出来的图形称为分贝方向图。

$$F(\theta, \varphi)(\mathrm{dB}) = 20\lg F(\theta, \varphi)$$

2. 方向图

1）方向图定义

在远区场，令矢径（大小）r 为常数，将方向函数 $f(\theta, \varphi)$ 作为球坐标系中的矢径 r，将场强在空间的分布用图形表示，即将对应 (θ, φ) 的曲面描绘出来，这就是天线的场强方向图。方向图是直观表征天线方向特性的图形。根据归一化方向函数绘制出的曲线称为归一化方向图。

天线的立体方向图一般较难画出，通常只作出相互垂直的两个平面内的方向图，即 E 面和 H 面方向图。

E 面方向图：电场强度矢量与最大传播方向构成的平面，或者通过天线最大辐射方向并平行于电场矢量所构成的平面。

H 面方向图：磁场强度矢量与最大传播方向构成的平面，或者通过天线最大辐射方向并平行于磁场矢量所构成的平面（即通过天线最大辐射方向并垂直于 E 面的平面）。

2）电基本振子方向图

对于电基本振子，其归一化方向函数 $F(\theta, \varphi) = |\sin\theta|$，所以其立体方向图如图 7.13 所示。

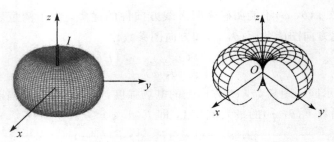

图 7.13　电基本振子立体方向图与其剖面图

通常情况下，平面方向图会用赤道面和子午面来表示。对于振子沿 z 轴放置的天线，赤道面是与振子轴垂直的平面（$\theta = 90°$），子午面是包含振子轴的平面（$\theta = 0°$ 或 $\theta = 180°$）。

E 面和 H 面方向图就是立体方向图沿 E 面和 H 面两个主平面的剖面图。球坐标系中沿 z 轴放置的电基本振子，其 E 面方向图处于子午面内，为包含 z 轴的任一平面，例如

yOz 面，即电场分量 E_θ 所处的平面内的方向图，E 面的方向函数 $F_E(\theta) = |\sin\theta|$；H 面方向图为 xOy 面，处于赤道面内，即与磁场分量 H_φ 平行的平面内的方向图，此面的方向函数 $F_H(\varphi) = 1$。据此绘出的 E 和 H 面的归一化方向图如图 7.14 和图 7.15 的实线所示，其中图 7.14 中的虚线表示功率方向图。

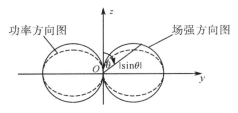 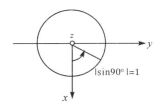

图 7.14 电基本振子平面方向图（E 面）   图 7.15 电基本振子平面方向图（H 面）

二维平面方向图可以在极坐标系中绘制，也可以在直角坐标系中绘制，由图可见，E 面方向图沿轴线对称分布，在 $\theta = 90°$ 的方向出现最大值"1"，在轴线（$\theta = 0°$ 和 $\theta = 180°$）上其值为零，而在其他方向上，矢径（大小）按 $\sin\theta$ 作出；H 面方向图（$\theta = 90°$）上，各方向场强均相同，因此 H 面方向图是一个单位圆。这样，将 E 面方向图绕振子的轴线旋转一周即可得到电基本振子的立体方向图。

但要注意的是，尽管球坐标系中的磁基本振子辐射场的方向性和电基本振子一样，但是 E 面和 H 面的位置恰好互换。

3. 方向图参数及方向系数

天线的方向图虽然能够描述空间不同方向上辐射电磁能量的大小，但是具体量的概念不够明确，尤其是实际天线的方向图要比电基本振子的复杂，因此通常采用一些具体的参数来描述天线的方向图。

1）主瓣宽度

天线的辐射方向图可以绘制成立体图形，也可以绘制成直角坐标系以及极坐标系中的平面图形。图 7.16 的（a）、（b）是某天线在极坐标系以及直角坐标系中的平面方向图，（c）给出了立体方向图。极坐标方向图的直观性强，但方向图复杂时，零点或最小值不易分清。方向图也可用直角坐标绘制，横坐标表示方向角，纵坐标表示辐射幅值。实用中，极坐标系中的平面方向图较为常用，本章内容中给出的方向图主要在极坐标系中绘制，且为两个主平面（E 面和 H 面）上的方向图。

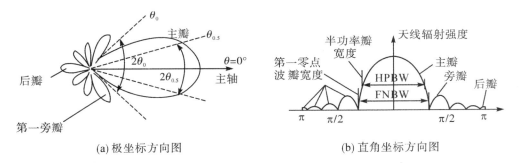

(a) 极坐标方向图   (b) 直角坐标方向图

(c) 立体方向图

图 7.16　某天线方向图

天线最大辐射方向所在的波瓣称为主瓣，其余的波瓣称为副瓣（旁瓣）。副瓣包含后瓣。用来描述方向图主瓣的参数有以下两个：

（1）零功率点波瓣宽度 $2\theta_{0E}$ 或 $2\theta_{0H}$（FNBW）。主瓣最大值两侧两个零辐射方向之间的夹角。从极坐标的坐标原点向主瓣的两侧引射线，这两根射线之间的夹角称为零功率点波瓣宽度。

（2）半功率点波瓣宽度 $2\theta_{0.5E}$ 或 $2\theta_{0.5H}$（HPBW）。主瓣最大值两边场强等于 0.707 倍最大值（或等于最大功率密度的一半，$F^2(\theta, \varphi) = \dfrac{1}{2}$）的两辐射方向之间的夹角，又叫 3 dB 波束宽度。

从方向图中可以明显看出，$2\theta_0 > 2\theta_{0.5}$。

如果天线的方向图只有一个强的主瓣，其他副瓣均较弱，则它的定向辐射性能的强弱就可以用 E 面和 H 面的半功率点波瓣宽度来判断。在实际应用中，应根据需要来选择合适的天线方向图形状以及主瓣宽度。例如，在点到点的无线通信链路、卫星通信、射电天文等系统中使用的天线，需要具有对称的窄主瓣宽度的笔状波束方向图，而无线电广播、电视以及移动通信系统中采用的天线，则需要具有水平面为全向的方向图等。

2）副瓣电平（SLL）

实际天线的方向图往往不止一个副瓣，而是有若干个副瓣。紧靠主瓣的副瓣称为第一副瓣，依次称为第二、第三副瓣等。为估计天线副瓣的强弱，通常用副瓣电平 SLL 来表示。

为了衡量副瓣的大小，以主瓣最大值（P_{max} 或 E_{max}）为基准，将副瓣最大方向的场强 E_{max2} 或功率 P_{max2} 小于主瓣最大值的分贝数称为副瓣电平，即

$$\text{SLL} = 10\lg \frac{P_{max2}}{P_{max}} \text{ dB} = 20\lg \frac{E_{max2}}{E_{max}} \text{ dB} \tag{7.26}$$

由于最靠近主瓣的第一副瓣电平最高，因此，通常对天线的第一副瓣电平提出要求。注意，天线副瓣的辐射，无论对通信还是雷达都是有害的，会直接影响天线性能的优劣程度。副瓣一般指向不需要辐射的区域，因此要求天线的副瓣电平应尽可能地低。

3）前后比

前后比是指主瓣最大值与后瓣最大值之比，通常也用分贝数表示。前后比反映了天线的前、后向隔离程度或抗干扰能力，前后比应尽可能高一些。

通常天线在某一平面的主瓣宽度与天线在这一平面的电长度 l/λ 成反比。波长越短，天线就能做得越大（与波长相比），天线方向图的主瓣宽度也越小。所以在超短波和波长更短的波段，比如微波波段内，天线的方向性较强，半功率点波瓣宽度可以是几度、十分之

几度。

4）方向性系数

由于上述与方向图有关的参数只能表示同一天线在空间各个不同方向辐射能量的相对大小，却不能反映天线在全空间中辐射能量的集中程度。为了更精确地比较不同天线之间的方向性，引入天线方向性系数，这个参数能定量地表示天线定向辐射的能力。

比较时需要一个标准，通常以理想点源天线为比较标准。理想点源天线是无方向性的，它在空间各方向的辐射强度相等，方向性系数等于 1。

（1）定义及计算。

方向性系数 D 的定义是：在辐射功率相同，距离相等的条件下，某天线在最大辐射方向上的辐射功率密度 $S_{\max}(|E_{\max}|^2)$ 和理想点源的辐射功率密度 $S_0(|E_0|^2)$ 之比

$$D = \frac{S_{\max}}{S_0} \Big|_{P_r = P_{r0}} = \frac{|E_{\max}|^2}{|E_0|^2} \Big|_{P_r = P_{r0}} \tag{7.27}$$

式中，P_r、P_{r0} 分别为实际天线和理想点源的辐射功率。

因为理想点源天线无方向性，即 P_{r0} 在球面上均匀分布，因此，r 处的辐射功率密度为

$$S_0 = \frac{P_{r0}}{4\pi r^2} = \frac{|E_0|^2}{240\pi} \tag{7.28}$$

天线的辐射功率为

$$P_r = \frac{1}{2} \int_0^{2\pi} \mathrm{d}\varphi \int_0^\pi \frac{|E|^2}{Z} r^2 \sin\theta \mathrm{d}\theta \tag{7.29}$$

由于

$$|E| = |E|_{\max} F(\theta, \varphi)$$

由上面三式可得方向性系数的一般公式为

$$D = \frac{4\pi}{\int_0^{2\pi} \mathrm{d}\varphi \int_0^\pi F^2(\theta, \varphi) \sin\theta \mathrm{d}\theta} \tag{7.30}$$

如果不特别说明，方向性系数 D 均指最大辐射方向的方向性系数。根据方向性系数的定义 $D(\theta, \varphi) = \frac{S(\theta, \varphi)}{S_0} \Big|_{P_r = P_{r0}}$，可得任意方向的方向性系数 $D(\theta, \varphi) = D F^2(\theta, \varphi)$。

显然，方向性系数与辐射功率在全空间的分布状态有关。要使天线的方向性系数大，不仅要求主瓣窄，而且要求全空间的副瓣电平小。

[例 7 - 1]　求出沿 z 轴放置的电基本振子的 E 面主瓣宽度 HPBW 和方向性系数。

解：已知电基本振子的归一化 E 面方向函数为

$$|F(\theta, \varphi)| = \sin\theta$$

根据主瓣定义 $|F^2(\theta, \varphi)| = \frac{1}{2}$，可得 $\sin\theta_{0.5E} = \frac{1}{\sqrt{2}}$，所以

$$2\theta_{0.5E} = 90°$$

将其代入方向性系数的表达式得

$$D = \frac{4\pi}{\int_0^{2\pi} \int_0^\pi \sin^3\theta \mathrm{d}\theta \mathrm{d}\varphi} = \frac{2}{\int_0^\pi \sin^3\theta \mathrm{d}\theta} = 1.5$$

若 D 的值用分贝数表示，则 $D = 10\lg 1.5 = 1.76$ dB。可见，电基本振子的方向性系数

是很低的。

注意：

① 方向性系数通常用分贝数来表示，即 $D(\mathrm{dB})=10\lg(D)$；为了强调方向性系数是以无方向性天线作为比较标准得出的，有时将 dB 写成 dBi 以示说明。

② 当天线的空间方向图不是轴对称，且只有一个较尖锐的主波束而副瓣较小时，还可以用通过主波束最大辐射方向的主平面（E 面和 H 面）内的方向图函数 $F_{\mathrm{E}}(\theta)$ 和 $F_{\mathrm{H}}(\theta)$ 来计算方向性系数的近似值

$$D = \sqrt{D_{\mathrm{E}}}\,\sqrt{D_{\mathrm{H}}}$$

或者也可用经验公式来计算 D：

$$D \approx \frac{33000}{(2\theta_{0.5\mathrm{E}})(2\theta_{0.5\mathrm{H}})}$$

其中，$2\theta_{0.5\mathrm{E}}$ 和 $2\theta_{0.5\mathrm{H}}$ 分别代表 E 面和 H 面的半功率波束宽度。

当副瓣电平较高时（-10 dB 以上），数字"33 000"可适当减少到 15 000～20 000；当副瓣电平较低时（-20 dB 以下），可适当增大到 35 000～42 000，比如

$$D \approx \frac{41\,000}{(2\theta_{0.5\mathrm{E}})(2\theta_{0.5\mathrm{H}})} \tag{7.31}$$

式中，波瓣宽度均用度数表示。

（2）方向性系数的意义

根据方向性系数和方向图函数的定义

$$D = \frac{|E_{\max}|^{2}}{|E_{0}|^{2}}\Big|_{P_{\mathrm{r}}=P_{\mathrm{r}0}}$$

$$F(\theta,\varphi) = \frac{|\boldsymbol{E}(\theta,\varphi)|}{|\boldsymbol{E}_{\max}|}$$

可得到

$$|\boldsymbol{E}(\theta,\varphi)| = F(\theta,\varphi)|\boldsymbol{E}_{\max}| = F(\theta,\varphi)\sqrt{D}\,|E_{0}|$$

上式表明，在辐射功率相同的情况下，有方向性天线在最大辐射方向上的场强是无方向性天线辐射场强的 $\sqrt{D}$ 倍（因为无方向性天线的 $D=1$）。这表明，天线在其他方向辐射的部分功率加强到其最大辐射方向上，且主瓣越窄，加强到最大辐射方向上的功率就越大，则方向性系数也越大。

7.3.2　天线效率与增益系数

1. 天线效率

1）天线辐射效率

一般来说，载有高频电流的天线导体及其绝缘介质都会产生损耗，因此，输入天线的实功率并非都能以电磁波能量的形式向外空间辐射，也就是说，不能全部地转换成电磁波能量。天线的辐射功率一般都小于天线的输入功率，定义天线效率：天线辐射功率 P_{r} 与输入功率 P_{in} 之比，记为 η_{A}，即

$$\eta_{\mathrm{A}} = \frac{P_{\mathrm{r}}}{P_{\mathrm{in}}} \tag{7.32}$$

以上功率均指的是实功率或者有功功率，发射天线的功率损耗包括：天线系统中的热损耗、介质损耗、感应损耗(悬挂天线的设备以及大地的感应损耗等)。

输入功率 $P_{in} = P_r + P_1$，其中 P_1 是损耗功率，并且

$$P_r = \frac{1}{2} I^2 R_r, \quad P_1 = \frac{1}{2} I^2 R_1$$

$$P_{in} = \frac{1}{2} I^2 (R_r + R_1)$$

因此

$$\eta_A = \frac{P_r}{P_r + P_1} = \frac{R_r}{R_r + R_1} \tag{7.33}$$

可见，若要提高天线的效率，则必须尽可能地提高天线的辐射电阻，同时尽可能地减小天线的损耗电阻。

尽管影响天线效率的因素很多，但是工作频率、天线的类型以及结构尺寸的影响最明显。天线的效率通常用百分数表示。对于中、长波天线，由于波长较长，而天线的长度不可能取得太长，因此电长度 l/λ 较小，它的辐射能力自然很低，天线效率也较低。此外，天线和馈电系统之间的匹配也较差，通常长波天线的辐射效率 η_A 为 $10\% \sim 40\%$；中波天线的辐射效率 η_A 为 $70\% \sim 80\%$，因此，提高天馈系统的效率是个很重要的问题。对于超高频天线，比如超短波和微波天线，其效率一般很高，接近于 1，功率损耗主要发生在馈电设备中。

2) 天线反射效率

天线除了辐射效率外，还有其他效率，例如天线输入端的反射效率 η_r，

$$\eta_r = 1 - |\Gamma|^2$$

其中，$\Gamma = \dfrac{Z_{in} - Z_0}{Z_{in} + Z_0}$ 是天线输入端的反射系数，Z_{in} 是输入阻抗，Z_0 是天线馈线的特性阻抗。

如果考虑天线与传输线失配引起的反射损失(天线反射效率)，那么天线的总效率为

$$\eta_{\sum} = (1 - |\Gamma|^2)\eta_A \tag{7.34}$$

天线效率是衡量一副天线性能的重要指标，一般要求天线的总效率尽可能高。

2. 增益系数

1) 定义

方向性系数说明了天线定向辐射能量的集中程度，它只取决于方向图；天线效率则表示天线在能量变换上的转换效能。为了更全面地表示天线的性能，通常将二者联系起来，引入一个新的天线电参数，即增益系数 G，它能同时表示天线的定向收益程度。

天线增益系数 G 的定义：在输入功率相同的条件下，某天线在最大辐射方向上的辐射功率密度 $S_{max}(|E_{max}|^2)$ 和理想点源(无方向性天线)在同一距离的辐射功率密度 $S_0(|E_0|^2)$ 之比，即

$$G = \frac{S_{max}}{S_0}\bigg|_{P_{in} = P_{in0}} = \frac{|E_{max}|^2}{|E_0|^2}\bigg|_{P_{in} = P_{in0}} \tag{7.35}$$

其中，P_{in}、P_{in0} 分别为实际天线、理想点源的输入功率。理想点源的增益系数为 1。

在有耗情况下，考虑到效率的定义，功率密度为无耗时的 η_A 倍，式(7.35)可改写为

$$G = \frac{S_{\max}}{S_0}\bigg|_{P_{\mathrm{in}}=P_{\mathrm{in}0}} = \frac{\eta_{\mathrm{A}} S_{\max}}{S_0}\bigg|_{P_{\mathrm{r}}=P_{\mathrm{r}0}} \tag{7.36}$$

即

$$G = \eta_{\mathrm{A}} D \tag{7.37}$$

可见，天线的增益系数是方向性系数与天线效率的乘积，它是综合衡量天线方向特性和能量转换效率的参数，在实际应用中，天线的最大增益系数是比方向性系数更为重要的电参量。

根据上式，场强最大值为

$$E_{\max} = \frac{\sqrt{60 P_{\mathrm{r}} D}}{r} = \frac{\sqrt{60 P_{\mathrm{in}} G}}{r} \tag{7.38}$$

2）意义

天线在任意 (θ, φ) 方向的增益系数 $G(\theta, \varphi)$ 可表示为

$$G(\theta, \varphi) = G \left| F(\theta, \varphi) \right|^2$$

当增益系数用分贝 $10\lg G$ 表示时，因为一个增益系数为 10、输入功率为 1W 的天线和一个增益系数为 2、输入功率为 5W 的天线在最大辐射方向上具有同样的辐射场强，所以又将 $P_{\mathrm{r}}D$ 或 $P_{\mathrm{in}}G$ 定义为天线的有效辐射功率。使用高增益天线可以在维持输入功率不变的条件下，增大有效辐射功率。由于发射机的输出功率是有限的，因此在通信系统的设计中，对提高天线的增益常常抱有很大的期望，频率越高的天线，越容易得到更高的增益。

7.3.3 天线的极化

1. 定义

发射天线所辐射的电磁场都是有一定的极化的。天线的极化是该天线在给定方向上远区辐射场的变化，一般特指该天线在最大辐射方向上的极化。由于天线的远区场 E 面和 H 面互相垂直，两者极化情况一致，因此天线的极化定义为在最大辐射方向上电场矢量的空间取向随时间的变化方式，即时变电场矢量端点运动轨迹的形状、取向与旋转方向。

对发射天线而言，在某个方向的极化是指天线在该方向所辐射电波的极化。

对接收天线而言，在某个方向的极化是指天线在该方向接收获得的最大接收功率（极化匹配）时入射平面波的极化。

没有规定方向时，极化为最大增益方向（即最大辐射方向或最大接收方向）的极化。由于辐射波的极化随方向而改变，因此方向图的各部分也可能具有不同的极化。

2. 分类

与电磁场理论中平面波的三种极化方式相对应，天线的极化同样以辐射（或接收）电磁波的极化方式来进行分类，因此同样可分为线极化、圆极化和椭圆极化。

根据天线辐射的电磁波是线极化、圆极化或者椭圆极化，相应的天线对应定义为线极化天线、圆极化天线或者椭圆极化天线。

（1）线极化。

场矢量只有一个分量；（或者）场矢量有两个同相或反相的正交线分量。线极化分为水平极化和垂直极化。

在实际应用中，常以地球表面作为参考，将电场矢量垂直于地球表面的线极化称为垂直极化，而电场矢量平行于地球表面的线极化称为水平极化。

（2）圆极化。

场矢量有两个正交线极化分量；而且两个正交线极化分量等幅、相位差为±90°。

根据旋转方向分为右旋圆极化和左旋圆极化。右旋圆极化的电场矢量端点旋转方向与传播方向符合右手螺旋；符合左手螺旋的称为左旋圆极化。

（3）椭圆极化。

椭圆极化是指既不是线极化，也不是圆极化的极化方式。

3. 主极化分量

（1）定义。

由于不同极化的电磁波在传播时具有不同的特点，在实际应用时会根据需求，对天线所辐射的电磁波极化特性提出要求。

主极化分量：与要辐射（接收）的电场方向相同的电场分量。

交叉极化（或寄生极化）分量：与主极化分量相正交的分量。

（2）应用。

如果接收天线的极化方式与入射波的不同，则被称为极化失配。此时，由于极化损耗的存在，天线从入射波中不能获得最大的接收功率；否则称为极化匹配，极化匹配时不存在极化损耗。

天线不能接收与其正交的极化分量，会导致极化失配。线极化天线不能接收入射波中与其极化方向垂直的线极化波，圆极化天线不能接收入射波中与其旋转方向相反的圆极化分量。

在天线设计时要尽量减小交叉极化分量，因为交叉极化携带能量，对主极化分量是一种损耗。对收发公用天线或双频公用天线（频率复用天线），利用主极化和交叉极化特性，达到收发隔离或双频隔离的目的；另外，在实际架设天线时要注意发射天线与接收天线的极化匹配。有时为了通信需要，将线极化天线与圆极化天线一起使用，此时极化失配因子为 0.5，接收能量有一半损失，但通信不会中断。

7.3.4　天线的频带宽度

1. 定义

天线的方向特性、极化特性、阻抗特性及其效率等所有电参数都和天线的工作频率有关。实际天线都是在一定频率范围内工作的，上述特性参数在偏离天线的设计频率时往往会变差，不同天线设备系统的工作特性要求不同，对天线电参数变差的容许程度也会不同。因此，当天线的各种特性参数不超过规定变化范围时，把对应的天线工作频率范围称为天线的频带宽度（带宽）。

2. 分类

天线根据其频带宽度不同，可分为窄带天线和宽带天线。

（1）窄带天线：常用相对带宽来表示工作频带，即 $\frac{\Delta f}{f_0} \times 100\%$，$\Delta f = f_{max} - f_{min}$ 是天

电参数不超过规定变化范围的最高工作频率和最低工作频率范围，f_0 是频带的中心频率。窄带天线的相对带宽通常只有百分之几，比如引向天线。

（2）宽带天线：通常情况下用天线的最高频率比最低频率的倍数来表示频带宽度，即 f_{max}/f_{min}，也称为倍频或者绝对带宽。宽带天线的相对带宽可达到百分之几十，例如螺旋天线；而绝对带宽达到几个倍频的天线则称为超宽带天线，例如对数周期天线。

以上发射天线的主要电参数是天线的基本电参数，适用于一切发射天线。

7.3.5　天线的有效长度

天线在空间中的辐射场强与其上的电流分布有关，天线上的电流分布通常是不均匀的，即天线上各部位的辐射能力是不同的。为了衡量天线的实际辐射能力，引入天线有效长度这一参数。

在保持实际天线最大辐射方向上场强值不变的条件下，假设天线上的电流分布是均匀分布时，此时天线的长度就定义为有效长度。有效长度是一个假想的天线长度，将归算于输入点电流 I_{in} 的有效长度记作 l_{ein}，归算于波腹点电流 I_m 的有效长度记作 l_{em}。

如图 7.17 所示，如果实际长度为 l 的天线上电流分布为 $I(z)$，则该天线在最大辐射方向产生的电场可以用沿线电基本振子辐射场最大值的叠加来计算，即

$$E_{max} = \int_0^l \mathrm{d}E = \int_0^l \frac{60\pi}{\lambda r} I(z)\mathrm{d}z = \frac{60\pi}{\lambda r}\int_0^l I(z)\mathrm{d}z \tag{7.39}$$

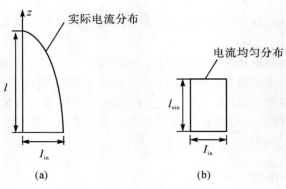

图 7.17　天线的有效长度

假设天线上输入电流 I_{in} 均匀分布，即各基本振子电流的幅相相同，当长度为 l_{ein} 时，天线在最大辐射方向产生的电场类似电基本振子的电场分布：

$$E_{max} = \frac{60\pi I_{in} l_{ein}}{\lambda r} \tag{7.40}$$

令式（7.39）、式（7.40）相等，得

$$I_{in} l_{ein} = \int_0^l I(z)\mathrm{d}z \tag{7.41}$$

式中，以高度为一边，实际电流与等效均匀电流所包围的面积相等。通常，归于输入电流 I_{in} 的有效长度和归于 I_m 的有效长度不相等。

根据有效长度可写出天线辐射场强的一般表达式，其中，l_e 与 $F(\theta, \varphi)$ 使用同一电流 I

进行归算。

$$|E(\theta, \varphi)| = |E_{\max}| F(\theta, \varphi) = \frac{60\pi I l_e}{\lambda r} F(\theta, \varphi) \tag{7.42}$$

得出方向性系数与辐射电阻、有效长度之间的关系式为

$$D = \frac{30 k^2 l_e^2}{R_r} \tag{7.43}$$

天线的有效长度越长，说明天线的辐射能力越强。当天线为直立天线时，有效长度又称为有效高度，用 h_e 来表示。

7.3.6 输入阻抗与辐射阻抗

1. 输入阻抗

对线天线，其输入阻抗定义为天线的输入端电压与电流之比，即

$$Z_{in} = \frac{U_{in}}{I_{in}} = R_{in} + j X_{in} \tag{7.44}$$

其中，输入电阻 R_{in} 对应有功功率，输入电抗 X_{in} 对应无功功率。有功功率以损耗和辐射两种方式耗散掉，而无功功率则驻存在近区中。

在实际应用中，天线是通过包括同轴线在内的传输线与发射机或者接收机相连的。天线作为传输线的负载，与传输线之间存在阻抗匹配问题。为了和传输线之间获得良好的匹配，要求天线的输入阻抗（天线与传输线的连接处称为天线的输入端，天线输入端呈现的阻抗值即为天线的输入阻抗）和传输线的特性阻抗相等，从而使得传输线中的电压驻波比达到最小，天线的接收功率达到最大。

天线的输入阻抗取决于天线的结构、工作频率以及周围环境的影响。输入阻抗的计算是比较困难的，因为它需要准确地知道天线上的激励电流；但输入阻抗是线天线的一个重要指标，因为它直接影响天线馈入的效率（对接收天线来说，是输送给接收机的效率）。因此，除了少数天线外，大多数天线的输入阻抗采用实验测定或者工程近似计算法得到。

2. 辐射阻抗

事实上，在计算天线的辐射功率时，如果将计算辐射功率的封闭曲面设置在天线的近区内，用天线的近区场进行计算，则所求出的辐射功率 P_r 同样会含有有功功率及无功功率。如果引入归算电流（输入电流 I_{in} 或波腹电流 I_m），则辐射功率与归算电流之间的关系为

$$\begin{aligned} P_r &= \frac{1}{2} |I_{in}|^2 Z_{r0} = \frac{1}{2} |I_{in}|^2 (R_{r0} + j X_{r_0}) \\ &= \frac{1}{2} |I_m|^2 Z_{rm} = \frac{1}{2} |I_m|^2 (R_{rm} + j X_{rm}) \end{aligned} \tag{7.45}$$

式中，Z_{r0}、Z_{rm} 分别为归于输入电流和波腹电流的辐射阻抗；R_{r0}、R_{rm}、X_{r_0}、X_{rm} 也为相应的辐射电阻和辐射电抗。由此，辐射阻抗是一个假想的等效阻抗，其数值与归算电流有关。

归算电流不同，辐射阻抗的数值也不同。Z_r 与 Z_{in} 之间有一定的关系，因为输入实功率为辐射实功率和损耗功率之和，当所有的功率均用输入端电流为归算电流时，$R_{in} = R_{r0} + R_{i0}$，其中，R_{i0} 为归于输入电流的损耗电阻。

7.4　接收天线理论基础

接收天线的主要功能是将电磁波能量转化为高频电流能量,当把接收天线放在外来无线电波的场内时,接收天线就感应出电流,并在接收天线输出端产生一个电动势。此电动势就通过馈线向无线电接收机输送电流,因此接收天线就是接收机的电源,而接收机是接收天线的负载。

7.4.1　互易定理

如图 7.18(a)所示,由于接收天线位于发射天线的远区辐射场中,因此到达接收天线处的无线电波可以认为是均匀平面波。

来波方向与天线轴 z 之间的夹角为 θ,电波射线与天线轴构成入射平面,入射电场包含两个分量:与入射面相垂直的分量 E_v;与入射面相平行的分量 E_h。只有同天线轴相平行的电场分量 $E_z = -E_h\sin\theta$ 才能在天线导体 dz 段上产生感应电动势 $d\widetilde{E}(z) = -E_z dz = E_h\sin\theta dz$,进而在天线上激起感应电流 $I(z)$。若将 dz 段看成一个处于接收状态的电基本振子,则无论电基本振子用于发射天线还是接收天线,其方向性都是一样的。

任意类型的线天线和面天线作为接收天线时,其方向图函数、有效长度以及输入阻抗等均与用作发射天线时的情况相同,这是由于天线无论用作发射还是接收,其满足的边界条件都是一样的。这种同一副天线收、发参数相同的特性就称为天线的互易性。同样可证明,接收天线的其他参数如极化、增益、效率等参数都与天线用作发射时的相同。

尽管天线电参数收发互易,但是二者的衡量目标不同。发射天线的电参数以辐射场的大小为衡量目标,而接收天线却以来波对接收天线的作用为衡量目标,通常用总感应电动势 $\widetilde{E} = \int d\widetilde{E}(z)$ 的大小来衡量。

接收天线的等效电路如图 7.18(b)所示。图中 Z_{in} 为接收天线的输入阻抗,Z_L 为接收机体现的负载阻抗。在接收天线的等效电路中 Z_{in} 就是感应电动势 $\widetilde{E}$ 的内阻。

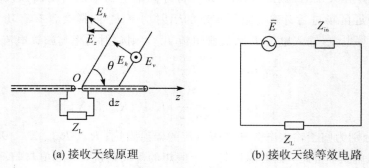

(a) 接收天线原理　　　　　　　　(b) 接收天线等效电路

图 7.18　接收天线工作原理及等效电路

虽然一副天线作为接收天线时的参数值和作为发射天线时的参数值相同,但是参数的定义和天线的工作方式却不同。并且,接收天线一般工作于弱信号的工作状态,因此接收天线具有一些不同于发射天线的特殊参数，比如有效（接收）面积、等效噪声温度等。下面介绍接收天线主要的特殊参数。

7.4.2　有效接收面积

接收天线的有效接收面积 A_e 定义：当天线以最大接收方向对准来波方向，并且天线的极化与来波极化相匹配、天线的输入阻抗与接收机体现的负载阻抗共轭匹配时，接收天线送到匹配负载的最大平均功率 P_{Lmax} 与来波的功率密度 S_{av} 之比，即

$$A_e = \frac{P_{Lmax}}{S_{av}} \tag{7.46}$$

根据 $P_{Lmax} = A_e \times S_{av}$ 可知，接收天线在此最佳状态下所接收到的功率，可以看成是被具有面积为 A_e 的口面所截获的垂直入射波功率密度的总和，此时天线的有效接收面积最大：

$$A_e = \frac{\lambda^2}{4\pi} D \tag{7.47}$$

式(7.47)是在满足最佳接收条件并且天线不存在导体和介质损耗的理想情况下获得的。如果天线存在损耗，则最大有效接收面积为

$$A_e = \frac{\lambda^2}{4\pi} D \eta_A$$

有效接收面积是衡量接收天线接收无线电波能力的重要指标，它代表接收天线吸取外来电波的能力。

对于理想电基本振子和小电流环，方向性系数 $D = 1.5$，有效接收面积 $A_e = 0.12\lambda^2$。如果小电流环的半径为 0.1λ，则小电流环所围的面积为 $0.0314\lambda^2$，而其有效接收面积大于实际占有面积。

7.4.3　背景温度和等效噪声温度

由于卫星通信等系统中的接收天线到发射天线的距离非常远，天线在接收微弱信号的同时，也会接收到其他辐射源以及自然界产生的各种噪声，此时依靠天线的方向性系数以及增益等参数，不能准确地判断天线性能的优劣，因此采用天线向接收机输送噪声功率的参数——等效噪声温度来表征天线的接收质量。等效噪声温度也是接收天线特有的一个重要参数。

1. 背景温度和亮度温度

天线的噪声来自于天线的外部环境（外部噪声）和天线本身（内部噪声）。

天线的外部噪声类型较多，包含各种电气设备的工业辐射，其他无线电设备，来自太阳、银河外星系以及大气和地面的热辐射等。上述不同类型噪声的传播途径、频谱分布、传输特性均不相同，因此通过天线进入接收机的噪声会随着频段的不同而不同，例如在微波波段，天线的外部噪声主要来自太阳、银河系、银河外星系以及大气和地面的热辐射。

天线的内部噪声主要来自天线本身的各种损耗引起的热噪声。

物理温度在零绝对温度（0K＝－273℃）以上的任何物体都能辐射能量，辐射的能量通常用等效背景温度 T_B 来表示，又称为亮度温度：

$$T_B(\theta, \varphi) = \varepsilon(\theta, \varphi) T_m = (1 - |\Gamma(\theta, \varphi)|^2) T_m \text{ K} \tag{7.48}$$

式中，ε 是发射率（无量纲）；T_m 是分子（物理）温度（K）；$\Gamma(\theta, \varphi)$ 是电磁波在物体表面引起的反射系数。发射率是工作频率、被发射能量的波的极化状态和物体分子结构的函数，其值一般介于 $0 \leqslant \varepsilon \leqslant 1$ 的范围，因此可实现的亮度温度的最大值等于分子温度。

图 7.19 给出了不同角度 θ 下（θ 是从水平面起算的角度）天空的背景温度随频率的变化曲线。由图可见，除 $f = 60$ GHz 时背景温度相同以外，其他频率一定的情况下，接近水平线时天空的背景温度最高，而天空（$\theta = 90°$）的背景温度最低。此外，频率在 22 GHz 和 60 GHz 时，背景温度曲线出现了尖锐的峰值，但二者产生的原因是不同的，前者由水分子（H_2O）的谐振引起，后者由氧气分子（O_2）的谐振而引起，这两种谐振使大气损耗急剧增加，从而导致背景温度的增加。

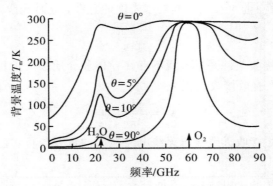

图 7.19　频率变化时天空背景温度的变化曲线

2. 等效噪声温度与系统噪声功率

电子热运动会在电阻两端产生随机的噪声电压，它输送给匹配电阻的最大噪声功率（额定噪声功率）为

$$P_n = kT\Delta f \tag{7.49}$$

式中，$k = 1.30854 \times 10^{-23}$ J/K 是玻尔兹曼常数；Δf 为系统的工作带宽；T 是环境的绝对温度，单位为 K。类似地，接收天线向共轭匹配的负载输送的噪声功率可表示为

$$P_{nr} = kT_A\Delta f \tag{7.50}$$

式中，T_A 是天线的噪声温度，又称为等效噪声温度，这个参数代表了接收天线向共轭匹配负载输送的噪声功率大小，并不是天线本身的物理温度。

如果天线及其馈线保持确定的温度且馈线为有耗传输线，那么必须对式（7.50）进行修正，以保证可以正确反映其他因素以及传输线损耗对等效噪声温度的影响。

如果天线保持确定的物理温度 T_0，衰减常数 α、长度 l 的传输线上也保持物理温度 T_0，并且天线与传输线之间匹配，如图 7.20 所示，则在接收机输入端的等效天线温度 T_a 可表示为

$$T_a = T_A e^{-2\alpha l} + T_{AP} e^{-2\alpha l} + T_0(1 - e^{-2\alpha l}) \tag{7.51}$$

式中，$T_{AP} = [(1/\varepsilon_A) - 1] T_p$，为天线终端处由物理温度引起的天线温度，$\varepsilon_A$ 为天线的（热）效率；T_A 为天线终端的等效天线噪声温度。

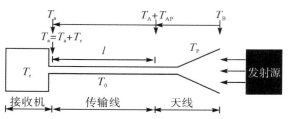

图 7.20　与接收机相连的天馈系统的效噪声

天线的噪声功率可修正为

$$P_{nr} = kT_a \Delta f \tag{7.52}$$

式中，T_a 为接收机输入端的等效天线温度。显然，考虑接收机本身所具有的噪声温度 T_r（由接收机内元器件的热噪声引起），那么在接收机终端呈现的系统总噪声功率为

$$P_s = k(T_a + T_r)\Delta f = kT_s \Delta f \tag{7.53}$$

式中，$T_s = T_a + T_r$ 为系统总噪声温度。

综上，天线的等效噪声温度不仅由外部噪声源的空间分布决定，还和天线的方向性、天线的架设及其取向有关。采用具有定向性的接收天线，可以避开某些噪声源，从而达到降低噪声的目的。若接收天线方向图的零点对准强噪声源时，等效噪声温度就明显降低；相反地，当接收天线的最大辐射方向出现强噪声源时，等效噪声温度就将显著增加。因此，在实际应用中，为了取得最好的接收效果，应保证天线方向图的零点尽可能对准强噪声源，而主波束方向对准来波方向，这样才能获得最大的信噪比。

7.5　对称振子天线

由于电基本振子和磁基本振子的辐射电阻低，因此一般不能作为实际天线使用。本节介绍的直线对称振子是最基本也是最常见的一种实用型天线，简称为对称振子。

如图 7.21 所示，对称振子是由两根粗细和长度都相同的导线构成的，中间为两个馈电端点的振子天线。设每个臂的长度为 l，导线的半径为 a。两臂之间的间隙很小，振子的总长度 $L = 2l$。对称振子的长度与波长相比拟，可以构成实用天线。

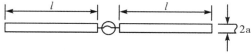

图 7.21　对称振子结构图

7.5.1　对称振子的电流分布

若想分析对称振子的辐射特性，必须首先知道它的电流分布，再通过求解麦克斯韦方程而求得振子周围空间的电磁场分布。具体求解时，在对称振子两臂中间馈以高频电动势，则在对称振子的两臂将产生一定的电流和电荷分布，这种电流分布就在其周围空间激发电

磁场，电磁能量将不断地向空间辐射。要求出振子上电流分布的严格解，可以利用导体的边界条件，即电场强度的切线分量和磁场强度的法线分量等于零的条件。但是，对于这样一种简单几何形状的天线，要精确地求得振子上的电流电荷分布及其产生的电磁场，运算过程非常复杂，这在工程上往往是不实用的。通常工程上需要寻求近似的处理方法。

严格的理论计算和实验都已证实：对于无限细的对称振子而言，振子上的电流分布和无耗终端开路传输线上的电流分布非常相似，即接近于正弦分布（或驻波分布），对称振子的结构相当于一段开路双线传输线张开而成；比较粗的圆柱对称振子上的电流分布则和正弦分布有点差别，但总差别不大，只是在波节点（终端波节点除外）差别较大。因为电流节点的电流较小，对总辐射场影响较小，所以计算对称振子的辐射场时，可以近似认为对称振子上的电流分布和开路双线传输线相同，即为正弦分布。

若振子沿着 z 轴放置，振子的中心置于坐标原点，则其上的电流分布如下

$$I(z) = I_\mathrm{m}\sin k(l - |z|) = \begin{cases} I_\mathrm{m}\sin k(l - z) & z \geqslant 0 \\ I_\mathrm{m}\sin k(l + z) & z < 0 \end{cases} \tag{7.54}$$

式中，I_m 表示电流波腹点的复振幅；$k = \dfrac{2\pi}{\lambda} = \dfrac{\omega}{c}$ 为振子上电流传输的相移常数，由于振子上有功率辐射，可以看作是一种功率损耗，k 应为有耗线的相移常数。根据正弦分布的特点，对称振子的末端为电流的波节点，电流分布关于振子的中心点对称，超过半波长就会出现反相电流。

图 7.22 绘出了理想正弦分布和依靠数值求解方法（矩量法）计算出的细对称振子上的电流分布，后者大体与前者相似，但二者也有明显差异，特别在振子中心附近和波节点处的差别更大。这种差别对辐射场的影响不大，但对近场计算（例如输入阻抗）有重要影响。

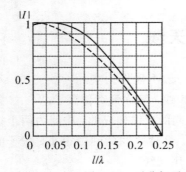 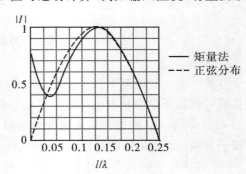

图 7.22　对称振子电流分布（理想正弦分布与矩量法计算结果）

对称振子是应用广泛、结构简单的一种线天线，既可以单独使用，又可以作为阵列天线的组成单元，还可以用作某些微波天线的馈源。

7.5.2　对称振子的辐射场和方向性

1. 辐射场

在确定了对称振子的电流分布以后，就可以计算其辐射场。

电基本振子是尺寸远小于波长，且电流均匀分布的基本辐射单元，前面已经求出了电基本振子的辐射场分布。计算对称振子的辐射场时，可将其分成无限多个电流元，每个电

流元可看作一个电基本振子，对于线性媒质，利用叠加原理，则对称振子的辐射场就是所有电基本振子的辐射场之和。在图 7.23 中，远区场中的一个观察点 $P(r,\theta)$ 距离对称振子足够远，所以每个电流元到观察点的射线近似平行，因而各电流元在观察点处产生的辐射场矢量方向也可以被认为是相同的，和电基本振子一样，对称振子仍为线极化天线。

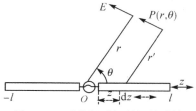

图 7.23　对称振子辐射场的计算

如图 7.23 所示，在对称振子 $z>0$ 的臂上任意取一个线元 $\mathrm{d}z$，则由电基本振子的辐射场可得

$$\mathrm{d}E_\theta = \mathrm{j}\,\frac{60\pi}{\lambda}\sin\theta I_\mathrm{m}\sin k(l-|z|)\frac{\mathrm{e}^{-\mathrm{j}kr'}}{r'}\mathrm{d}z \tag{7.55}$$

式中，r 是从振子的中点到观察点的距离，r' 是所取的线元 $\mathrm{d}z$ 到观察点的距离，二者可近似看作互相平行且有如下关系

$$r' \approx r - z\cos\theta \tag{7.56}$$

在远区，由于 $z\cos\theta \ll r$，因此可忽略 r' 与 r 二者的差异对辐射场带来的影响，可以令 $1/r' \approx 1/r$，但是式(7.55)指数项中的 r' 和 r 不能认为是相等的，因为它们的波程差 $z\cos\theta$ 所引起的相位差是周期性的，极小的波程差就可能引起相当于几十度的相位差，因此对辐射场相位带来的影响不能忽略不计。由路径差不同而引起的相位差 $k(r-r')=\dfrac{2\pi(r-r')}{\lambda}$ 正是形成天线方向性的重要因素之一。

把所有线元在远区观察点产生的辐射场叠加起来，就得到了对称振子在观察点的总辐射场。因此，整个对称振子的辐射场就可以由线元的辐射场对整个天线长度的积分求得，即将式(7.55)沿振子全长作积分

$$\begin{aligned}
E_\theta(\theta) &= \mathrm{j}\,\frac{60\pi I_\mathrm{m}}{\lambda}\frac{\mathrm{e}^{-\mathrm{j}kr}}{r}\sin\theta\int_{-l}^{l}\sin k(l-|z|)\mathrm{e}^{\mathrm{j}kz\cos\theta}\mathrm{d}z \\
&= \mathrm{j}\,\frac{60 I_\mathrm{m}}{r}\frac{\cos(kl\cos\theta)-\cos(kl)}{\sin\theta}\mathrm{e}^{-\mathrm{j}kr}
\end{aligned} \tag{7.57}$$

由上面对称振子的方向图函数可看出，它只包含 θ，不包含 φ，说明对称振子的辐射场与 φ 无关，即在垂直于对称振子的 H 面内无方向性。对称振子的辐射场仍为球面波，其等相位面是以振子的中点为球心、半径为常数的球面；极化方式仍为线极化。

2. 方向图

根据辐射场强与方向函数的关系，对称振子的方向函数为

$$f(\theta) = \left|\frac{E_\theta(\theta)}{\dfrac{60 I_\mathrm{m}}{r}}\right| = \left|\frac{\cos(kl\cos\theta)-\cos(kl)}{\sin\theta}\right| \tag{7.58}$$

式(7.58)是以波腹电流归算的方向函数，实际上也是对称振子 E 面的方向函数，其形状与 l/λ 或者 kl 有关。在对称振子的 H 面上，将 $\theta=90°$ 代入式(7.58)，即可得到 H 面的方向函数

$$f(\theta) = 1 - \cos(kl)$$

方向函数与 φ 无关，其方向图为圆。

图 7.24 绘出了对称振子 E 面归一化方向图：

(1) 当 $l \ll \lambda$ 时，对称振子与电基本振子的方向图很接近。

(2) 当 $l \leqslant 0.5\lambda$ 时，对称振子方向图仍为"8"字形状，其上各点电流同相，因此参与辐射的电流元越多，在 $\theta=90°$ 方向上的辐射越强。随着 l/λ 增大，方向图变得更尖锐，波瓣宽度越窄。

(3) 当 $l>0.5\lambda$ 时，对称振子上出现反相电流，方向图除了主瓣以外，开始出现副瓣；当电长度继续增大至 $l>0.72\lambda$ 后，最大辐射方向不在 $\theta=90°$，将发生偏移。

(4) 当 $l=1\lambda$ 时，在 $\theta=90°$ 方向，对称振子电流相位差使得各基本振子的辐射场相互抵消，导致 $\theta=90°$ 的平面内没有辐射，在 $\theta=60°$ 的平面内，由于波程差引起的相位差与电流相位差的相互补偿，使得该方向上叠加的场最大。

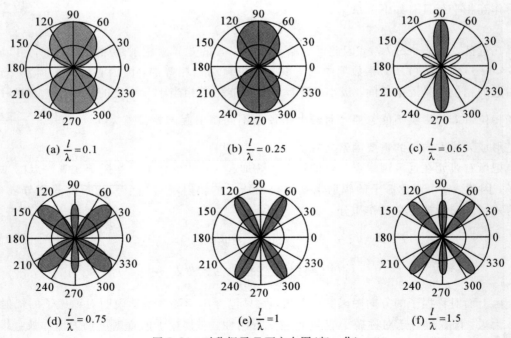

(a) $\dfrac{l}{\lambda}=0.1$ (b) $\dfrac{l}{\lambda}=0.25$ (c) $\dfrac{l}{\lambda}=0.65$

(d) $\dfrac{l}{\lambda}=0.75$ (e) $\dfrac{l}{\lambda}=1$ (f) $\dfrac{l}{\lambda}=1.5$

图 7.24　对称振子 E 面方向图(归一化)

综上，影响对称振子方向函数的因素有 4 个，包括基本辐射单元的方向性，振子上电流的幅度、相位分布，基本单元辐射场的波程差，其中振子上电流的相位分布和波程差起主要作用。

在一定频率范围内工作的对称振子，为保持一定的方向性，一般要求最高工作频率时，$l/\lambda_{\min} \leqslant 0.625$，电长度满足这个要求时，方向图中最大辐射方向仍在 $\theta=90°$，因此长对称振

子在工程上应用较少。

在所有对称振子中，半波振子($2l=0.5\lambda$)最具有实用性，它广泛地应用于短波和超短波波段，还可用作微波波段天线的馈源。将 $l=0.25\lambda$ 代入式(7.58)可得半波振子的方向函数为

$$F(\theta) = \left| \frac{\cos\left(\dfrac{\pi}{2}\cos\theta\right)}{\sin\theta} \right| \tag{7.59}$$

其 E 面波瓣宽度为 78°，辐射电阻 $R_r=73.1$，方向性系数为 $D=1.64$，比电基本振子的方向性略强一些。

7.5.3　辐射功率与输入阻抗

由于对称振子的实用性，因此必须知道它的输入阻抗，以便与传输线相连。工程上也常常采用等值传输线法来计算。也就是说，考虑到对称振子与传输线的区别，将对称振子经过修正等效成传输线后，可以借助于传输线的输入阻抗公式来导出对称振子的输入阻抗。具体修正时要注意：

（1）均匀传输线的特性阻抗沿线不变，而对称振子两臂上对应点之间的距离不同，其特性阻抗沿线发生变化；

（2）均匀传输线几乎没有辐射，而对称振子是一种辐射器，相当有耗传输线，所以应采用有耗传输线输入阻抗公式计算其输入阻抗。

对称振子输入阻抗和电波长的关系如图 7.25 所示，图中 $Z_{0A}=120\left(\ln\dfrac{2l}{a}-1\right)$ 为对称振子的平均特性阻抗。

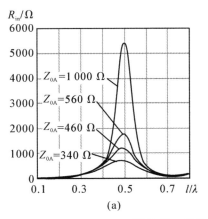
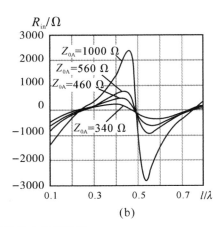

图 7.25　对称振子的输入阻抗曲线

对称振子的输入阻抗有如下两个特点：

（1）输入阻抗与传输线类似地呈现出振荡特性，并存在着一系列的谐振点，在这些谐振点上，输入电抗为零。第一个谐振点位于 $2l/\lambda\approx0.48$ 处，这也是对称振子的常用长度；

第二个谐振点位于 $2l/\lambda \approx 0.8 \sim 0.9$ 的范围内，虽然此处的输入电阻很大，但是频带特性不好。

（2）对称振子越粗，平均特性阻抗 Z_{0A} 越低，对称振子的输入阻抗随 l/λ 的变化越平缓，有利于改善频带宽度。

应该指出的是，对称振子输入端的连接状态也会影响其输入阻抗，在实际测量中，振子的端接条件不同，测得的振子输入阻抗也会有一定的差别。

图 7.25 中，四条曲线分别代表平均特性阻抗 Z_{0A} 为 1000 Ω、560 Ω、460 Ω 和 340 Ω 时的输入电阻和输入电抗。可以看出，当 l/λ 增大时，输入电阻增大；当 $l/\lambda = 0.5$ 时，达到峰顶；当 l/λ 再增大时，辐射电阻减小。

7.6 天 线 阵

由前面内容可知，电基本振子方向性系数 $D = 1.5$，半波振子方向性系数 $D = 1.64$，它们的方向性都是有限的。实际无线电系统中大多数都要求天线具有很强的方向性，增加电基本振子的臂长 l 有可能提高天线的方向性，但随着臂长的增加，电基本振子的方向性系数并不是单调增加，而是在达到最大值（$D = 3.2$，$l = 0.625\lambda$）之后，方向性系数会随着臂长的增加下降，显然，要增强天线的方向性不能单纯依靠增加天线长度。

为了加强天线的定向辐射能力，将多个独立的单元天线按一定方式排列在一起，组成了天线阵（阵列天线）。排列方式可以是直线阵、平面阵和立体阵。实际的天线阵多用相似元组成。相似元是指组成天线阵的各单元天线结构形式相同且架设方位也相同，即它们空间辐射场方向图函数完全相同。天线阵的辐射场是各单元天线辐射场的矢量和，调整好各单元天线辐射场之间的相位差，就可以得到所需要的、更强的方向性。

7.6.1 二元阵

1. 二元阵的辐射场

二元阵是最简单的天线阵列，但是关于其方向性的讨论却适用于多元阵。二元阵是由两个形式和取向相同的相似天线元构成的天线阵列，两天线间的距离为 d，它们离观察点的距离分别为 r_1 和 r_2，两天线上的电流分别为 I_1 和 I_2，如图 7.26 所示。

$$I_2 = mI_1 e^{j\xi}$$

其中，m 表示天线 2 和天线 1 上的电流振幅比值，ξ 表示 I_2 比 I_1 超前的相角。

根据叠加原理，两天线在远区观察点 P 处的辐射场是各

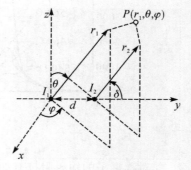

图 7.26 二元阵的辐射

天线元在该点辐射场的叠加，即

$$E(\theta, \varphi) = E_1(\theta, \varphi) + E_2(\theta, \varphi) \tag{7.60}$$

$$f_1(\theta, \varphi) = f_2(\theta, \varphi) \tag{7.61}$$

式中，$E_1(\theta, \varphi) = \dfrac{60 I_{m1}}{r_1} f_1(\theta, \varphi) e^{-jkr_1}$，$E_2(\theta, \varphi) = \dfrac{60 I_{m2}}{r_2} f_2(\theta, \varphi) e^{-jkr_2}$，由于 P 点在天线

阵远区，因此可以认为由各天线元到该点的射线相互平行，即 $\dfrac{1}{r_1} \approx \dfrac{1}{r_2}$。

仍然选取天线 1 为相位参考天线，不计天线阵元间的耦合，则观察点处的合成场为

$$E(\theta, \varphi) = E_1(\theta, \varphi) + E_2(\theta, \varphi) = E_1(\theta, \varphi)(1 + m e^{j[\xi + k(r_1 - r_2)]}) \tag{7.62}$$

令 $r_1 - r_2 = \Delta r$，且

$$\psi = \xi + k(r_1 - r_2) = \xi + k \Delta r \tag{7.63}$$

则

$$E(\theta, \varphi) = E_1(\theta, \varphi)(1 + m e^{j\psi}) \tag{7.64}$$

式中，ψ 表示在 (θ, φ) 方向上，两个天线之间的总相位差，包含了两部分：电流的初始激励相位差和由路径差导致的波程差。前者是一个常数，不随方位而变；后者和空间方位有关。图 7.26 中，路径差为

$$\Delta r = d \cos\delta \tag{7.65}$$

式中，δ 为电波射线与天线阵轴线之间的夹角。

2. 方向图乘积定理

若式（7.64）两边同时除以 $\dfrac{60 I_{m1}}{r_1}$，则天线阵的合成方向函数 $f(\theta, \varphi)$ 表示为

$$f(\theta, \varphi) = f_1(\theta, \varphi) \times f_a(\theta, \varphi) \tag{7.66}$$

式中，第一项 $f_1(\theta, \varphi)$ 为单元天线的方向函数，称为单元因子，仅与单元天线的结构、尺寸和架设方位有关；第二项 $f_a(\theta, \varphi) = |1 + m e^{j\psi}|$ 由天线单元的电流分布、空间分布以及个数决定，与单元天线的形式和尺寸无关，称为阵因子。

式（7.66）表明，各单元天线为相似元时，二元阵的方向函数等于单元因子（单元天线）的方向函数与阵因子之积，这就是（天线阵）方向图乘积定理，它是分析天线阵方向性的理论基础。

由阵因子表达式可知：

当 $\psi(\theta, \varphi) = \xi + k \Delta r = \pm 2n\pi$ $\quad(n = 0, 1, 2, \cdots)$ 时，

$$f_{a\max}(\theta, \varphi) = 1 + m \tag{7.67}$$

当 $\psi(\theta, \varphi) = \xi + k \Delta r = \pm(2n - 1)\pi$ $\quad(n = 0, 1, 2, \cdots)$ 时，

$$f_{a\min}(\theta, \varphi) = |1 - m| \tag{7.68}$$

当 m 为正实数，且满足上述条件时，阵因子分别取最大值和最小值。

阵因子 $f_a(\theta, \varphi)$ 对于阵列天线的方向图十分重要。对二元阵来说，由阵因子绘出的方向图是围绕天线阵轴线回旋的空间图形。通过调整阵元间距 d 和天线单元电流比 I_2 / I_1，最终调整相位差 $\psi(\theta, \varphi)$，可以设计方向图的形状。

注意：

（1）对于理想点源天线，单元因子 $f_1(\theta, \varphi)=1$，因此由其构成的二元阵 $f(\theta, \varphi)= f_a(\theta, \varphi)$。

（2）天线阵方向图乘积定理只适用于相似元组成的天线阵。如果天线阵中的单元不是相似元，则总方向图函数中就提不出公共的单元因子，方向图乘积定理就不成立。

[例 7 - 2] 如图 7.27 所示，平行二元阵由两个半波振子组成，其中 $I_{m2}=I_{m1}\,e^{j\frac{\pi}{2}}$，阵元间距 d 分别为 0.25λ 和 0.75λ，求其 E 面（yOz）和 H 面的方向函数。

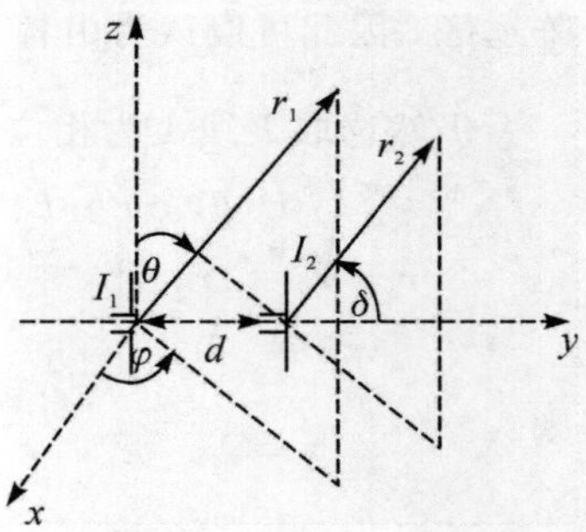

解： 题目中给出的二元阵 $m=1$，属于等幅二元阵。其阵因子为

$$f_a(\theta, \varphi) = \left| 2\cos\frac{\psi}{2} \right| \tag{7.69}$$

根据方向图乘积定理，二元阵的方向函数等于对称振子的方向函数乘以阵因子。应先计算当 $d=0.25\lambda$ 时的情况。

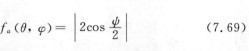

图 7.27　例 7 - 2 用图

1）E 平面（yOz）

首先半波振子在 E 面的方向函数为

$$f_1(\delta) = \left| \frac{\cos\left(\dfrac{\pi}{2}\sin\delta \right)}{\cos\delta} \right|$$

接下来求阵因子，阵因子是相位差 ψ 的函数，如图 7.28 所示，将路径差 $\Delta r = d\cos\delta = \dfrac{\lambda}{4}\cos\delta$ 代入相位差的表达式，则相位差为

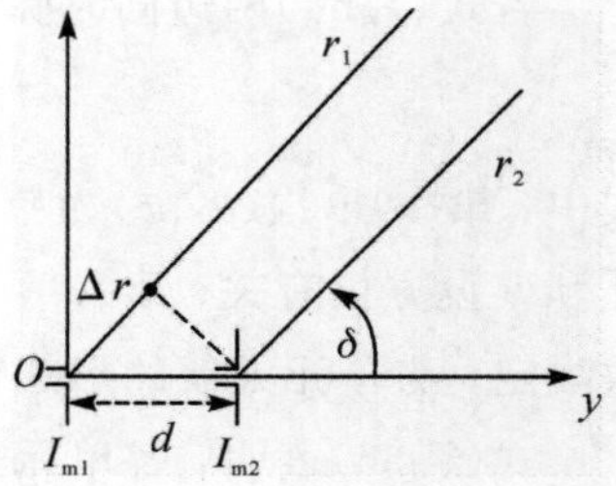

$$\psi_E(\delta) = \frac{\pi}{2} + kd\cos\delta = \frac{\pi}{2} + \frac{\pi}{2}\cos\delta$$

图 7.28　例 7 - 2 的 E 面坐标图

阵因子可以写为

$$f_a(\delta) = \left| 2\cos\left(\frac{\pi}{4} + \frac{\pi}{4}\cos\delta \right) \right|$$

根据方向图乘积定理，题目中的二元阵在 E 平面的方向函数为

$$f_E(\delta) = \left| \frac{\cos\left(\dfrac{\pi}{2}\sin\delta \right)}{\cos\delta} \right| \times 2\left| \cos\left(\frac{\pi}{4} + \frac{\pi}{4}\cos\delta \right) \right|$$

由上面的分析，可以画出 E 平面方向图，如图 7.29 所示。图中各方向图已经归一化。

特别地，当 $\delta=0°$ 和 $180°$ 时，ψ_E 分别为 π 和 0，表明阵因子在 $\delta=0°$ 和 $\delta=180°$ 方向上分别为零辐射和最大辐射。

2）H 平面（xOy）

题目中二元阵的坐标图如图 7.30 所示。

半波对称振子在 H 面无方向性，H 面和 E 面阵因子相同。

利用方向图乘积定理，得到二元阵 H 面的方向函数为

$$f_{\mathrm{H}}(\delta) = 2\left|\cos\left(\frac{\pi}{4} + \frac{\pi}{4}\cos\delta\right)\right|$$

H 面方向图如图 7.31 所示。

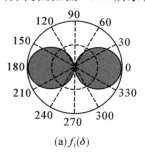 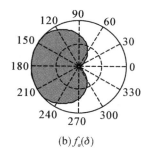 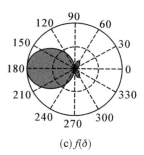

(a) $f_1(\delta)$ (b) $f_a(\delta)$ (c) $f(\delta)$

图 7.29 例题 7-2 的 E 面方向图

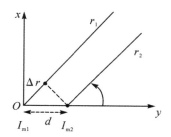

图 7.30 例 7-2 的 H 面坐标图

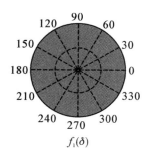 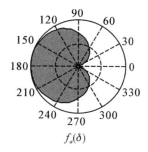 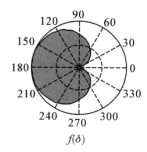

$f_1(\delta)$ $f_a(\delta)$ $f(\delta)$

图 7.31 例 7-2 的 H 面方向图

综上，当 $\delta=0°$ 时，总相位差为 π，在这个方向上两个单元天线的辐射场反向相消，合成场为零；当 $\delta=180°$ 时，电流激励的相位差和波程差相抵消，在这个方向上两个单元天线的辐射场同相叠加，得到了最大合成场，此时的二元阵具有单向辐射功能，从而提高了方向性，达到了排阵的目的。

当 $d=0.75\lambda$ 时，阵因子为

$$f_a(\theta,\varphi) = \left|2\cos\left(\frac{\pi}{4} + 0.75\pi\sin\theta\sin\varphi\right)\right|$$

方向函数为

$$f(\theta, \varphi) = \left| \frac{\cos\left(\dfrac{\pi}{2}\cos\theta\right)}{\sin\theta} \right| \times \left| 2\cos\left(\frac{\pi}{4} + 0.75\pi\sin\theta\sin\varphi\right) \right|$$

常见二元阵阵因子如图 7.32 所示。改变单元天线上电流激励初始相差，会影响阵因子，使其最大辐射方向发生变化；而阵元间距 d 变大会加大波程差的变化范围，导致方向图中波瓣个数增加。

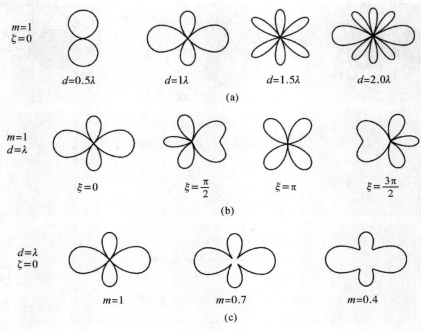

图 7.32　二元阵阵因子图形

7.6.2　均匀直线阵

1. 均匀直线阵阵因子

为了进一步加强阵列天线的方向性，需要增加阵列中天线的数目，最简单的多元阵是均匀直线阵。

直线阵是由独立的相似元排列在一条直线上构成的天线阵，当直线阵中所有单元天线结构相同、间距相等，并且电流激励振幅相等（等幅分布），相位依次等量递增或递减（线性相位分布）时，此时的阵列称为均匀直线阵，N 个单元天线构成的均匀直线阵坐标系如图 7.33 所示，阵元间距为 d，电流激励为 $I_n = I_{n-1}e^{j\xi}(n=2, 3, \cdots, N)$。

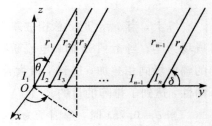

图 7.33　均匀直线阵坐标图

先求阵因子。以坐标原点（单元天线 1）为相位参考点，当电波射线与阵轴线成 δ 角度时，相邻阵元在此方向上的相位差为

$$\psi(\delta) = \xi + kd\cos\delta \tag{7.70}$$

该直线阵的阵因子为

$$f_a(\delta) = \left| 1 + e^{j\psi(\delta)} + e^{j2\psi(\delta)} + e^{j3\psi(\delta)} + \cdots + e^{j(N-1)\psi(\delta)} \right|$$

$$= \left| \sum_{n=0}^{N-1} e^{j(n-1)\psi(\delta)} \right| \tag{7.71}$$

对等比数列求和，其值为

$$f_a(\psi) = \left| \frac{\sin\dfrac{N\psi}{2}}{\sin\dfrac{\psi}{2}} \right| \tag{7.72}$$

对式(7.72)进行归一化，

$$F_a(\psi) = \frac{1}{N}\left| \frac{\sin\dfrac{N\psi}{2}}{\sin\dfrac{\psi}{2}} \right| \tag{7.73}$$

计算出阵因子后，就可以利用方向图乘积定理，将其与单元天线的方向函数进行乘积，得到均匀直线阵的方向函数。事实上，只要天线阵是由相似元组成的，无论单元天线之间的距离如何，振幅是否均匀，天线阵的总方向图都可以写成单元因子与阵因子的乘积，即方向图乘积定理是普遍成立的。

在实际应用中，单元天线多采用弱方向性天线，因此，均匀直线阵的方向性调控主要通过调控阵因子来实现。

阵因子的最大值可由 $\dfrac{d}{d\psi}[f_a(\psi)] = 0$ 确定。

$\psi = 2m\pi$（$m = 0, \pm 1, \pm 2, \cdots$）时，阵因子取最大值 N；同时，$\psi = \dfrac{2m\pi}{N}$（$m = \pm 1, \pm 2, \cdots$）时，阵因子为 0 值。

图 7.34 是 N 元均匀直线阵的归一化阵因子随 ψ 的变化图形，称为均匀直线阵的通用方向图。归一化阵因子 $F_a(\psi)$ 是 ψ 的周期函数，周期为 2π。周期 $[0, 2\pi]$ 内函数最大值为 1，出现在 $\psi = 0$、2π 处，对应主瓣或栅瓣（该瓣的最大值与主瓣的最大值一样大）；当阵因子分子为 1 时，有 $N-2$ 个函数值小于 1 的极大值，此时

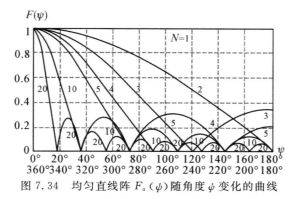

图 7.34 均匀直线阵 $F_a(\psi)$ 随角度 ψ 变化的曲线

$$\psi_{\mathrm{m}} = \frac{(2m+h)\pi}{N} \quad (m = 1, 2, \cdots, N+2) \tag{7.74}$$

对应方向图的副瓣（旁瓣）；阵因子分子为零时，出现 $N-1$ 个零点，此时

$$\psi_0 = \frac{2m\pi}{N} \quad (m = 1, 2, \cdots, N-1) \tag{7.75}$$

第一个零点为

$$\psi_{01} = \frac{2\pi}{N}$$

由于 δ 可取值范围为 $0° \sim 180°$，与此对应的 ψ 变化范围为

$$-kd + \xi < \psi < kd + \xi \tag{7.76}$$

ψ 的这个变化范围称为可视区。只有可视区中 ψ 所对应的 $F(\psi)$ 才是特定均匀直线阵的阵因子。ψ 的可视区的大小与 d 有关，d 越大，可视区越大；可视区内的方向图形状同时与 d 和 ξ 有关，只有 d 和 ξ 的适当配合，才能获得良好的阵因子方向图。

将 ψ 与 δ 的关系式代入阵因子表达式后，就可以绘出阵因子的极坐标方向图。同样将 ψ 与 δ 的关系代入计算阵因子的副瓣、零点的公式中，可以计算极坐标方向图中副瓣和零点的位置。

2. 几种常见的均匀直线阵

1）边射直线阵

边射直线阵是最大辐射方向在垂直于阵轴线方向的直线阵。边射阵相邻单元天线的电流相位差 $\xi = 0$，即同相均匀直线阵形成了边射阵，在边射阵最大辐射方向，各阵元到远区观察点没有波程差，因此各阵元的激励电流也不需要有相位差。对于边射阵，$\psi = kd\cos\delta$。

图 7.35 是 $d = \lambda/4$ 的 10 元边射阵的方向图。

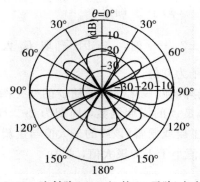

图 7.35　边射阵（$d = \lambda/4$ 的 10 元阵）方向图

图 7.36 给出了阵元数目 N 和间距 d 改变时，阵因子的方向图。图中，N 越多，d 越大，边射直线阵的主瓣越窄，副瓣电平越高。

需要注意的是，d 变大时，会出现栅瓣。栅瓣是除主瓣以外，在其他方向因场强同相叠加而形成强度与主瓣相仿的波瓣。栅瓣占据了辐射能量，使天线增益降低。对于边射阵，防止栅瓣出现的条件：

$$\Delta\psi_{\max} < 4\pi \Rightarrow d < \lambda \tag{7.77}$$

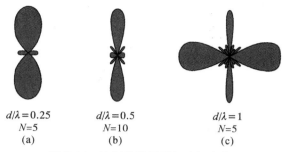

$d/\lambda = 0.25$
$N = 5$
(a)

$d/\lambda = 0.5$
$N = 10$
(b)

$d/\lambda = 1$
$N = 5$
(c)

图 7.36　边射阵阵因子极坐标方向图

2）原型端射直线阵

原型端射直线阵的最大辐射方向在阵轴线上，即 $\delta_{max} = 0$ 或 π。最大辐射方向（主瓣最大值方向）的 $\xi + kd\cos\delta = 0$，将 $\delta_{max} = 0$ 或 π 代入，得到

$$\xi = \begin{cases} -kd \\ +kd \end{cases} \Leftrightarrow \begin{cases} \delta_{max} = 0 \\ \delta_{max} = \pi \end{cases} \tag{7.78}$$

式（7.78）表明，端射直线阵最大辐射方向偏向电流滞后的一方。图 7.37 给出了 $d = \lambda/4$ 的 10 元端射阵的方向图。

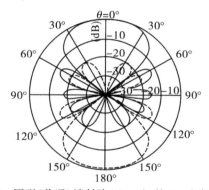

图 7.37　原型（普通）端射阵（$d = \lambda/4$ 的 10 元阵）方向图

3）相位扫描直线阵

改变电流激励相位差，最大辐射方向将由 $\xi + kd\cos\delta_{max} = 0$ 决定，表示为

$$\delta_{max} = \arccos\left(\frac{-\xi}{kd}\right) \tag{7.79}$$

阵元间距给定后，直线阵相邻阵元电流相位差 ξ 的变化，会引起方向图中最大辐射方向的变化。当 ξ 随时间按照一定规律重复变化时，天线阵不转动，整个方向图在一定空域内往复运行，实现了方向图扫描。由于是利用 ξ 的变化使方向图扫描，这种扫描称为相位扫描，通过改变相邻阵元电流相位差，从而实现方向图扫描的天线阵，称为相位扫描天线阵或者相控阵。

由式（7.79）可知，最大辐射方向的变化与工作频率也有关系，工作频率的变化可以实现方向图扫描，这称为频率扫描。

图 7.38（a）中，阵元电流的相位变化由串接在各自馈线中的电控相移器控制，而图 7.38（b）中，馈线终端接匹配负载时，信号频率改变带来的电长度变化会引起天线单元电流

的相位变化。

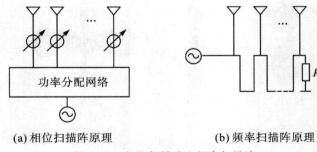

(a) 相位扫描阵原理　　　　　　(b) 频率扫描阵原理

图 7.38　相位扫描阵和频率扫描阵

4）强方向性端射阵

原型端射阵的方向图主瓣较宽，方向性系数较弱。强端射阵是一种适当压缩主瓣宽度，使方向性系数达到最大的改进型端射阵。对一定的均匀直线阵，可以通过控制天线单元之间的电流相位差，从而获得阵列的最大方向性系数，因此这种直线阵被称为强方向性端射阵。具体条件如下

$$\xi = \pm kd \pm \frac{\pi}{N} \tag{7.80}$$

从式 (7.80) 可以看出，在原型端射阵的基础上，将阵元间的初相差加上 π/N 的相位延迟，阵轴线方向就不再是完全同相了。

图 7.39 是一个强方向性端射阵的方向图。(a) 图中，和原型端射阵相比，强方向性端射阵的可视区相当于稍微进行了平移，将原型端射阵的最大值以及附近变化较慢的区域从可视区内移出了。(b) 图中，在阵元间距和数目相同的条件下，和原型端设阵（普通端设阵）相比，强方向性端射阵的主瓣更窄，方向性更强，但副瓣电平增高，这是为提高方向性系数付出的代价。

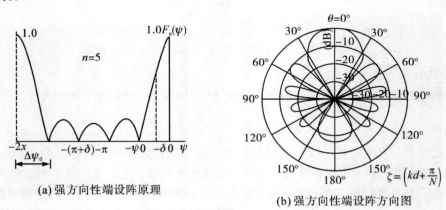

(a) 强方向性端设阵原理　　　　　　(b) 强方向性端设阵方向图

图 7.39　强方向性端射阵原理及方向图

3. 均匀直线阵的方向性系数

ψ 可视区的大小是由阵元间距 d 决定的，间距过大时，方向图有多个最大值相同的波瓣。当 $\psi = 2m\pi (m = 0, \pm 1, \pm 2, \cdots)$ 时，方向图出现最大值。最大值在 $\psi = 0$ 的波瓣称为方向图主瓣，最大值在其他 ψ 的波瓣称为方向图的栅瓣。消除栅瓣的方法是正确选择阵元

间距，使它不超过某个极限值。

图 7.40(a)是忽略单元天线方向性的前提下，不同均匀直线阵的方向系数变化曲线。图中，阵元间距 d 增加，方向性系数增大，但是 d 过大时会出现栅瓣，此时的方向性系数反而下降。图 7.40(b)反映了阵元个数 N 和方向性系数的关系，N 很大时，方向性系数 D 与 N 的关系基本上呈线性增长关系。

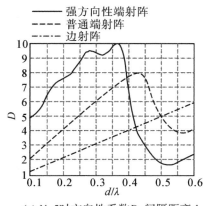

(a) $N=5$ 时方向性系数 D–间隔距离 d

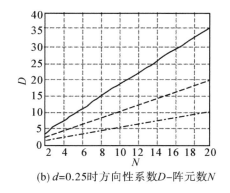

(b) $d=0.25$ 时方向性系数 D–阵元数 N

图 7.40　均匀直线阵方向系数变化曲线

下面是消除不同阵列栅瓣的间距条件。

(1) 边射直线阵：$\dfrac{d}{\lambda} \leqslant \dfrac{n-1}{n}$；

(2) 原型端设直线阵：$\dfrac{d}{\lambda} \leqslant \dfrac{n-1}{2n}$；

(3) 强方向性端设阵：$\dfrac{d}{\lambda} \leqslant \dfrac{2n-3}{4n}$。

均匀直线阵列的处理方法适用于其他形式的阵列，这种形式的阵列虽然是一种最简单的排阵方式，但是在要求最大辐射方向为任意值时，它并不是最好的选择。下面对比了均匀直线阵和其他形式的阵列在要求最大辐射方向为 $\theta_{\max}=45°$、$\varphi_{\max}=90°$ 时的方向性。图 7.41(a)是排列在 y 轴上的 8 元均匀直线阵达到的最好效果，其阵元间距为 $\lambda/4$，此时方向性系数为 5.5；图 7.41(b)是以同样的阵元数目和阵轮廓尺寸排列的 xOy 平面上的半径为 $7 \times \dfrac{0.25\lambda}{2}$ 的 8 元圆环阵，其方向性系数的值却能达到 8.1。规则布阵对场地或载体有更苛刻的要求，但是任意布阵却更具优越性，这对实际的阵列构造是很有价值的。随着计算机手段的发展，在任意阵列构造方面，计算机的辅助设计就起到了十分重要的作用。

前面一节介绍了天线基本辐射单元、对称振子以及天线阵辐射的有关知识，下面两节将介绍常用线天线和面天线的基本分析方法以及工作原理。线天线的特点是：高频电流沿直线或曲线状的天线体分布，且天线尺寸为几分之一或数个波长。线天线只用于长波、中波、短波和超短波波段。面天线的特点是：电流沿天线体的金属表面分布，且天线的口面尺寸远大于工作波长，面天线的工作频率较高，主要用于微波和毫米波波段。这里先介绍线天线，下一节再介绍面天线。

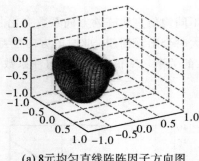
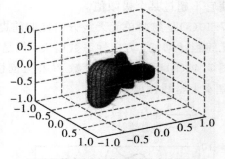

(a) 8元均匀直线阵阵因子方向图 (b) 8元均匀圆环阵阵因子方向图

图 7.41 8元均匀直线阵和圆环阵的阵因子方向图

7.7 线 天 线

通常将截面半径远小于波长的金属导线构成的天线称为线天线，除前一节中介绍的对称振子及其变型的振子以外，线天线的种类还有很多，如水平振子天线、螺旋天线、引向天线等。下面仅介绍较为常见的几种线天线。

7.7.1 引向天线

引向天线又称八木天线，它广泛应用于米波波段、分米波波段的通信、雷达、电视及其他无线电系统中。引向天线的结构如图 7.42 所示，它由一个有源振子（通常是半波振子），一个反射器（通常为稍长于半波振子的无源振子）和若干个引向器等组成。适当调整振子的长度和它们之间的距离，引向天线可获得较尖锐的定向辐射特性。该天线的结构简单，架设方便牢固，具有较高的增益，单元数不同时引向天线的增益可根据表 7.1 来确定。但该天线工作频带较窄。

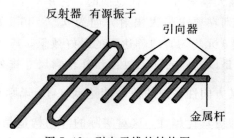

图 7.42 引向天线的结构图

常用的引向天线为线极化天线，当振子面垂直架设时，天线以垂直极化方式工作；当振子面水平架设时，天线以水平极化方式工作。

用单根无源振子作反射器时，由于电间距 d/λ 以及自阻抗、互阻抗均与频率关系密切，所以引向天线的工作带宽很窄。此时，可以采用排成平面的多振子或由金属线制成的反射屏作为反射器，这样不仅可以增大天线的前后辐射比，还可以增加工作带宽。

表 7.1　引向器天线的增益

单元数	反射器数	引向器	增益范围/dB	备注
2	1	0	3～4.5	
2	0	1	3～4.5	
3	1	1	6～8	
4	1	2	7～9	
5	1	3	8～10	
6	1	4	9～11	
7	1	5	9.5～11.5	
8	1	6	10～12	
9	1	7	10～12.5	
10	1	8	11～13	
	1×21×2	3×23×2	11～13	$N=5$ 双层

有源振子的带宽对引向天线的工作带宽有着重要影响。为了宽带工作，可以采用直径粗的振子，还可以采用扇形振子、"X"形振子以及折合振子等，图 7.43 为 X 形振子和扇形振子。

(a) X形振子　　　　　　　　(b) 扇形振子

图 7.43　X 形振子和扇形振子

7.7.2　水平对称振子天线

架设于地面上方的水平对称振子天线(又称为双极天线)常用于电视、短波通信等无线电系统中，其实际结构如图 7.44(a)所示，对称振子的两臂由单根或多股铜线构成。为避免在拉线上产生较大的感应电流，拉线的电长度应较小，天线臂及支架上常采用多个高频绝缘子隔开，并采用特性阻抗为 600 Ω 的平行双导线作为馈线。

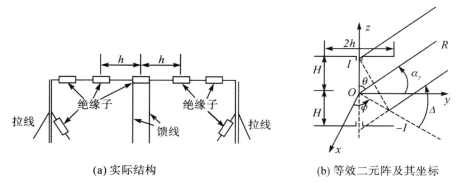

(a) 实际结构　　　　　　　　(b) 等效二元阵及其坐标

图 7.44　水平对称振子天线的结构及其等效二元阵

1. 垂直平面的方向图

假设水平对称振子架设于理想导电地面上方的 H 处，则理想导电地面的影响可用水平对称振子的镜像来代替，镜像振子上的电流与原对称振子的电流等幅反相。原对称振子和其镜像构成等幅反相二元阵，如图 7.44(b) 所示。

当 $\varphi = 90°$ 时，垂直平面的方向图函数为

$$\left|F(\Delta)\right|_{\varphi=90°} = \left|\frac{\cos(kh\cos\Delta) - \cos(kh)}{\sqrt{1 - \cos^2\Delta}}\right| \left|2\sin(kH\sin\Delta)\right| \tag{7.81}$$

当 $\varphi = 0°$ 时，垂直平面的方向图函数为

$$\left|F(\Delta)\right|_{\varphi=0°} = \left|2\sin(kH\sin\Delta)\right| \tag{7.82}$$

图 7.45 是架设于理想地面上方的水平对称振子在 $\varphi = 0°$ 时四种不同情况下的垂直平面归一化方向图。图中，$\varphi = 0°$ 的垂直平面方向图取决于架设的电高度 H/λ，但不论 H/λ 如何变化，沿地面方向（$\Delta = 0°$）始终为零辐射。当 $H/\lambda \leqslant 1/4$ 时，在 $\Delta = 60° \sim 90°$ 范围内场强变化不大，这种天线有高仰角辐射特性，通常被用于通信距离为 300 km 以内的短波通信中。随着 H/λ 增大，方向图中波瓣数增加，最靠近地面（第一波瓣）的最大辐射方向的仰角 Δ_1 随 H/λ 的增大而减小，通信距离也随之增加。由式(7.82)可得

$$\Delta = \arcsin\left(\frac{\lambda}{4H}\right)$$

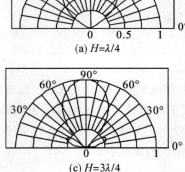

(a) $H=\lambda/4$

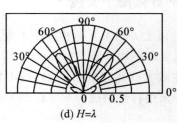

(b) $H=\lambda/2$

(c) $H=3\lambda/4$

(d) $H=\lambda$

图 7.45　四种不同情况下水平对称振子的垂直平面归一化方向图

2. 水平平面的方向图

水平对称振子天线在水平方向的方向图函数为

$$\left|F(\Delta, \varphi)\right| = \left|\frac{\cos(kh\cos\Delta\sin\varphi) - \cos(kh)}{\sqrt{1 - \cos^2\Delta\sin^2\varphi}}\right| \left|\sin(kH\sin\Delta)\right|$$

架设于理想地面上高度 $H = \lambda/4$ 时，水平对称振子在不同仰角时的水平平面方向图如图 7.46 所示。当 $H \geqslant \lambda/2$ 时，天线在不同仰角时的水平平面方向图与振子架设高度无关，但和仰角 Δ 有关，仰角越大，天线的方向性越弱；由于高仰角水平平面方向性弱，因此在 300 k 以内进行短波通信时，通常将架高的水平振子天线作为无方向性天线进行使用。另外，为保证水平振子天线在较宽的频带内最大辐射方向不发生偏移，应选取振子的臂长

$h<0.625\lambda$。但如果振子臂长 h 较小时，天线的辐射能力变弱，效率变低，并且由于天线的输入电阻太小而容抗太大，导致天线与馈线的匹配实现起来难度加大。因此，振子的臂长 h 不能太短。一般选取：$0.2\lambda\leqslant h\leqslant 0.625\lambda$。

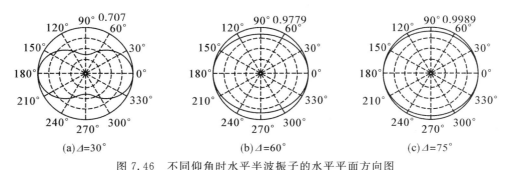

(a)$\Delta=30°$　　　　　　　(b)$\Delta=60°$　　　　　　　(c)$\Delta=75°$

图 7.46　不同仰角时水平半波振子的水平平面方向图

7.7.3　螺旋天线

1. 经典螺旋天线

经典螺旋天线常称为螺旋天线，可辐射圆极化波，且具有良好的宽频带特性。该天线大约能在 1.7∶1的频带内，保持阻抗特性、方向图基本不变。经典螺旋天线是用金属导线（导线或管材）制成的螺旋形结构。它通常用同轴电缆馈电，电缆的内导体与螺旋线的一端相接，外导体和金属状的接地板相连接。螺旋直径可以是不变的，也可以是渐变的，如图 7.47 所示。

图 7.47　螺旋天线的结构图

螺旋天线的辐射特性由螺旋的直径与波长之比（d/λ）决定。当螺旋天线的 d/λ 很小（$d/\lambda<0.8$）时，在垂直于螺旋轴线的平面上有最大辐射，并且在这个平面上有圆形对称的方向图，如图 7.48(a)所示，该特性和基本振子的方向特性类似。如图 7.48(b)所示，通常 d/λ 的取值范围是 0.25～0.46，这是获得轴向辐射所必须满足的条件。该天线的主要特点是：① 辐射场是圆极化波；② 沿轴线有最大辐射；③ 沿螺旋线导线方向传播的是行波；④ 输入阻抗近似为纯电阻；⑤ 具有宽频带特性。具有这种辐射特性的螺旋天线，称为边射型天线，又称为电小螺旋天线、法向模螺旋天线。当 $\dfrac{d}{\lambda}$ 选择恰当时，可获得圆锥形的方向图，如图 7.48(c)所示。

(a) 边射形($d/\lambda<0.18$)　　(b) 端射形($d/\lambda=0.25\sim0.46$)　　(c) 圆锥形($d/\lambda>0.46$)

图 7.48　螺旋天线的三种辐射形态

2. 等角螺旋天线

等角螺旋天线由两个对称的等角螺旋臂构成，如图 7.49 所示，每臂的边缘线都满足 $r=r_0\mathrm{e}^{a\varphi}$，且具有相同的 a 参数。天线的金属臂与两臂之间的缝隙是同一形状，即两者相互补偿称为自互补结构。这种自互补天线的阻抗与频率无关，具有纯电阻性质，即

$$Z_{\text{fengxi}} = Z_{\text{jislnt}} = 60\pi = 188.5 \ \Omega$$

自互补等角螺旋天线的最大辐射方向垂直于天线平面。若天线平面的法线与射线之间的夹角为 θ，其方向图可近似表示为 $\cos\theta$。在 $\theta\leqslant70°$ 的范围内，场的极化接近于圆极化，极化方向由螺旋张开的方向决定。通常取一圈半螺旋来设计这一天线，即外径 $R_0=r_0\mathrm{e}^{0.3\pi}$，若取 $a=0.221$，可得 $R_0=8.03r_0$，则工作波长的上下限 $\lambda_{\min}$ 约为 $(4-8)r_0$，$\lambda_{\max}=4R_0$，带宽在 8 倍频程以上。将天线绕在一个锥面上可构成圆锥形等角螺旋天线，该天线在沿锥尖方向具有最强辐射，其他性质与平面等角螺旋天线类似。

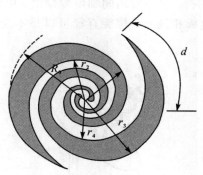

图 7.49　等角螺旋天线

7.8 面 天 线

线天线的辐射特性与天线的形状、天线上电流的振幅相位等参数有关，而且单个线天线增益有限，对于远距离通信是远远不够的。阵列天线可获得很高的增益，但由于阵列结构笨重且调整困难、馈电网络复杂、体积庞大等因素，导致成本较高；信号频率增加可以提高天线增益，但当频率提高到一定程度、波长很短时，单元天线尺寸很小，这时天线功率容量不可能提高，极易发生高功率击穿，而且天线阻抗很难控制，阵列中各单元的互耦问题也很难解决。因此，线天线的增益很少能超过 30 dB，而且多数只应用在厘米波段以下的低频段中。

面天线的出现可以解决线天线的上述弱点。最简单的面天线是一个开口波导，如图
7.50 所示。将馈电同轴电缆的一段芯线伸入波导内，激励起某种模式的电磁波，传至波导
开口端后将向空间辐射电磁波。波的辐射特性与探针状态、电流状态无关，基本取决于波
导口上的电磁场结构和波导的口径尺寸，称为面天线(口径天线)。

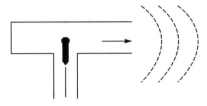

图 7.50　最简单的面天线——开口波导

　　面天线用在无线电频谱的高频段，尤其是微波波段，分析面天线的辐射问题，通常采
用口径场积分法，该方法基于惠更斯-菲涅耳原理。计算时，根据初级辐射源计算出口径面
上的场，进而求出辐射场。该方法称为口径积分或辐射积分。

7.8.1　等效原理与惠更斯元

　　在波动论中，惠更斯原理认为，波在传播过程中，波阵面上每一点都是子波源，由这些
子波源产生的球面波波前的包络构成下一时刻的波阵面。这个原理定性地解释了波在前进
中的绕射现象。后来，菲涅耳发展了这个原理，认为波在前进过程中，空间任一点的波场是
包围波源的任意封闭曲面上各点的子波源发出的波在该点以各种幅度和相位叠加的结果。

　　将惠更斯-菲涅耳原理用于电磁辐射问题，则表明空间任一点的场，是包围天线的封闭
曲面上各点的电磁扰动产生的次级辐射在该点叠加的结果。

　　设想在空间传播横电磁(TEM)波，根据惠更斯原理，将其波阵面分割成许多小方块，
称为面元。在此面元上电场强度 E 和磁场强度 H 都是均匀分布的。例如，把此面元放在坐
标原点与 xy 平面相合，如图 7.51 所示。电场 E 在 x 轴正方向，磁场 H 在 y 轴正方向，传
播方向为 z 轴正方向。如果要把此面元上的 E 和 H 看作惠更斯源，则电场 E 的振动将激起
一个电磁场，磁场 H 的振动也将激起一个电磁场。这两个电磁场之和才是此面元上电磁场
激起的子波辐射场。那么什么样的辐射源所产生的电磁场，才分别与图 7.51 的电场和磁场
相当呢? 对比电流元(电基本振子)和磁流元(磁基本振子)的辐射场，如果像图 7.52 那样
放置电基本振子和磁基本振子，则相应的磁场和电场将如图 7.51 那样。

　　因此，当由口径场求解辐射场时，每一个面元的次级辐射可用等效电流元和等效磁流
元代替，口径场的辐射场则由所有等效电流元和等效磁流元所共同产生，这就是电磁场理
论中的等效原理。

　　如同电基本振子和磁基本振子是线天线的基本辐射单元一样，惠更斯元是面天线辐射
问题的基本辐射单元。惠更斯元的辐射为相互正交放置的等效电基本振子和等效磁基本振
子的辐射场之和。

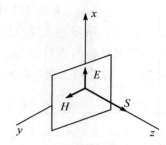

图 7.51 波阵面上的面元

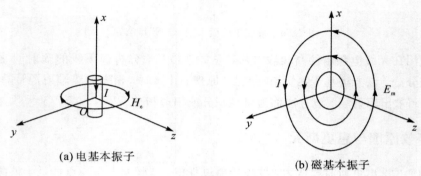

(a) 电基本振子

(b) 磁基本振子

图 7.52 等效惠更斯元

图 7.53 中，设平面口径面(xOy 面)上的一个惠更斯元 $dS = dxdy e_n$，其上有着均匀的切向电场 E_y 和切向磁场 H_x，下面讨论面元在两个主平面的辐射。

E 平面如图 7.54 所示，在此平面内，电基本振子产生的辐射场为

$$\mathrm{d}\boldsymbol{E}_{\mathrm{e}} = \mathrm{j}\,\frac{60\pi(H_x\,\mathrm{d}x)\,\mathrm{d}y}{\lambda r}\sin\alpha\,\mathrm{e}^{-\mathrm{j}kr}\boldsymbol{e}_\alpha$$

磁基本振子的辐射场为

$$\mathrm{d}\boldsymbol{E}_{\mathrm{m}} = -\mathrm{j}\,\frac{(E_y\,\mathrm{d}y)\,\mathrm{d}x}{2\lambda r}\mathrm{e}^{-\mathrm{j}kr}\boldsymbol{e}_\alpha$$

因此，惠更斯元在 E 面上的辐射场为

$$\mathrm{d}\boldsymbol{E}_{\mathrm{E}} = \mathrm{j}\,\frac{1}{2\lambda r}(1+\cos\theta)E_y\,\mathrm{e}^{-\mathrm{j}kr}\mathrm{d}s\boldsymbol{e}_\theta$$

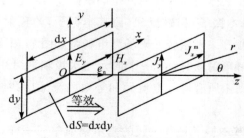

图 7.53 惠更斯辐射元及其坐标

H 平面如图 7.55 所示，在此平面内，电基本振子产生的辐射场为

$$\mathrm{d}\boldsymbol{E}_{\mathrm{e}} = \mathrm{j}\,\frac{1}{2\lambda r}E_y\,\mathrm{e}^{-\mathrm{j}kr}\mathrm{d}S\boldsymbol{e}_\varphi$$

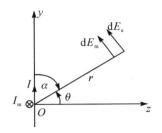
图 7.54　E 平面的几何关系

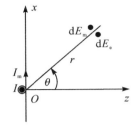
图 7.55　H 平面的几何关系

磁基本振子产生的辐射场为

$$\mathrm{d}\boldsymbol{E}_\mathrm{m} = \mathrm{j}\,\frac{1}{2\lambda r}E_y\cos\theta\mathrm{e}^{-\mathrm{j}kr}\,\mathrm{d}S\boldsymbol{e}_\varphi$$

因此，惠更斯元在 H 面上的辐射场为

$$\mathrm{d}\boldsymbol{E}_\mathrm{H} = \mathrm{j}\,\frac{1}{2\lambda r}(1+\cos\theta)E_y\mathrm{e}^{-\mathrm{j}kr}\,\mathrm{d}S\boldsymbol{e}_\varphi$$

惠更斯元归一化方向图如图 7.56 所示，可以看出，惠更斯元的最大辐射方向与其本身垂直。如果平面口径由这样的面元组成，而且各面元同相激励，则此同相口径面的最大辐射方向一定垂直于该口径面。

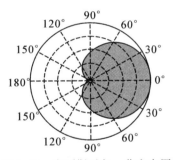
图 7.56　惠更斯元归一化方向图

7.8.2　平面口径的辐射

实用中的面天线，其口径大多都是平面，因此讨论平面口径的辐射具有代表性。

设有一任意形状的平面口径位于 xOy 平面内，口径面积为 S，其上的口径场为 E_y，如图 7.57，该平面口径辐射场的极化与惠更斯元的极化相同。坐标原点至远区观察点 $M(r,\theta,\varphi)$ 的距离为 r，面元 $\mathrm{d}S$ 到观察点的距离为 R，将惠更斯元的主平面辐射场积分可得到平面口径在远区的两个主平面辐射场为

$$E_M = \mathrm{j}\,\frac{1}{2r\lambda}(1+\cos\theta)\iint_S E_y(x_s,y_s)\mathrm{e}^{-\mathrm{j}kR}\,\mathrm{d}x_s\mathrm{d}y_s$$

E 面 $(\varphi=\dfrac{\pi}{2},R\approx r-y_s\sin\theta)$ 的辐射场为

$$E_E = E_\theta = \mathrm{j}\,\frac{1}{2r\lambda}(1+\cos\theta)\mathrm{e}^{-\mathrm{j}kr}\iint_S E_y(x_s,y_s)\mathrm{e}^{\mathrm{j}ky_s\sin\theta}\,\mathrm{d}x_s\mathrm{d}y_s$$

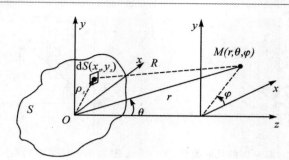

图 7.57　平面口径坐标系

H 面（$\varphi=0$，$R\approx r-x_s\sin\theta$）的辐射场为

$$E_{\mathrm{H}}=E_{\varphi}=\mathrm{j}\,\frac{1}{2r\lambda}(1+\cos\theta)\mathrm{e}^{-\mathrm{j}kr}\iint_S E_y(x_s,\ y_s)\mathrm{e}^{\mathrm{j}kx_s\sin\theta}\mathrm{d}x_s\mathrm{d}y_s$$

上面是计算平面口径辐射场的常用公式。只要给定口径面的形状和口径面上的场分布，就可以求得两个主平面的辐射场，分析其方向性变化规律。

对于同相平面口径，最大辐射方向在 $\theta=0$ 处，方向性系数 D 表示为

$$D=\frac{4\pi}{\lambda^2}\frac{\left|\iint_S E_y(x_s,\ y_s)\mathrm{d}x_s\mathrm{d}y_s\right|^2}{\iint_S |E_y(x_s,\ y_s)|^2\mathrm{d}x_s\mathrm{d}y_s}$$

定义面积利用系数

$$v=\frac{\left|\iint_S E_y(x_s,\ y_s)\mathrm{d}x_s\mathrm{d}y_s\right|^2}{S\iint_S |E_y(x_s,\ y_s)|^2\mathrm{d}x_s\mathrm{d}y_s}$$

则方向性系数 D 表示为

$$D=\frac{4\pi}{\lambda^2}Sv$$

上式是求同相平面口径方向系数的重要公式，面积利用系数 v 反映了口径场分布的均匀程度，口径场分布越均匀，v 值越大。当口径场完全均匀分布时，$v=1$。

面天线在雷达、导航、卫星通信以及射电天文等无线电设备中获得了广泛应用，主要用在无线电频谱的高频段。在介绍了平面口径辐射的基础上，下面阐述抛物面天线、缝隙天线以及微带天线等的基本分析方法和工作原理。

7.8.3　微带天线

微带天线是由导体薄片粘贴在背面有导体接地板的介质基片上形成的天线。微带辐射器的概念首先由 Deschamps 于 1953 年提出来。但是，过了 20 年，到了 20 世纪 70 年代初，当较好的理论模型以及对敷铜或敷金的介质基片的光刻技术发展之后，实际的微带天线才制造出来，此后这种新型的天线得到长足的发展。和常用的微波天线相比，它有如下一些优点：体积小，重量轻，低剖面，能与载体共形；制造成本低，易于批量生产，天线的散射截面较小；能得到单方向的宽瓣方向图，最大辐射方向在平面的法线方向；易于和微带线路集成；易于实现线极化和圆极化，容易实现双频段、双极化等多功能工作。微带天线已得

到越来越广泛的重视，已用于大约 100 MHz～100 GHz 的宽广频域上，包括卫星通信、雷达、遥感、制导武器以及便携式无线电设备上。相同结构的微带天线组成微带天线阵可以获得更高的增益和更大的带宽。

微带天线的基本工作原理可以通过考察矩形微带贴片来理解。对微带天线的分析可以用数值方法求解，精确度高，但编程计算复杂，适合异形贴片的微带天线；还可以利用空腔模型法或传输线法近似求出其内场分布，然后用等效场源分布求出辐射场，例如矩形微带天线的分析。

矩形微带天线是由矩形导体薄片黏贴在背面有导体接地板的介质基片上形成的天线，如图 7.58 所示。通常利用微带传输线或同轴探针来馈电，使导体贴片与接地板之间激励起高频电磁场，并通过贴片四周与接地板之间的缝隙向外辐射。微带贴片也可看作宽为 W、长为 L 的一段微带传输线，其终端（$y=L$ 边）处因为呈现开路，将形成电压波腹和电流的波节。一般取 $L \approx \lambda_g/2$，λ_g 为微带线上波长。另一端（$y=0$ 边）也呈现电压波腹和电流的波节。此时贴片与接地板间的电场分布也如图中所示。假设沿贴片宽度和基片厚度方向电场无变化，则该电场可近似表达为

$$E_x = E_0 \cos \frac{\pi y}{L}$$

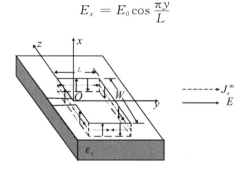

图 7.58 矩形微带天线结构及其等效面磁流密度

矩形微带天线的单元方向图，与两个长度及间距均为半波长的缝隙天线的方向图一样。它是基本缝隙，即磁基本振子的方向图与缝隙的长度因子，以及由一对缝隙构成的二元阵的阵因子三者的乘积，其方向图如图 7.59 所示。

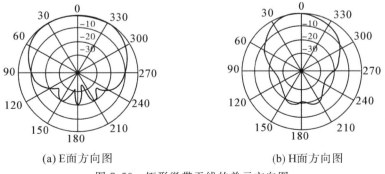

(a) E 面方向图　　　　　　　　　(b) H 面方向图

图 7.59 矩形微带天线的单元方向图

工程设计中关心的是 E 面和 H 面的方向图。矩形微带天线元的辐射场只需要在单缝隙辐射场的表示式中乘以二元阵的阵因子即可。

　　微带天线的馈电会影响其输入阻抗，进而影响天线的辐射性能，因而它对微带天线的设计至关重要。

　　微带天线的馈电方法有很多种，从贴片与馈线是否有金属导体接触将其分为直接馈电和间接馈电两大类。直接馈电包括同轴探针馈电和微带线馈电，这两种方法因为设计简单而在实际微带天线的设计中使用最多；间接馈电则包括电磁耦合馈电、孔径耦合馈电和共面波导传输线馈电。图 7.60 分别给出了几种馈电形式的结构图。

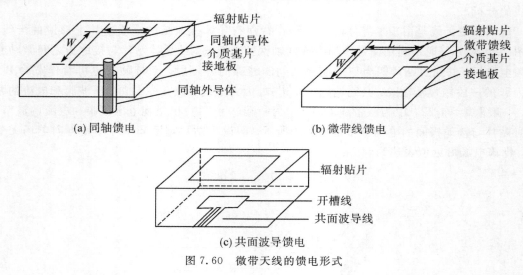

图 7.60　微带天线的馈电形式

7.8.4　缝隙天线

　　在波导臂上开有缝隙，用来发射、接收电磁波的天线称为缝隙天线。实际应用的缝隙通常开在波导的一个臂上。若波导臂上开有多条缝隙，则构成波导缝隙天线阵，和缝隙天线相比，天线阵可以提高方向性。与振子阵列需要另加馈电网络不同，该阵列中天线与馈线合为一体。适当改变缝隙的位置就可调整缝隙的激励强度，从而获得所要求的振幅分布。但是，该天线的缺点是频带较窄。

　　常用的缝隙天线是在传输 TE_{10} 主模的矩形波导臂上开半波谐振缝隙。如果开缝隙截断波导内壁表面的电流线，则表面电流一部分绕过缝隙，另一部分以位移电流的形式沿着原来方向流过缝隙，以维持总电流连续，因而缝隙被激励。如图 7.61 所示，给出了开缝的形式及其切断电流的状况。当波导轴线与缝隙平行时，该缝隙称为纵缝；当波导轴线与缝隙垂直时，该缝隙称为横缝。波导缝隙辐射强度取决于它在波导臂上的位置和取向。根据波导内传输波的形式不同，天线阵可分为谐振式缝隙天线阵和非谐振式缝隙天线阵。若波导内传播驻波型电磁波，并使各缝隙得到同相激励，则此种缝隙阵称为谐振式或驻波缝隙天线阵。该天线阵的特点之一是相邻缝的间距为一个波导波长或者半个波导波长，如图 7.62 所示。

　　与谐振式缝隙天线阵相比，非谐振式缝隙天线阵有两点不同，一是波导终端采用吸收负载进行匹配，因此非谐振式缝隙天线阵又称为行波缝隙阵；另一点是相邻的谐振缝隙间距 d 大于或小于波导波长的一半（对宽臂纵缝），对于宽臂横缝，d 小于波导波长。

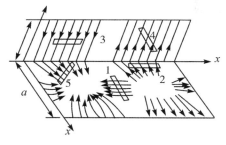

图 7.61　波导内壁电流分布

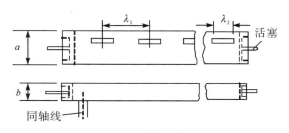

图 7.62　宽臂纵向缝隙阵

7.8.5　抛物面天线

随着电视技术、卫星通信的普及，无论是在城市还是农村，平原还是深山，到处都架设着"大锅"，这就是现代信息传输技术中的主力——抛物面天线。

抛物面天线由一个轻巧的抛物面反射器和一个置于抛物面焦点的馈源构成。它是借鉴于光学望远镜所产生的，通常分为圆锥抛物面和抛物柱面两大类，本节主要讨论圆口径的圆锥抛物面，它是由抛物线绕对称轴旋转所形成的曲面。

抛物面天线的工作原理可用几何光学射线法说明（见图 7.63）。令馈源天线的相位中心与焦点 F 重合，由 F 发出的球面波服从几何光学射线定律。

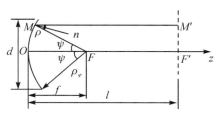

图 7.63　抛物面天线工作原理图

（1）反射线平行律：由焦点 F 发出的射线经抛物面反射后，反射线与轴线平行。

（2）等光程律：所有由 F 点发出的射线经抛物面反射后到达任何与 $Oz(OF)$ 轴垂直的平面上的光程相等，即

$$FO + OF' = f + 1 = FM + MM' = \rho + MM'$$

其中，ρ 是从 F 到 M 的矢径

$$\rho = \frac{2f}{1 + \cos\psi} = \frac{f}{\cos^2(\psi/2)} = f\sec^2\left(\frac{\psi}{2}\right)$$

上式和等光程律互为因果，f 为抛物线的焦距。抛物面天线的工作原理：由焦点 F 发出的球面波经过抛物面反射后变为波前垂直 Oz 轴的平面波，在口径上各点的场同相，因而沿 Oz 方向可得最强辐射。直角坐标下的抛物面方程为 $x^2 + y^2 = 4f_z$。

抛物面的口径直径 d、焦距 f 和半张角 ψ 关系如下

$$\tan\frac{\psi}{2} = \frac{d}{4f}$$

或

$$d = 4f\tan\frac{\psi}{2}$$

为了使抛物面天线获得高增益，通常都按最佳增益设计抛物面的结构：要求口面场同相等幅分布（即均匀分布），同时抛物面从馈源截获功率最多，漏失功率最少。显然，上述是两个矛盾体的要求。因此，在最佳状态时可以使口径获得较均匀的照射，从而口径效率 v 较大，而且抛物面从馈源处截获的功率多，从而 η_A 也高，增益系数 $G = v\eta_A$ 最大。偏离最佳状态时，不是 v 小 η_A 大，就是 v 大 η_A 小，结果 G 下降。因此要求馈源的方向图与抛物面的半张角有恰当配合，才能保证抛物面天线获得最佳增益，通常用焦径比 f/d 来描述。实用天线的焦径比为 $f/d = 0.25 \sim 0.5$，大多数 $f/d = 0.3 \sim 0.4$。

截获效率定义为

$$\eta_A = \frac{投射到反射面上的功率}{馈源总辐射功率}$$

随着通信、雷达、广播、制导等无线电应用系统的不断发展，对天线提出了越来越高的要求，天线的功能已从单纯的电磁波能量转换器件发展成兼有信号处理，天线的设计已从用机械结构实现其电气性能发展为机电一体化，天线的制造已从常规的机械加工发展成印刷和集成工艺。

天线学科与其他学科的交叉、渗透和结合将成为 21 世纪的发展特色。天线实现智能化的研究融入了自适应置零抗干扰、测向跟踪、数字波束形成空分多址等，起源于导航、雷达、电子对抗的专门技术。当天线阵处于复杂而变化的电磁环境中，要求其幅相激励作相应的实时调整，以保持最合理的辐射特性，因此智能化是阵列天线发展的必然趋势。

光子晶体天线源自光学领域的研究成果，与集成电路工艺相结合，利用光子晶体表面的同相反射特性可以实现天线的小型化，能有效抑制表面波，提高天线增益，减弱阵元之间的互耦；等离子体天线源自天线学科与等离子体物理学的交叉，等离子体天线可用作低 RCS(Radar Cross - Section)天线。

习　　题

7-1　电基本振子的辐射功率为 25 W，求 $r = 20$ km 处射线与振子轴之间的夹角 $\theta = 0°$、$60°$、$90°$时的场强。

7-2　一小圆环与一电基本振子共同构成一个组合天线，环面和振子轴置于同一平面内，两个天线的中心重合。当两天线在各自的最大辐射方向上远区同距离点产生的场强相等时，求此组合天线 E 面和 H 面的方向图。

7-3　求基本振子 E 面方向图的半功率点波瓣宽度 $2\theta_{0.5E}$ 和零功率点波瓣宽度 $2\theta_{0E}$。

7-4　利用方向性系数的计算公式

$$D = \frac{4\pi}{\int_0^{2\pi}\int_0^{\pi} F^2(\theta, \varphi)\sin\theta\,d\theta\,d\varphi}$$

求基本振子的方向性系数。

7-5　简述行波天线与驻波天线的差别及各自的优缺点。

7-6 一天线在 yOz 面的方向图如题图 7-1 所示，已知 $2\theta_{0.5E}=78°$，求点 $M_1(r_0,51°,90°)$ 与点 $M_2(2r_0,90°,90°)$ 的辐射场的比值。

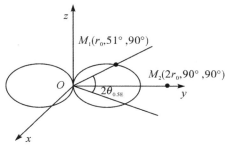

题图 7-1

7-7 某天线的方向性系数 $D_1=10$ dB，天线效率 $\eta_{A1}=0.5$，另外一个天线的方向性系数 $D_2=10$ dB，天线效率 $\eta_{A2}=0.8$。将两副天线先后置于同一位置且主瓣最大方向指向同一点 M。

(1) 当二者的辐射功率相等时，求它们在 M 点处产生的辐射场的比值。

(2) 当二者的输入功率相等时，求它们在 M 点处产生的辐射场的比值。

(3) 当二者在 M 点产生的辐射场相等，求此时所需的辐射功率比值及输入功率比值。

7-8 两等幅同相半波振子平行排列，二者的间距为 1.2λ，计算该二元阵的方向性系数。已知相距 1.2λ 的二平行半波振子之间的互阻抗为 $16.2+j1.9$ Ω。

7-9 采用比较法测量天线增益时，测得标准天线（$G=10$ dB）的输入功率为 1 W，被测天线的输入功率 1.4 W。在接收天线处标准天线相对被测天线的场强指示为 1:2，求被测天线的增益。

7-10 设直线对称振子的 $2l=\lambda/2$，沿线电流等幅同相分布。根据场的叠加原理，求出此天线的方向性系数和方向图函数。

7-11 证明满足下列条件的 N 元均匀直线阵的阵因子方向图无旁瓣（d 为阵元间距，ξ 为阵元相位差）：

(1) $d=\dfrac{\lambda}{N}$、$\xi=0$ 时的边射阵；

(2) $d=\dfrac{\lambda}{2N}$、$\xi=\pm kd$ 时的端射阵。

7-12 已知相距 $\lambda/4$，互相平行的二元半波天线阵波腹处的电流有效值之比为 $I_{m1}/I_{m2}=e^{j\pi/2}$，$I_{m1}=1.85$ A，计算振子 1 和振子 2 的总辐射阻抗以及该二元阵的总辐射功率。

7-13 为什么矩形微带天线有辐射边和非辐射边之分？

7-14 什么是缝隙天线阵？缝隙天线阵包括哪几种？对比各自的特点？

7-15 一个旋转抛物面天线的口径直径 $d=3$ m，焦距口径比 $f/d=0.6$。

(1) 求抛物面半张角 Ψ_0；如果馈源的方向函数为 $F(\Psi)=\cos^2\Psi$，求出面积利用系数、口径天线效率和增益系数；

(2) 求频率为 2 GHz 时的增益系数。

第8章

电磁仿真软件介绍及相关案例

在微波射频领域，通常使用电磁仿真软件进行辅助设计和优化。这些软件（如 ADS、CST 等）的核心内容是利用电磁计算方法对微波问题进行分析，使用起来十分简便，计算速度快，数值精度高，广泛应用于天线、滤波器、馈线射频设备等设备中。电磁仿真软件是电磁模拟技术中的一个工业规范，它能准确地反映出电磁环境中的电磁场分布和所产生的能量损耗，具有很好的三维模型功能，并且拥有许多数据模型，在提高分析与控制设定的同时，可以极大地减少设计者的工作时间，使得设计者的期望得到最大的满足。本章在介绍 CST 和 ADS 两种软件使用方法的基础上，基于这两种软件分别实现了相关的天线与微波元件设计。

8.1 CST 软件及仿真案例

8.1.1 CST 软件及基本单元介绍

电磁仿真软件 CST 是微波无源器件设计仿真过程中的重要工具。由于 CST 在对模型设计仿真中有着独特的优点，为了更好地保证设计出的无源器件满足要求，在设计仿真过程中常常会使用这个软件，又因为 CST 自身携带的模型接口存在着不足，即该接口只能把模型转换过去，转换后的模型却不能进行编辑和修改。因此，为了满足实际应用的需要，对 CST 进行了针对性的二次开发，设计出一个新的模型转换接口。专门面向 3D 电磁场设计者的一款有效的、精确的三维全波电磁场仿真工具，覆盖了静场、简谐场、瞬态场、微波毫米波、光波直至高能带电粒子的全波电磁场频段的时域和频域全波仿真软件，在当今有着广泛的应用。

CST MICROWAVE STUDIO（简称 CST MWS）是 CST 公司出品的 CST 工作室套装软件之一，面向 3D 电磁、电路、温度和结构设计领域的工程师，提供了一套全面、精确、集成度极高的专业仿真软件包。CST 采用的理论基础是 FIT（有限积分技术），与 FDTD（时域有限差分法）类似，它是直接从麦克斯韦方程导出解。因此，CST 可以计算时域解。CST 包含八个工作室子软件，均集成在同一用户界面内，可为用户提供完整的系统级和部件级的数值仿真优化。这些子软件覆盖整个电磁频段，提供完备的时域和频域全波电磁算法和高频算法。CST 的典型应用包含电磁兼容、天线/RCS、高速互连 SI/EMI/PI/眼图、手机、核磁共振、电真空管、粒子加速器、高功率微波、非线性光学、电气、场路、电磁-温度及温度-

形变等各类协同仿真,同时具有多物理场仿真能力,可以同时处理电磁场、热传导、机械应力等多个物理场的耦合问题,并提供了电磁–热耦合和电磁–结构耦合分析功能。CST 的求解器采用高效的数值算法,可以快速求解大规模的电磁场问题,支持并行计算,可以利用多个计算节点进行分布式计算,提高求解速度。此外,CST 还提供了丰富的后处理和结果分析工具,可以对仿真结果进行可视化和分析。它支持多种结果输出格式,如图形、动画、报告等,并提供了丰富的结果分析功能,如场分布、功率传输、辐射图案等。

CST 软件在航空航天、汽车设计与制造、医疗器械研发、通信技术和新能源等领域都发挥着重要作用。工程师们可以借助 CST 软件进行电磁场仿真,从而更精准地设计和优化天线系统、微波器件等关键部件,提升通信设备的性能和稳定性。对于诸如滤波器、耦合器等主要关心带内参数的问题,就非常适合采用该软件进行设计。

CST 软件被广泛应用于通用高频无源器件的仿真过程中,可以用于雷击 Lightning、强电磁脉冲 EMP、静电放电 ESD、电磁兼容性 EMC/EMI、信号完整性/电源完整性 SI/PI、TDR 和各类天线/RCS 的仿真。CST 电磁兼容仿真软件可以结合其他工作室,如导入 CST 印制板工作室和 CST 电缆工作室的空间三维频域流分布,从而实现系统级的电磁兼容仿真;与 CST 设计工作室实现 CST 特有的纯瞬态场路同步协同仿真。CST MICROWAVE STUDIO 集成有七个时域和频域全波算法,即时域有限积分、频域有限积分、频域有限元、模式降阶、矩量法、多层快速多极子、本征模,支持 TL 和 MOR SPICE 提取,支持二维格式和三维格式的导入,支持 PBA 六面体网格、四面体网格和表面三角网格,内嵌 EMC 国际标准,通过 FCC 认可的 SAR 计算。

CST 软件自带全新的理想边界拟合技术(PBA)和薄皮技术(TST),与其他传统的仿真器相比,在精度上有数量级的提高。目前,尚无一种算法能在所有的应用领域中都做到最好,CST MICROWAVE STUDIO 软件包含四种不同的求解器(瞬态求解器、频域求解器、本征模求解器、模式分析求解器),在各自最适合的应用领域内使用,可得到最好的求解效果。其中,最灵活的是瞬态求解器,它只需进行一次计算就能得到所仿真器件在整个宽频带上的响应(与之相对,许多其他仿真器使用的是扫频法),对绝大部分的高频应用领域,如连接器、传输线、滤波器、天线等,都极为有效。该求解器内含最新的多级子网(MSS)技术,能提高网格划分的效率,极大地加快仿真速度,对复杂器件尤为有效。然而,在设计滤波器时,常常需要计算工作模式而不是 S 参量。针对此情况,CST MICROWAVE STUDIO 提供了本征模求解器,用它来求解封闭电磁波器件中的有限个模式十分有效。

CST 软件的主要特点如下:

(1) 算法集成多,具有最完备的电磁场解决方案。CST 软件中集成的各类算法很多,包括时域有限积分 FITD/FIFD(在传统的 FDTD 基础上增加了 CST 的特有技术理想边界拟合 PBA,即 FITD)、频域有限元 FEM、矩量法 MoM、多层快速多极子 MLFMM、传输线矩阵 TLM、边界元 BEM、PEEC 等。

(2) 全球最大的三维、全波、时域电磁场分析软件。CST 采用业界最先进的电磁场全波时域仿真算法——有限积分法,对麦克斯韦积分方程进行离散化并迭代求解,可对通信、电源、电气和电子设备等系统复杂的电磁场耦合、辐射特性、EMC/EMI 进行精确仿真。从数学上可以证明,在众多的电磁场数值算法中,唯有有限积分法拥有解析麦克斯韦方程组的全部结论。

（3）操作界面简单直观，且拥有强大的高性能能力和支持各类平台。CST 软件拥有业界最佳的用户操作界面。整个软件界面整合了建模器、求解器、优化器、参数扫描器等，大量功能全部整合在一个界面下，不用切换界面，建模、求解、后处理等操作流程均符合国际先进的人机工程学理念，非常人性化，可在整个仿真工程中保持较高的工作效率。CST MWS 软件使用 VB 语言编写，完全兼容 Windows 操作系统和 Windows 类软件，计算数据可在 CST 软件、Word、Excel、PowerPoint 等软件中相互调用；CST MWS 软件支持 Linix 操作系统，支持机群进行分布式计算，支持并行计算。

（4）CST 具有方便的建模工具和丰富的建模仿真软件接口。CST 软件有以 ACIS 为内核的建模器，包含 2D 建模和 3D 建模两部分，可以轻松构建任意复杂的结构。此外，CST MWS 软件还具有丰富的接口导入、导出功能，包括各类 CAD 接口和其他 EDA、CAE、电磁场软件接口，它们之间可以实现互联互导，保证各软件间的协作分析计算能力。

（5）除此以外，CST MWS 软件还自带丰富的材料库，强大的后处理功能，可处理任意高频电磁场问题。

在天线设计中，CST 软件具有以下几个优点：

（1）多物理场仿真能力。CST Studio Suite 是一款多物理场仿真软件，除了电磁仿真外，还支持热学、力学等多种物理场的仿真分析。这使得 CST 在处理涉及多物理场耦合的复杂问题时具有显著优势。对于天线工程师而言，CST 的多物理场仿真能力有助于分析天线在复杂环境下的性能表现，如温度对天线性能的影响、天线结构的力学稳定性等。

（2）广泛的应用领域。CST 可以应用于多个领域，包括天线设计、高频电磁场、生物电磁、光学、EDA/电子和粒子动力学等。其天线设计功能强大，能够模拟和设计各种类型的天线结构，如微带天线、阵列天线等，并优化其辐射特性、频率响应等。

（3）直观的用户界面和强大的建模功能。CST 具有直观的用户界面和强大的建模功能，用户可以轻松地根据需求查找和设计合适的天线，快速创建模型并开展进一步的仿真。

（4）强大的工具箱。CST 提供了丰富强大的工具箱，用于研究天线安装在车辆、飞机和桅杆后的性能以及嵌入电子装置后的性能。它可以与生物电磁仿真结合使用，便于用户对贴近人体的设备计算天线性能和比吸收率(SAR)。

启动 CST MWS 后会要求用户选择一个工程模板，如图 8.1 所示。在工程模板中列出了常用的环境设置情况，这些模板满足大多数仿真设计的需要。

图 8.1　工程模板窗口

　　选择需要的工程模板和仿真条件后进入软件工作界面，如图 8.2 所示。其中左侧导航树是用户界面的核心，用于访问结构单元及仿真结果；中央的绘图平面为用户提供绘制模型结构的平面；主菜单提供所有软件操作命令菜单；状态栏显示整个建模和仿真过程是否产生错误；底部变量栏提供参量的显示。

图 8.2　CST 工作界面

8.1.2　CST 软件设计步骤

　　使用 CST 软件进行天线设计的主要步骤如下。

　　（1）创建或导入模型。

　　在 CST 设计环境中，首先需要创建或导入待分析的天线或电磁结构模型。这个模型可以通过手动在软件中绘制，并在顶部导航栏中选择 Modeling 来创建，图 8.3 是长方体模型的基本设置；用户也可以从其他 CAD 软件（如 SolidWorks、Pro/E、AutoCAD 等）中导入已有的模型。

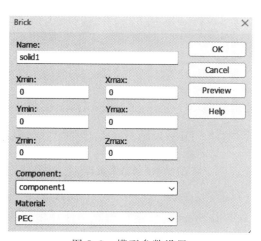

图 8.3　模型参数设置

（2）设置频率范围。

在设计环境中，需要设置要分析的频率范围。这通常根据天线的预期工作频率或设计目标来确定，图8.4是设置频率窗口。设置背景材料和边界条件：对于天线问题，电磁波是向无限大的自由空间辐射的。在CST中，这通常通过设置背景材料和边界条件来模拟。背景材料通常设置为空气或其他介质，而边界条件则需要设置为能够模拟无限大空间的条件，如开放边界条件（Open Boundary Conditions）。设置端口和激励：根据设计的需要，在模型上设置端口和激励。例如，对于天线设计，可能需要设置波导端口或离散端口，并设置相应的激励信号。

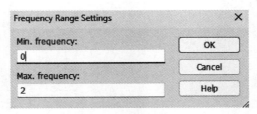

图8.4 频率范围设置

（3）设置求解器类型。

根据设计的具体需求，选择适当的求解器类型。例如，频域有限元求解器（Frequency Domain Solver）通常用于窄带天线问题的设计分析，而积分方程求解器（Integral Equation Solver）则主要用于大尺寸天线的设计分析。仿真参数设置如图8.5所示。

图8.5 仿真参数设置

（4）运行仿真。

在设置好所有参数后，点击Start可以运行仿真来计算模型的电磁特性。根据设计规模和计算需求，仿真可能需要一定的时间。仿真运行界面如图8.6所示。

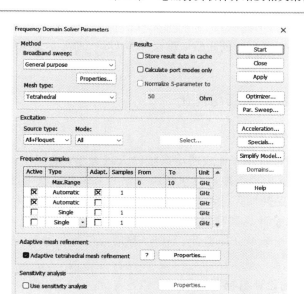

图 8.6　仿真运行界面

（5）查看和分析结果。

仿真完成后，在 CST 主页面左侧导航栏中的 1D Results 中可以查看和分析结果。CST 提供了丰富的后处理工具，可以绘制各种图形和图表，如 S 参数、方向图、电场和磁场分布等，以便对设计进行评估和优化。仿真结果查看如图 8.7 所示。

图 8.7　仿真结果查看

这里需要注意，以上步骤仅提供了一个大致的框架，具体的步骤可能会因设计需求和模型复杂性而有所不同。在实际使用中，建议参考 CST 的官方文档和教程，以获取更详细和具体的指导。

8.1.3　微带贴片天线的仿真与优化

1. 微带贴片天线的介绍

微带贴片天线是一种常用于无线通信系统的天线类型，它具有结构简单、制造成本低廉、体积小巧等优点。其主要组成部分包括微带贴片和基板。微带贴片天线通常以印刷技术制造在介质基板上，贴片的尺寸和形状决定了其频率响应和辐射特性。

微带贴片天线可以设计成各种形状，如矩形、圆形、椭圆形等，以适应不同的应用需求。微带贴片天线可以用于 WiFi、蓝牙、GPS、移动通信等各种无线通信系统中，为其提供可靠的信号传输功能。

2. 微带贴片天线的设计目标

（1）微带贴片天线介质层使用的是 2 mm 厚的聚四氟乙烯 F4BM，中心频率等于 2.3 GHz，相对介电常数为 2.65，同轴馈电特性阻抗为 50 Ω；

（2）微带贴片天线辐射层使用的是 0.035 mm 厚的 PEC，微带线特性阻抗为 50 Ω；

（3）对比不同天线辐射参数对性能的影响。

3. 微带贴片天线的设计过程

微带贴片天线包括介质层、辐射层、接地层和端口，设计过程如下所示。

1）新建工程

打开 CST 软件，点击 Prject Template，选择 MICROWAVES ＆ RF/OPTICAL（微波、射频、光学）中的 Antennas（天线），点击下一步（Next）。采用默认选项，长度（Dimension）单位为 mm，频率（Frequency）单位为 GHz，时间（Time）单位为 ns，温度（Temperature）单位为 K 等，点击下一步（Next）。图 8.8（a）设置微带贴片天线的频率为 2.0 GHz～2.6 GHz，选择电场监视器（E-field）、磁场监视器（H-field）和远场监视器（Far field），点击下一步（Next）。图 8.8（b）为保存工程操作，Ctrl＋S 设置工程名称为微带贴片天线，点击保存。

(a)　　　　　　　　　　　　　　　　　(b)

图 8.8　新建 CST 工程示意图

2) 微带贴片天线模型构建

（1）构建介质层。

通过点击 Modeling 中的 Brick 后，按下 Esc 键可得到如图 8.9 所示的界面。设置名称为介质层，将天线长度参数化。设置 X 方向上的总长度为 p，则 Xmin 为 $-$p/2，Xmax 为 p/2。设置 Y 方向上的总长度为 p，则 Ymin 为 $-$p/2，Ymax 为 p/2。设置介质层的厚度为 t1，则 Zmin 默认为 0，Zmax 为 t1。

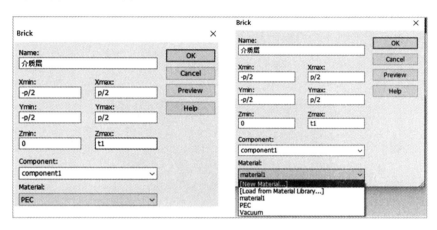

图 8.9　介质层设置示意图

选择介质材料 Material 中的 New Material，设置介电常数为 2.65 的新材料，点击 OK，如图 8.10 所示。

图 8.10　新材料设置示意图

点击 OK，设置 p＝100 mm，t1＝2 mm，参数设置界面如图 8.11 所示，介质层示意图如图 8.12 所示。

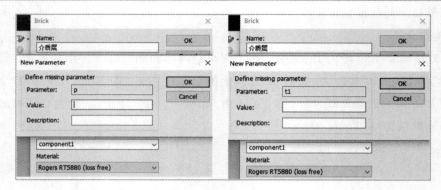

图 8.11　参数设置界面

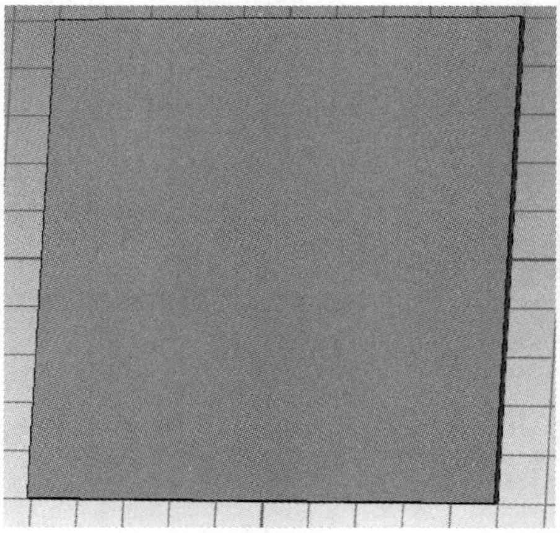

图 8.12　介质层示意图

（2）构建贴片层。

贴片层设置示意图如图 8.13 所示。

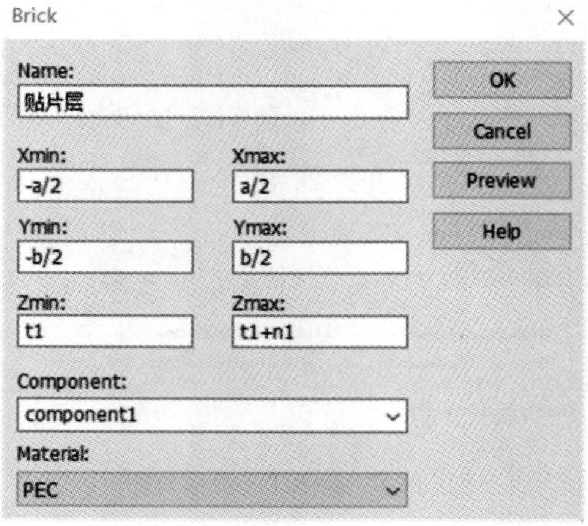

图 8.13　贴片层设置示意图

设置辐射层 Xmin 为 $-a/2$，Xmax 为 $a/2$，Ymin 为 $-b/2$，Ymax 为 $b/2$。由于辐射层相切于介质层之上，故 Zmin 设置为 t1，Zmax 设置为 t1+n1。采用理想辐射材料 PEC 作为辐射层。设置参数 a=38.6 mm、b=38 mm 和 n1=0.035 mm。获得如图 8.15 所示微带贴片天线模型。

（3）构建馈线。

馈线设置示意图如图 8.14 所示。微带贴片天线示意图如图 8.15 所示。

点击 Brick 后点击 Esc 键，由于馈线从介质层的 X 负方向到理想辐射层 X 负方向，故设置 Xmin=$-p/2$、Xmax=$-a/2$、Ymin=$-c/2$、Ymax=$c/2$、Zmin=t1 和 Zmax=t1+n1。馈线材料为理想介质材料 PEC。点击 OK 设置馈线宽度 c=1.46 mm。

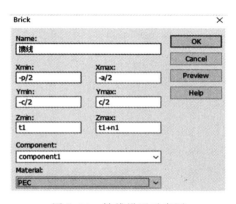

图 8.14　馈线设置示意图

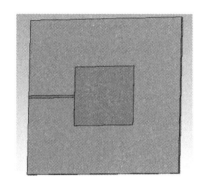

图 8.15　微带贴片天线示意图

（4）端口设置。

下面设置馈电端口，将贴片天线旋转到馈线的侧面，点击 F 键选择馈线的侧面，如图 8.16(a)所示。设置端口，点击仿真（Simulation）选择波导端口（Waveguide Port），默认 Ymin=$-0.73-3*t1$、Ymax=$0.73+3*t1$、Zmin=$2-t1$ 和 Zmax=$2.035+3*t1$，如图 8.16(b)所示，点击 OK，获得馈线端口如图 8.16(c)所示。

（5）接地层设置。

按住 Ctrl 键旋转鼠标，将贴片天线的底部朝上。再按 F 键选中天线底部的面选择 Modeling 中的 Extrude Face。设置接地层 Height 为 n1，如图 8.17 所示。

（6）设置仿真频段及边界条件。

点击 Simulation 中的 Frequency，设置频段为 2.0～2.6 GHz，点击 Boundaries Setting 边界条件 Xmin、Xmax、Ymin、Ymax、Zmin 和 Zmax 为 open（add space），如图 8.18 所示。设置完成后，点击 Simulation，选择 Setup Solver，点击 Start 进行仿真。

3）仿真结果分析

由图 8.19 可以得到微带贴片天线的谐振点在 2.28 GHz，其 S_{11} 为 -4.5 dB。

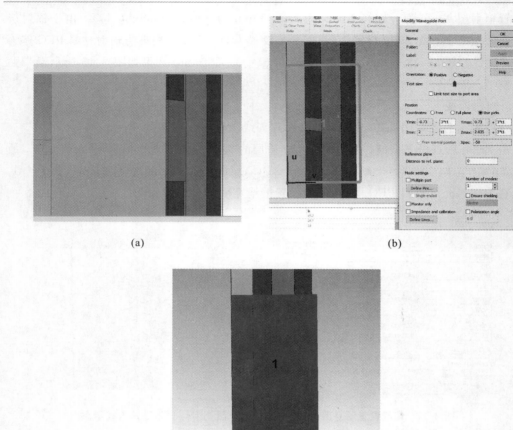

(a)

(b)

(c)

图 8.16　馈线端口设置示意图

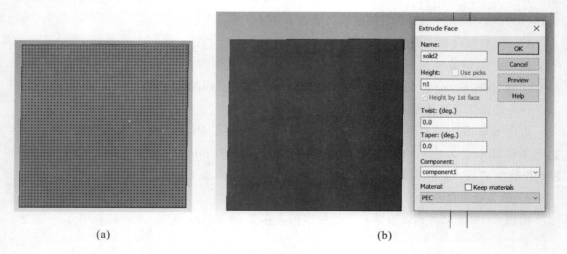

(a)

(b)

图 8.17　设置接地层示意图

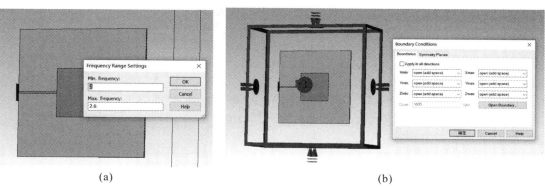

(a)　　　　　　　　　　　　　　　　　(b)

图 8.18　设置仿真频段及边界条件示意图

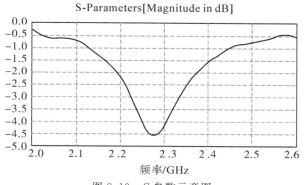

图 8.19　S 参数示意图

如图 8.20 所示，在 Z 方向上天线的辐射功率是最大的，并且在谐振点 2.3 GHz 处辐射效果最好。

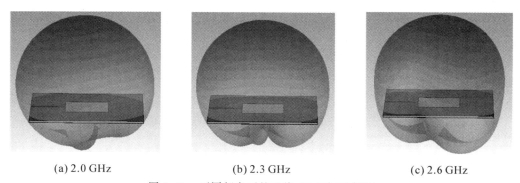

(a) 2.0 GHz　　　　　　　(b) 2.3 GHz　　　　　　　(c) 2.6 GHz

图 8.20　不同频点下的天线 3D 远场辐射图

图 8.21 和图 8.22 分别为 Phi＝90°和 Phi＝0°在 2.0 GHz、2.3 GHz 和 2.6 GHz 频点下的 1D 远场辐射图。可以看到，图 8.21 的方向图是对称分布，而图 8.22 的方向图是不对称分布。这是因为在 Phi＝0°的平面下，微带贴片天线一边存在馈线，一边不存在馈线，结构上不对称而造成方向图不对称。

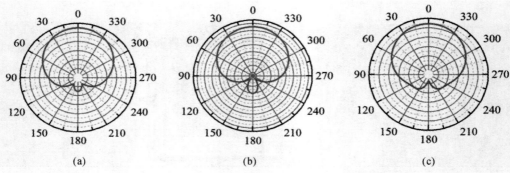

图 8.21　Phi＝90°不同频点下的天线 1D 远场辐射图

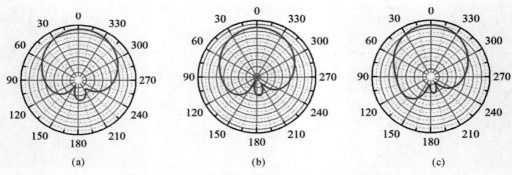

图 8.22　Phi＝0°不同频点下的天线 1D 远场辐射图

4. 微带贴片天线的优化

由于上述微带贴片天线的谐振点在 2.28 GHz 处，与设计目标的 2.3 GHz 有所出入，因此需要对天线的性能进行优化，可以通过调整辐射层 X 方向的贴片长度来达到对天线谐振频点的优化。

固定贴片 Y 方向长度 b＝38 mm，令贴片 X 方向长度 a 从 38 mm 以步长为 0.1 mm 变化到 39 mm，可获得 10 条 S_{11} 曲线，如图 8.23 所示。

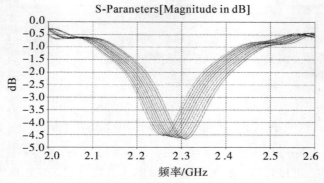

图 8.23　不同 a 下的 S_{11} 仿真示意图

通过图 8.24 可以看到，当 a＝38.2 mm 时，微带贴片天线的谐振频点在 2.3 GHz，达到了设计目标。

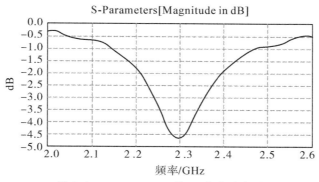

图 8.24　a＝38.2 mm 的 S_{11} 仿真示意图

8.1.4　螺旋天线的仿真与优化

1. 螺旋天线的介绍

螺旋天线(helical antenna)由导电性能良好的金属螺旋线组成,通常用同轴线馈电,同轴线的中心线和螺旋线的一端相连接,同轴线的外导体则和接地的金属网(或板)相连接。从外表看起来,螺旋天线就好像在一个平面的反射屏上安装了一个螺旋。螺旋部分的长度要等于或者稍大于一个波长。反射器呈圆形或方形,反射器的内部最大距离(直径或者边缘)至少要达到四分之三波长。螺旋部分的半径在八分之一到四分之一波长之间,同时还要保证四分之一到二分之一波长的倾斜角度。天线的最小尺度取决于所采用的低频信号频率大小。如果螺旋或反射器太小,那么天线的效率就会严重降低。在螺旋天线的轴心部分,电磁波的能量最大。螺旋天线通常是由多个螺旋部分和一个反射器组成的,可以同时垂直或水平地挪动整组天线来跟踪某个卫星。如果卫星并没有在轨道上运行,那么可以通过计算机来调节天线的方位角,以跟踪卫星轨迹。螺旋天线实物图如图 8.25 所示。螺旋天线结构示意图如图 8.26 所示。

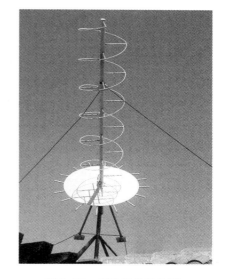

图 8.25　螺旋天线实物图

螺旋天线是目前被广泛采用的一种圆极化天线,它是将具有良好导电性的金属线或者金属片沿着轴线绕成螺旋形式而构成的天线。工作模式一般可以分为三种:法向模、轴向模和圆锥模,工作模式是由螺旋直径和工作波长的比值决定的。当螺旋的直径远小于波长时,天线的最强辐射方向与螺旋轴线相垂直,且具有水平全向辐射的方向特性,此时工作模式称为法向模,对应的螺旋天线称为法向模螺旋天线,多应用在移动通信系统中。当螺旋的直径慢慢增大,螺旋周长可与波长相比拟时,天线最强辐射方向与螺旋轴线保持一致,此时的工作模式称为轴向模,相应的便是轴向模螺旋天线,主要应用于卫星通信等领域。

当螺旋直径进一步增大时，螺旋天线的最强辐射方向会慢慢偏离轴向，呈现圆锥形辐射特性。

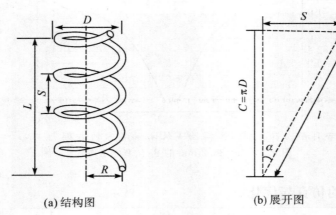

(a) 结构图　　　　　　　　(b) 展开图

图 8.26　螺旋天线结构示意图

常规的轴向模螺旋天线通常要 5 圈以上才能实现较好的匹配和圆极化性能，螺距 S 通常为 0.25 个波长左右，这样整个天线的高度要 1 个波长以上。本节设计的轴向模螺旋天线为锥面螺旋，用一定宽度的金属片来代替传统的金属线，只用了一圈半螺旋就实现了宽带匹配和圆极化性能，实现了螺旋天线宽带小型化设计。

轴向模螺旋天线的优点是，具有较宽的带宽，很容易构造，有一个真正的输入阻抗，并能产生圆极化波。螺旋天线的几何参数如表 8.1 所示。

表 8.1　螺旋天线的几何参数

参数符号	物理意义	参数符号	物理意义
D	螺旋直径	N	螺旋圈数
S	螺距	L	螺旋轴长 $L=NS$
C	螺旋周长	R	螺旋半径
α	升角	l	螺旋线一圈的长度

螺旋天线根据变量的不同而有不同的参数方程。如果将螺旋天线旋转弧度定义为变量，则螺旋天线的参数方程为

$$\begin{cases} x = R\cos(t) \\ y = R\sin(t) \\ z = R\tan\left(\dfrac{\alpha\pi}{180}\right) \times K(e,\,t) \end{cases} \tag{8.1}$$

式中，R 为螺旋天线的半径；α 为螺旋的起始升角；参数 t 定义为螺旋线圈的弧度变化，其取值范围为 $0 \sim 2\pi N$，N 为螺旋圈数。其中，

$$K(e,\,t) \approx c_1 t - c_2 t\sin(2t) \tag{8.2}$$

式中，e 为奇异常数；c_1 和 c_2 表示无穷级数，可通过泰勒公式部分展开：

$$\begin{cases} c_1 = 1 - \left(\dfrac{e^2}{4} + \dfrac{3e^2}{64} + \dfrac{5e^2}{256} + \cdots \right) \\ c_2 = \dfrac{e^2}{8} + \dfrac{e^4}{32} + \dfrac{15e^2}{1024} + \cdots \end{cases} \tag{8.3}$$

e 与螺旋截面的长半轴、短半轴的关系如式(8.4)：

$$e = \sqrt{1 - \left(\frac{a}{b} \right)^2} \tag{8.4}$$

其中，a，b 分别表示螺旋截面的长半轴与短半轴。当螺旋天线为特定类型时，其长半轴和短半轴的长度相等。

如果螺旋天线是变升角设计，则对于螺旋天线 z 轴的参数方程为

$$z = R\tan\left\{ \left[\alpha_0 + \frac{(\alpha_1 - \alpha_0)t}{2\pi N} \right] \frac{\pi}{180} \right\} t \tag{8.5}$$

式中，α_0 为起始升角，α_1 为终止升角。

2. 螺旋天线的设计目标

在 CST 中设计螺旋天线时，需要明确设计目标，以确保天线能够满足特定的应用需求。以下是螺旋天线的设计目标：

(1) 确定天线的工作频率范围为 $0 \sim 5$ GHz。

(2) 确定天线所需的增益为 $5 \sim 10$ dBi。

(3) 确定天线所需的波束宽度，水平波束宽度为 $60°$，垂直波束宽度为 $30°$。

(4) 确定天线所需的旁瓣电平小于 -10 dB。

3. 螺旋天线的设计过程

如图 8.27 所示为螺旋线圈在 CST 中的仿真结构图。螺旋天线是一种特殊的天线形式，通常由以下几个部分组成：辐射体、馈源、反射器等。辐射体是螺旋天线的核心部分，通常是由导电性能良好的金属螺旋线组成的。

螺旋天线的形状和尺寸(如螺旋直径、螺距、螺旋圈数等)会影响天线的性能(如辐射方向、增益和带宽等)。馈源是向辐射体提供电磁波能量的部分，通常使用同轴线进行馈电。同轴线的内导体和螺旋线的一端相连接，而同轴线的外导体则和接地的金属网(或板)相连接。反射器通常是一个金属网或金属板，

图 8.27　螺旋天线仿真结构图

用于反射和聚焦辐射体发出的电磁波，从而提高天线的增益和方向性。此外，为了消除同轴线外导体上的电流以及作为螺旋线电流的回路，通常会在同轴线的末端接一个金属圆盘。

1) 新建工程

在 CST 仿真软件中，选择软件上方的 Home 选项，点击 Macros 里的 construct，选择 Coils 里的 3D Linear Helical Spiral,新建工程后点击右上角的保存，文件名设为螺旋天线新建工程，如图 8.28 所示。

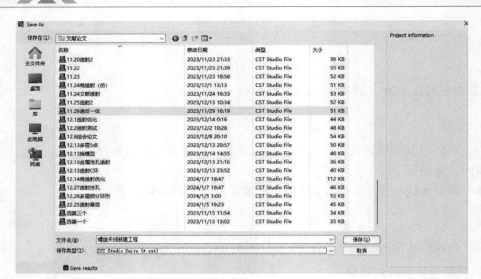

图 8.28　新建工程页面

在顶部导航栏 Simulation 里选择 Frequency 设置工作频率，将螺旋天线的工作频率设置为 0～2 GHz，如图 8.29 所示。

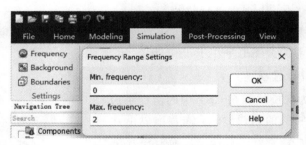

图 8.29　工作频率设置

2）螺旋天线模型设置

螺旋天线模型设置如图 8.30 所示。

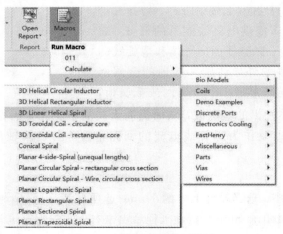

图 8.30　螺旋天线模型设置

在图 8.31 中，线圈半径 Coil Radius(major)设置为 4.77，线圈高度 Coil Height 设置为 67.32，线圈数 Number of Turns 设置为 9，角增量 Angle Increment 设置为 14deg。

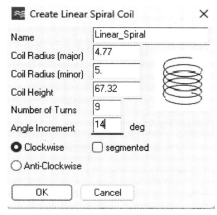

图 8.31　螺旋天线参数设置

在键盘上按 W 键，然后用鼠标点击螺旋线圈的底部，如图 8.32 所示。

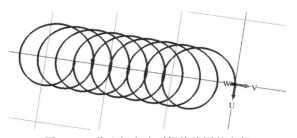

图 8.32　将坐标点改到螺旋线圈的底部

在 Curves 里选择 Circle，按键盘上 Esc 键，在 Circle 页面将半径 Radius 设置为 0.6，如图 8.33 所示。

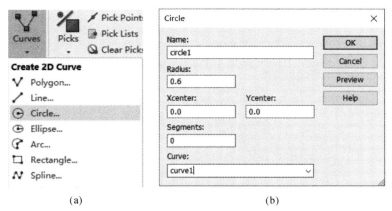

(a)　　　　　　　　　　　　　　(b)

图 8.33　设置底部圆圈

点击顶部导航栏里的 Modeling，选择 Create shape from Curve 里的 Sweep Curve，然后双击螺旋线圈底部的圆圈和螺旋线，材料选择 PEC，然后点击 OK。覆盖包裹螺旋线圈如图 8.34 所示。

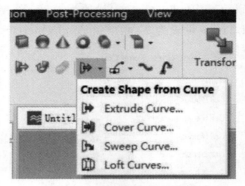

图 8.34　覆盖包裹螺旋线圈

在 CST 仿真软件中点击顶部导航栏里的 Modeling，选择圆柱形建模。设置外半径 Outer radius 为 0.6，U 轴最小为 −4.8、最大为 0.3，材料 Material 设置为 PEC，如图 8.35 (a) 所示。重复上面步骤，设置图中参数，材料选择 PEC，并将螺旋形天线平移旋转到底部和圆柱垂直，如图 8.35(b) 所示。继续建立圆柱模型，参数设置如图 8.35(c) 所示。建立接地圆柱，参数设置如图 8.35(d) 所示。

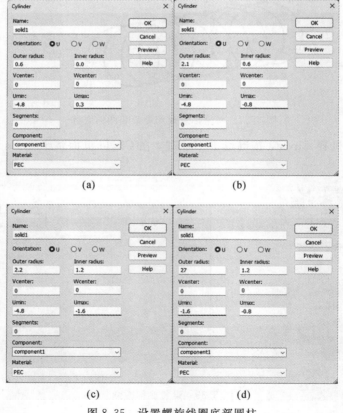

图 8.35　设置螺旋线圈底部圆柱

3) 仿真设置

在 CST 仿真软件的顶部 Pick Points 中选择 Pick Edge Center，建立 P1 点，选择 Pick

Circle Center 建立 P2 点,如图 8.36(a)所示。在 Simulation 里选择 Discrete Port,弹出窗口在 Label 里标注 Port1,其中 Impedance 参数设置为 50.0 Ohm,如图 8.36(b)所示,点击 OK。

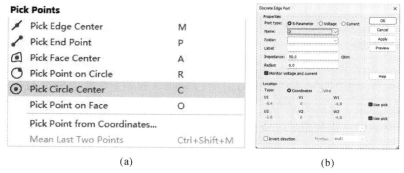

(a)　　　　　　　　　　　　　　　　(b)

图 8.36　设置端口

在 CST 仿真软件的上栏 Simulation 里选择 Field Monitor 进行远场条件设置,弹出窗口如图 8.37 所示。选择 Farfield/RCS,Frequencies ('; ' separated)设置为 0.5,点击 Apply;选择 Electric energy density,Frequencies ('; ' separated)设置为 1.5,点击 Apply;点击电场条件 E-Field,点击 Apply,点击 OK。

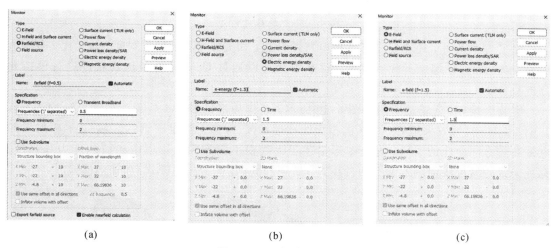

(a)　　　　　　　　　　(b)　　　　　　　　　　(c)

图 8.37　远场检测设置

点击 Home 里的 Start Simulation 开始仿真,如图 8.38 所示。

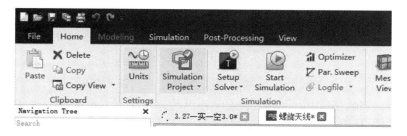

图 8.38　开始仿真示意图

4）仿真结果

由图 8.39 可以得到螺旋天线的工作频率,但谐振点多,效果不好。螺旋天线的 S 参数可以通过网络分析仪进行测量和分析。S 参数也称为散射参数,描述了传输通道的特性,包含了有关信号的幅度和相位的信息。对于螺旋天线,S 参数可以用于评估天线的反射信号和传送信号的性能。具体而言,S 参数中的 S_{11} 和 S_{22} 分别表示天线端口的反射系数,即天线对入射信号的反射能力。如果 S_{11} 和 S_{22} 的值接近 0,则说明天线在该端口上的反射较小,匹配性能较好。而 S_{21} 则表示从端口 1 到端口 2 的传输系数,即天线对传输信号的传输能力。如果 S_{21} 的值较大,则说明天线在该端口上的传输效率较高。S 参数的值与测试条件有关,例如频率、入射角度、极化方式等。因此,在分析螺旋天线的 S 参数时,需要明确测试条件,并进行相应的归一化处理,以获得更加准确的结果。

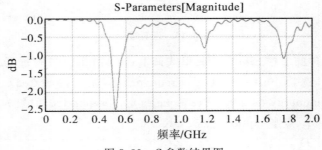

图 8.39　S 参数结果图

除了 S 参数外,还需要考虑其他电特性参数,如天线增益、波束宽度、前后比、旁瓣电平等,以全面评估螺旋天线的性能。这些参数可以通过 CST 等电磁仿真软件进行模拟和分析。

螺旋天线 3D 远场辐射图如图 8.40 所示,工作频率分别在 1 GHz、3.5 GHz、4 GHz,其中 4 GHz 时的效果最好。远场图指天线在远场区(即离天线足够远的区域)内,辐射出的电磁波随方向变化的图形。这个图形描述了天线在不同方向上辐射电磁波的能力和强度。螺旋天线的远场辐射图通常有两种模式:普通模式(也称为法向模式)和轴向模式。

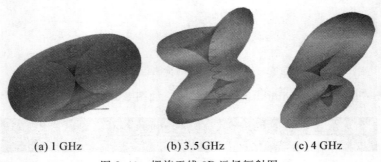

(a) 1 GHz　　　　(b) 3.5 GHz　　　　(c) 4 GHz

图 8.40　螺旋天线 3D 远场辐射图

在普通模式下,螺旋天线的远场辐射图类似于经典偶极天线的环形辐射图。也就是说,辐射场垂直于螺旋轴,呈现出一种环形或哑铃形的辐射图形。这种辐射模式的特点是:辐射波是圆极化的,且辐射效率低、带宽窄。

在轴向模式下,螺旋天线在比正常模式更高的频带内谐振,其工作模式类似于沿 z 轴的端射天线阵列，并产生定向辐射图。也就是说，辐射沿着螺旋轴处于最终辐射方向，并且波是圆形或近似圆偏振的。这种辐射模式的特点是辐射效率高、带宽宽，且辐射图呈宽的轴向光束定向，以倾斜角度产生较小的凸角。

图 8.41 所示螺旋天线的波束辐射 1D 方向图，在 1 GHz 处，螺旋天线辐射电磁波较为分散，旁瓣较大；在 3.5 GHz 处，电磁波集中在螺旋天线的顶部和底部旁瓣较多；在 4 GHz 处，虽然也有旁瓣，但是较少，指向性更好。方向图是天线在某一特定平面内（例如，与螺旋轴垂直的平面）辐射强度随角度变化的图形。这是一个一维的图形，因为它只展示了天线在一个平面内的辐射特性。1D 方向图通常用于描述天线在该平面内的波束宽度、旁瓣电平、前后比等参数。波束宽度指的是天线主瓣（即辐射强度最大的区域）的宽度，通常以角度来表示。旁瓣电平指的是除主瓣外，其他辐射瓣的最大强度与主瓣最大强度之比，通常以分贝（dB）来表示。前后比则是天线主瓣的最大强度与后瓣（即与主瓣相对的方向上的辐射瓣）的最大强度之比，通常以分贝（dB）来表示。对于螺旋天线，其 1D 方向图可能会呈现出一种类似于"心形"或"蝴蝶形"的图形，具体形状取决于天线的设计参数和工作频率。例如，在普通模式下，螺旋天线的 1D 方向图可能会呈现出一种心形图形，而在轴向模式下，则可能会呈现出一种更窄的波束宽度和更高的前后比。

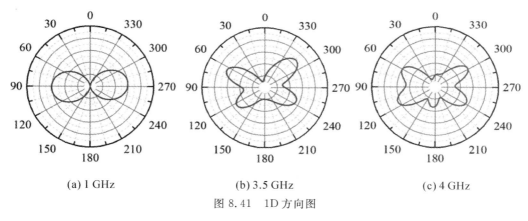

(a) 1 GHz　　　　　　(b) 3.5 GHz　　　　　　(c) 4 GHz

图 8.41　1D 方向图

1D 方向图只能描述天线在某一特定平面内的辐射特性，而无法描述天线在三维空间中的整体辐射特性。因此，在实际应用中，还需要结合其他参数和图形（如 3D 方向图、增益图等）来全面评估天线的性能。

4. 螺旋天线的优化

在 CST 软件中，螺旋天线的优化主要涉及以下几个方面。

（1）尺寸优化：通过调整螺旋线的直径、圈数和间距等关键参数，可以改善天线的辐射特性。这有助于实现更高的增益、更窄的波束宽度和更宽的工作频带。

（2）匹配网络优化：优化匹配网络可以提高天线与射频信号源之间的匹配性能。匹配网络通常由扼流圈和电容器组成，用于调整天线的输入阻抗。通过调整匹配网络的参数，可以实现更低的驻波比和更高的功率传输效率。

（3）接地板结构优化：接地板的尺寸、形状和材料都会对螺旋天线的辐射特性产生影响。优化接地板的结构可以进一步改善天线的辐射效果。

此外，还可以利用最优化算法（如遗传算法）来求解相应的馈源幅相关系，修正非对称平台对螺旋天线圆极化性能的不良影响，最终实现所需天线性能的最优化设计。通过改变螺旋天线的角度、大小尺寸和工作频率，可以找到辐射方向最好、振幅最大的螺旋天线设计模型。

由图 8.42 可以得到优化后的螺旋天线的振幅基本在 0 dB 附近，可以达到 90% 以上的辐射效率，只在 0.57 GHz、1.19 GHz、1.78 GHz 三个频点处有谐振。

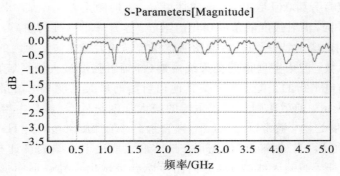

图 8.42　S 参数优化结果图

优化后的螺旋天线 3D 远场辐射图如图 8.43 所示，能量的辐射方向主要集中在螺旋天线的顶部，旁瓣电平较小，小于 −10 dB。同时，螺旋天线的辐射波的波束宽度：水平波束宽度为 57°，垂直波束宽度为 45°。

图 8.43　优化后的螺旋天线 3D 远场辐射图

在 4 GHz 处，图 8.44 所示优化后的螺旋天线波束辐射 1D 方向图，指向性更好，能量更大，为 6.47 dB。

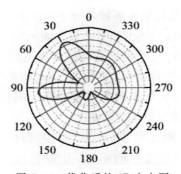

图 8.44　优化后的 1D 方向图

8.2　ADS 软件及仿真案例

8.2.1　ADS 软件及基本单元介绍

1. ADS 简介

ADS(Advanced Design system)是一款 Kesight 研制的先进设计系统软件,旨在加速设计和仿真工作流程,该软件的特点在于为设计人员提供了针对特定设计流程预先配置好的软件组合。这些软件套件能够为设计师们提供多达三种不同的仿真技术——系统仿真、电路仿真和电磁(EM)仿真,帮助他们设计通信系统、GaAsMMIC、RFIC、射频系统封装(SiP)、射频电路板和信号完整性等产品。

2. 软件界面介绍

ADS 界面包括四个窗口:主窗口、原理图窗口、版图窗口和数据显示图窗口,如图 8.45 所示。

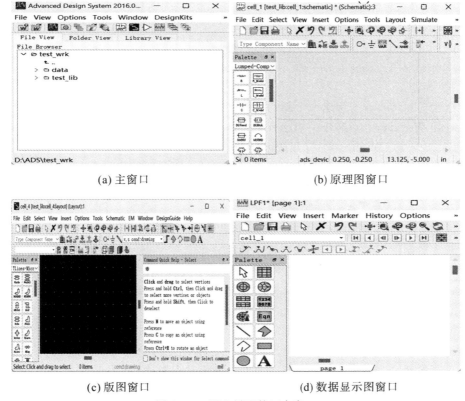

(a) 主窗口　　　　　　　　　　　(b) 原理图窗口

(c) 版图窗口　　　　　　　　　　(d) 数据显示图窗口

图 8.45　ADS 界面的四个窗口

主窗口是主要进行设计和仿真工作的地方,可以在这里创建和编辑电路图、布局图、原理图。位于主窗口顶部的菜单栏和工具栏提供了各种功能和工具的快捷访问,可以通过菜单栏执行各种操作，例如打开文件、新建各种工作空间等。

主窗口菜单栏介绍如图 8.46 所示。

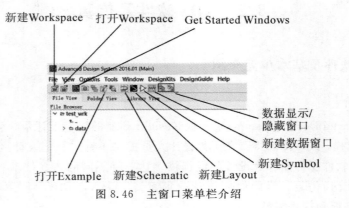

图 8.46　主窗口菜单栏介绍

第一栏

（1）File：主要功能是进行工程和原理图的创建、打开、保存等。

（2）View：主要功能是设定主窗口的显示内容。

（3）Tools：包含了 ADS 对全局进行设置和管理的工具。

（4）Window：对各窗口进行管理。

（5）DesignKits：对具体芯片的模型进行导入。

（6）DesignGuide：对具体的应用提供设计向导。

（7）Help：为用户提供帮助并显示版本权限等信息。

第二栏

（1）新建 Workspace：新建一个新的工作空间，相当于新工程；

（2）打开 Workspace：打开一个已有的工作空间；

（3）Get Started Windows：打开最近打开的工程；

（4）打开 Example：软件集成的案例库，可以导入工作空间中；

（5）新建 Schematic：新建一张原理图；

（6）新建 Layout：新建一个布局图；

（7）新建 Symbol：新建一个图标，类似子图；

（8）新建数据窗口：可以打开数据显示窗口；

（9）数据显示/隐藏窗口：用于菜单栏按钮的显示和隐藏，隐藏后无法进行操作。

原理图窗口是 ADS 中的一个重要组成部分，用于创建、编辑和分析电路的原理图，如图 8.47 所示。下面是一些原理图窗口的主要功能和组成部分。

（1）工具栏：包含了常用工具，如新建/打开原理图、常用指令等，可以通过点击图标来选择相应的工具。

（2）元器件列表：包含了各种器件的符号，如集总参数库、S 参数控制元库、优化控制元器件库等。用户可以从元件库中选择所需的器件，并将其拖放到原理图中。

（3）元器件属性：在将器件添加到原理图后，用户可以通过元器件属性窗口来设置器件的参数，如阻值、电容值、工作频率等。

（4）原理图编辑区：用于创建、编辑和模拟电路原理图的主要工作区域。它是一个图形界面，提供了丰富的工具和功能，能够方便地设计和分析电路。

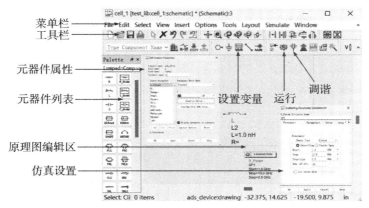

图 8.47　原理图窗口介绍

（5）仿真设置：用户可以通过仿真设置窗口来配置仿真参数，如仿真类型、激励信号、仿真时间等。ADS 支持多种仿真类型，包括直流、交流、频域和时域仿真。

原理图窗口是 ADS 中设计和仿真工作的核心，用户可以通过原理图窗口来创建复杂的电路图，并进行各种类型的仿真和分析。

图 8.48 是版图窗口，它是用于创建和编辑电路布局的主要工作区域之一。主要功能是创建和编辑电路布局，包括射频、微波和数字电路。支持布局设计的各种功能，如绘制导体、放置器件、编辑器件参数等。提供布局规则检查和自动布线功能，以确保布局符合设计规范和标准。

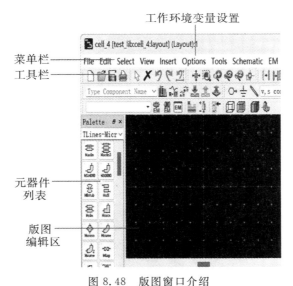

图 8.48　版图窗口介绍

（1）界面布局：菜单栏、工具栏、元器件列表、版图编辑区。

（2）绘图工具：线条绘制、器件放置、封装设计、编辑功能。

（3）自动布线：支持自动布线功能，以便快速优化布局。可设置布局规则，如最小线宽、最小间距等。提供实时布线反馈，帮助用户调整设计参数。

（4）布局规则检查：自动检查布局是否符合设计规范和标准。检查器件间的距离、线宽、接地连接等。提供警告和错误提示，并指导用户进行修正。

通过版图窗口，用户可以直观地创建和编辑电路布局，并进行布局规则检查和自动布线优化，以满足设计要求和标准。

在 ADS 中，数据显示图窗口（见图 8.49）是用于显示和分析仿真结果的重要工具之一。数据显示图窗口提供了多种图表类型，用于可视化和分析电路的性能。以下是一些常见的数据显示图表类型。

图 8.49　数据显示图窗口介绍

（1）线性图（Rectangular Plot）：以线性或对数格式显示 S 参数数据。

（2）极化图（Polar Plot）：在极坐标图上显示复杂数据的实部和虚部。

（3）史密斯图（Smith chart）：在史密斯图上显示复杂数据的实部和虚部。

这些图表类型只是 ADS 中数据显示图窗口的一部分，用户可以根据需要选择合适的图表类型，并对图表进行自定义设置，如坐标轴范围、标签、颜色等。数据显示图窗口提供了强大的分析和可视化功能，帮助工程师更好地理解和优化电路设计。

8.2.2　ADS 软件的设计步骤

1. 运行 ADS

选择"AdvancedDesignSystem2016"，如图 8.50 所示。

图 8.50　ADS2016

点击鼠标后出现初始化界面，如图 8.51 所示。

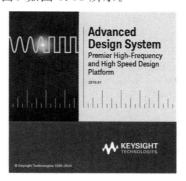

图 8.51　ADS2016 初始化界面

随后出现 ADS 主菜单，如图 8.52 所示。

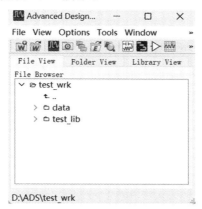

图 8.52　ADS 主菜单

2. 建立 Workspace

（1）新建 Workspace。

在主窗口，通过点击下拉菜单"File→New→Workspace"创建 Workspace，点击 Finish 完成建立，如图 8.53 所示。

图 8.53　新建 Workspace

（2）新建 Schematic。

如图 8.54 所示，进入新建的 Workspace 后，在首行单击鼠标右键，然后在弹出的选项卡中，选择 New Schematic 后单击鼠标左键。

图 8.54　Schematic 新建过程

创建后，在工作空间文件夹中会新建一个 cell_3 的目录，并且生成一个 schematic，弹出的原理图界面如图 8.55 所示。

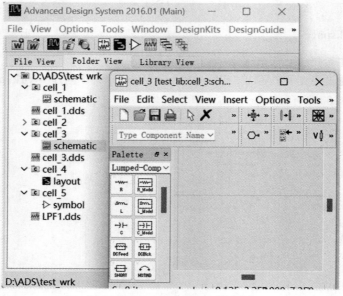

图 8.55　New Schematic 界面图

（3）新建 Layout。

如图 8.56 所示，进入新建的 Workspace 后，首行单击鼠标右键，在弹出的选项卡中选择 New，然后会弹出多个选项提供选择。

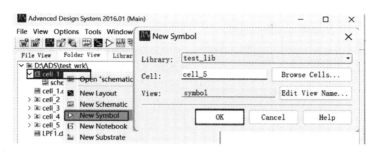

图 8.56　Layout 新建过程

选中 Layout 后单击鼠标左键，会弹出新建 Layout 窗口，需要输入 cell 的名词，即新建布局图的名称，点击创建布局图按钮。创建后，在工作空间文件夹中会新建一个 Layout 的目录，且生成一个 Layout，并弹出 Layout 视图界面，如图 8.57 所示。

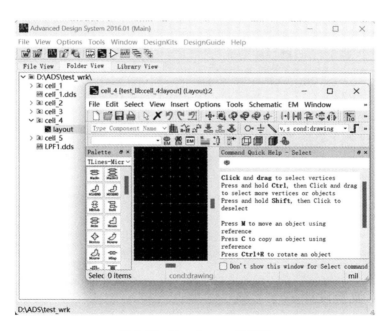

图 8.57　New Layout 界面图

（4）新建 Symbol。

这里注意的是，Symbol 需要在已有的 Schematic 的基础上进行创建，生成一个可以被调用的符号，否则会存在报错。在 cell_1 上单击右键，弹出 New Symbol 选项卡，如图 8.58 所示。

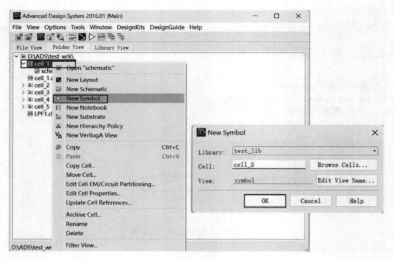

图 8.58　Symbol 新建过程

　　在弹出的新建 Symbol 窗口处，已经提示在指定的 cell 上创建 Symbol，此时选择的是 cell_5。然后点击创建 Symbol 按钮，如图 8.59 所示。点击创建后，弹出 Symbol 配置窗口，保持默认后，点击 OK 即可。

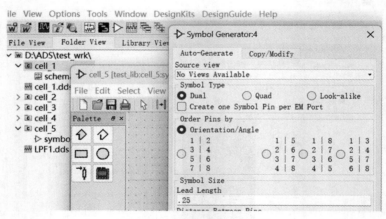

图 8.59　New Symbol 界面图

8.2.3　低通滤波器设计

1. 工作原理

　　低通滤波器的作用是允许低频信号通过而阻止高频信号通过，利用电阻、电感和电容的组合来实现对信号的滤波作用。低通滤波器中，电感和电容的组合形成一个谐振电路，使得在截止频率以下的信号可以通过，而高于截止频率的信号被阻止。一般由一个电阻、一个电感和一个电容组成，低阻抗传输线可实现并联电容，而高阻抗传输线可实现串联电感，因此在微波频段，低通滤波器的典型结构是高、低阻抗传输线交替级联组成的糖葫芦式滤波器，如图 8.60 所示，为 15 阶低通滤波器的等效电路。通过调整高低阻抗值和长度可以设计出性能良好、结构简单的低通滤波器。当输入信号的频率等于谐振频率时，电感和电容的阻抗会相互抵消，形成一个谐振电路。在谐振频率附近，电路的阻抗很小，信号可以通过。低通滤波器的截止频率是指在这个频率以下的信号可以通过，而在这个频率以上的信号被滤除或衰减。截止频率取决于电感和电容的数值。低通滤波器对低频信号具有较低的阻抗，允许其通过；而对高频信号具有较高的阻抗，使其被阻止或衰减。通过调整电感、电容和电阻的数值，可以设计出不同截止频率和频率响应特性的低通滤波器，以满足不同应用场景的需求。低通滤波器在许多电子设备和通信系统中被广泛使用，用于滤除噪声、调节信号频谱等。

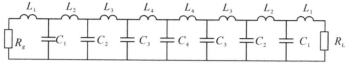

图 8.60　15 阶低通滤波器等效电路图

2. 设计目标

（1）$1 \sim 3$ GHz 的 $S(2,1) \geqslant -2$ dB。

（2）$7 \sim 10$ GHz 的 $S(2,1) \leqslant -30$ dB。

3. 设计流程

（1）在主窗口，点击 New Schematic Window 图标，打开原理图窗口。

（2）在原理图设计窗口点击图标，储存原理图，取名 LPF1。此时在 ADS 主窗口 network 目录中会出现 LPF1.dsn 文件。

（3）在元件模型列表窗口中选择 Lumped-Components（集总参数元件）项，示意图如图 8.61 所示。

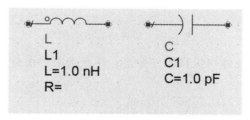

图 8.61　Lumped-Components 示意图

（4）从该选项左边面板中选择电容、电感图标。在电路图设计窗口放置电容、电感，并用键把电容、电感旋转成竖直状态，如图 8.62 所示。

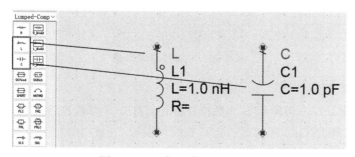

图 8.62　电容电感设置示意图

（5）如图 8.63 所示，用类似的方法在电路图设计窗口放入电感，利用快捷键，把电容的一端接地，并用线把它们连起来。

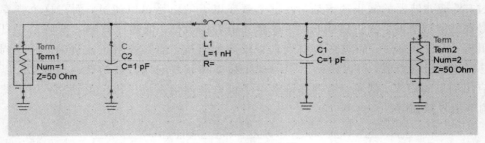

图 8.63　元器件连接

（6）在元件库列表窗口选择 Simulation-S Param 项，在该项面板中选择 S 参数模拟控制器（像个齿轮）和端口 Term，放到图上，如图 8.64 所示。

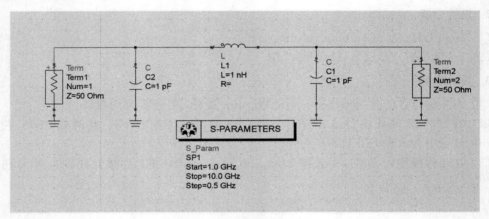

图 8.64　放置仿真 S 终端

（7）用 Esc 结束放置元件和仿真控件命令，并点击电路图标调整这些元件的参数，如图 8.65 所示。

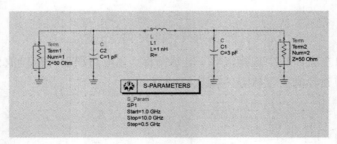

图 8.65　元器件参数调整

4. 设置 S 参数模拟

（1）图 8.66 中，双击齿轮状 S 参数控件标记，打开 S 参数控件配置窗口，把 Step-size 改成 0.5 GHz，选择 OK。

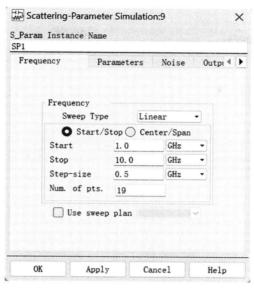

图 8.66　S 参数控件配置窗口图

（2）在上面的窗口中点击 Display 标签，会显示所有可以显示在原理图中的仿真控件控制量，如图 8.67 所示。

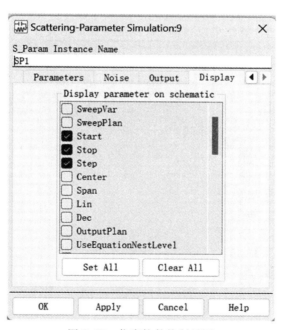

图 8.67　仿真控件控制量图

5. 开始仿真并显示数据

（1）点击原理图窗口上方的 Simulate 图标，开始仿真。

（2）弹出状态窗口，显示仿真状态的相关信息，如图 8.68 所示。

图 8.68　仿真状态相关信息图

（3）仿真完成以后，如果没有错误，就会自动出现数据显示窗口（见图 8.69），可以看到数据显示窗口左上方的名称为 LPF1。如果 LPF1 右上角有"＊"，则代表该数据还没有储存。在这个窗口中可以把计算结果以表格、圆图或等式的形式显示出仿真结果的数据。

图 8.69　自动显示的数据显示窗口

（4）点击 RectangularPlot 图标，把一个方框放到数据显示窗口中去，会自动弹出对话框，如图 8.70 所示。选择要显示的 $S(2,1)$ 参数，点击 Add 按钮，选择 dB 为单位，点击 OK。

（5）显示一个合理的低通滤波器响应。

（6）点击 Marker→New，可以把一个三角标志放在图上，且可以用键盘和鼠标控制它的位置。曲线标记示意图如图 8.71 所示。

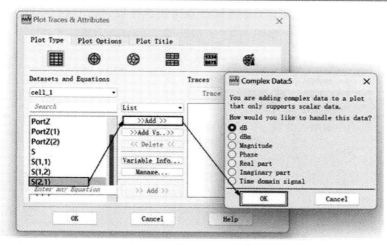

图 8.70　选择要显示的数据图

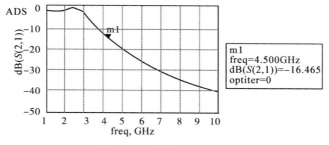

图 8.71　曲线标记示意图

6. 结果分析

从图中可以看到，$1\sim5.8$ GHz 的 $S(2,1)\geqslant-5$ dB，$7\sim10$ GHz 的 $S(2,1)\leqslant-10$ dB，这是一个性能较差的低通滤波器，与目标性能要求还存在一定的差距。

7. 存储数据窗口

（1）存储的缺省名为 LPF1，扩展名为 .dds，该文件会存储在项目文件夹的根目录中，而数据文件，即所有的 .dds 文件和数据设定，会存储在 data 子目录中，如图 8.72 所示。

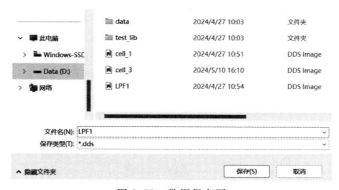

图 8.72　数据保存图

（2）保存数据并关闭上述窗口后，再通过点击原理图窗口的 DataDisplay 图标，再次打开名为 LPF1.dds 的数据文件，如图 8.73 所示。

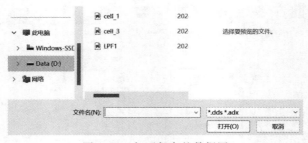

图 8.73　打开保存的数据图

8. 原理图仿真与优化

因上面所设计的低通滤波器并没有满足设计目标的要求，下面介绍原理图的优化方法，对原理图中的电容、电感进行参数优化，以达到目标所要求的性能指标。

（1）打开上节的 LPF1 的原理图，设置原理图中电容 $C1$ 的优化取值范围。双击原理图中的电容 $C1$，弹出 Capacitor 窗口，在窗口中单击 Tune/Opt/Stat/DOESetup 按钮，打开 Setup 设置窗口，在 Setup 窗口中设置如下。

① 选择优化 Optimization 按钮。

② 在 Optimization Status 栏选择 Enabled。

③ 在 Type 栏选择 Continuous。

④ 在 Format 栏选择 min/max。

⑤ 在 Minimum Value 栏填入 0.5pF。

⑥ 在 Maximum Value 栏填入 5pF。

点击两次 OK 按钮完成 Setup 和 Capacitor 窗口的设置。完成设置的 Capacitor 和 Setup 窗口如图 8.74 所示。

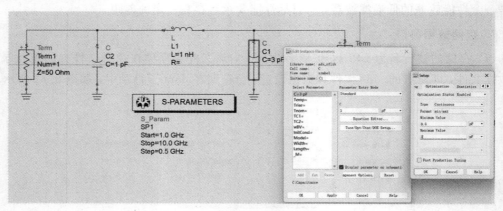

图 8.74　设置原理图中元件的优化取值范围

（2）用同样的方法设置原理图中电感 $L1$ 和电容 $C2$ 的优化取值范围。

① 电感在 Minimum Value 栏填入 0.5nH，在 Maximum Value 栏填入 5nH。

② 电容在 Minimum Value 栏填入 0.5pF，在 Maximum Value 栏填入 5pF。

（3）在原理图的元件面板列表上，选择优化元件 Optim/Stat/Yield/DOE 项，元件面板上出现与 Optim/Stat/Yield/DOE 对应的元件图标，如图 8.75 所示。

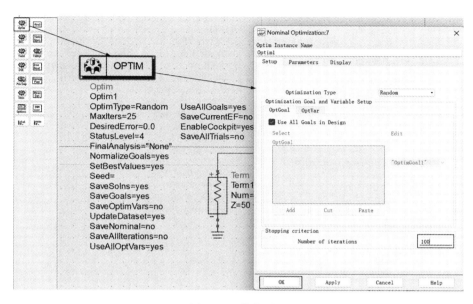

图 8.75　优化设置

（4）在图 8.75 所示的元件面板上，选择优化控件 OPTIM 插入原理图的画图区，并选择目标控件 GOAL 插入原理图的画图区，共插入两个目标控件 GOAL，如图 8.76 所示。

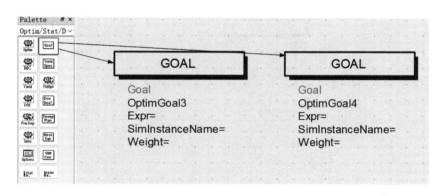

图 8.76　插入两个目标控件

（5）双击画图区的优化控件 OPTIM，打开 Nominal Optimization 窗口，在 Nominal Optimization 窗口中设置优化控件，设置优化控件的步骤如下。

① 选择随机 Random 优化方式。

② 优化次数选择 100 次。

③ 其余的选项保持默认状态。

设置完成的 Nominal Optimization 窗口，如图 8.77 所示。

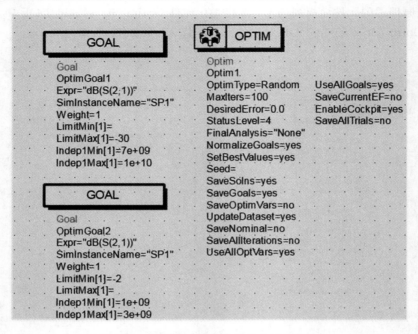

图 8.77　设置完成的优化控件和目标控件

（6）下面设置三个目标控件 GOAL，这两个目标控件在三个频率范围内用来控制散射参数 $S(2,1)$。双击目标控件 1，设置如图 8.78 所示。

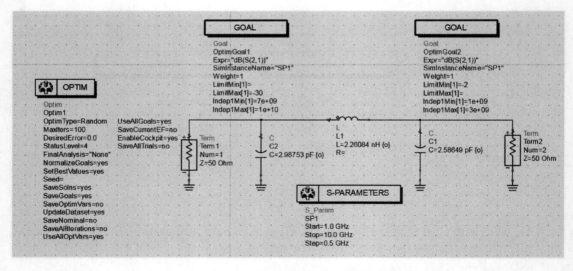

图 8.78　用于优化的低通滤波器原理图

（9）现在可以对图 8.78 所示的原理图进行仿真。在原理图工具栏中单击 Optimize 图标，运行仿真，仿真过程中弹出了仿真状态窗口，记录了频率扫描落范围、变量取值和仿真插入标记的 $S(2,1)$ 曲线如图 8.79 所示。

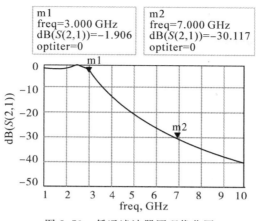

图 8.79　低通滤波器原理优化图

由图 8.79 中可以看出，$S(2,1)$曲线满足技术指标。

（10）仿真结束后，选择"Simulate"菜单的"Update Optimization Values"命令，将优化后的电感和电容值保存在原理图中。

（11）仿真结束后，数据显示视窗自动弹出。在数据显示视窗用矩形图表示 $S(2,1)$曲线，矩形图横轴为频率范围，纵轴是用分贝（dB）表示的 $S(2,1)$。插入标记如下：

单击工具栏中的标记按钮，在曲线 3.000 GHz 处插入一个标记 m1；在曲线 7.000 GHz 处插入一个标记 m2。

8.2.4　分支定向耦合器设计

分支定向耦合器是一种常见的微波器件，通常用于分配或结合射频（RF）信号。它的设计基于定向耦合器的原理，其主要目的是将输入信号分为两个输出端口，并且在这两个端口之间有一个特定的耦合比例。图 8.80 是传统的两分支线定向耦合器（电桥），主要用作微带平衡混频器，由于端口 1 和端口 4 相互隔离，因此本振和信号互不影响；同时由于微带线的平面特性，因此混频二极管很容易连接在端口上，电路结构既简单又紧凑。

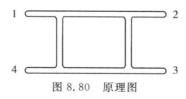

图 8.80　原理图

1. 基本原理

分支定向耦合器基于定向耦合器的基本原理设计，其工作原理是通过将一部分输入功率耦合到一个输出端口，同时将剩余功率传输到另一个输出端口，以实现信号的分配或结合。这种耦合器通常由一对耦合的传输线组成，它们通过电磁耦合将能量从一个传输线传递到另一个传输线。其关键的设计参数是耦合比，即输出功率在两个输出端口之间均匀分布。设计时需要考虑频率范围、传输线的匹配和损耗，以确保在所需频率下具有良好的性能。

2. 设计指标

将分支定向耦合器的工作频率保持在 3 GHz，并且满足以下 6 个设计要求。

(1) 在 3 GHz 时，S_{11} 的取值小于 -30 dB。

(2) 在 3 GHz 时，S_{21} 的取值为 -3 dB。

(3) 在 3 GHz 时，S_{31} 的取值为 -3 dB。

(4) 在 3 GHz 时，S_{41} 的取值小于 -30 dB。

(5) 系统特性阻抗选为 50 Ω。

(6) 微带线基板的厚度选为 1 mm，基板的相对介电常数选为 4.4。

3. 原理图的设计、仿真结果与优化

由分支定向耦合器的理论基础，得到了微带分支定向耦合器的电路基本结构，下面学习如何利用 ADS 微带线的计算工具完成微带线的计算，如何设计微带分支定向耦合器的原理图，以及如何仿真与优化微带分支定向耦合器的原理图。

创建一个微带分支定向耦合器的项目，并在这个项目中创建微带分支定向耦合器的原理图，完成微带分支定向耦合器原理图的设计工作。

1) 创建项目

创建微带分支定向耦合器项目 BLCouplerpj，本章所有的设计都将保存在这个项目之中。创建项目 BLCouplerprj 的步骤如下。

(1) 启动 ADS 软件，弹出主视窗。

(2) 选择主视窗中 File 菜单中的 NewProject，弹出 NewProject 对话框，在 NewProject 对话框的路径 C：\ADSuser\中，输入微带分支定向耦合器的项目名称 BLCoupler prj，设置完成后 name 栏成为 C：\ADSuserBLCouplerprj。

(3) 在 NewProject 对话框中，选择这个项目默认的长度单位，这里默认的长度单位选为毫米 millimeter。

(4) 单击 NewProject 对话框中的 OK 按钮，完成创建微带分支定向耦合器项目。

2) 创建原理图

在 BLCoupler prj 项目中创建一个微带分支定向耦合器的原理图，这个原理图命名为 BLCoupler1。创建原理图的方法很多，这里创建新原理图的步骤如下。

(1) 进入微带分支定向耦合器项目 BLCouplerprj。

(2) 在主视窗中选择 File 菜单中的 NewDesign，弹出 NewDesign 对话框，在 NewDesign 对话框中，输入新建的原理图名称 BLCoupier1，并选择对话框 Create NewDesignin 项中的 NewSchematicWindow（新建原理图视窗），以及选择 Schematic DesignTemplates（原理图设计模板）项中的 none。

(3) 单击 NewDesign 对话框中的 OK 按钮，完成创建原理图，新建的原理图 BLCoupler1 自动打开。

3) 用 ADS 微带线的计算工具完成对微带线的计算

ADS 软件中的工具 Tools，可以对不同类型的传输线进行计算，对于微带线来说，可以进行物理尺寸和电参数之间的数值计算。下面利用 ADS 软件提供的计算工具，完成对微带线的计算。

在原理图 BLCoupler1 上，选择 Tools 菜单、LineCalc、tart LineCalc 命令，弹出 LineCalc 计算窗口，在已知传输线的特性阻抗和相移的前提下，可以计算微带线的宽度和长度。在 LineCalc 计算窗口选择如下。

Type 选择为 MLIN，意为计算微带线。$\varepsilon_r = 4.4$，表示微带线基板的相对介电常数为 4.4。Mur＝1，表示微带线的相对磁导率为 1。$H = 10$ mil，表示微带线基板的厚度为 10 mil。Hu＝3.9e＋34mil，表示微带线的封装高度为 3.9×10^{34} mil。$T = 0.150$ mil，表示微带线的导体层厚度为 0.150 mil。Cond＝4.1e7，表示微带线导体的电导率为 4.1×10^7。TanD＝0.00，表示微带线的损耗角正切为 0.00。Rough＝0 mil，表示微带线表面粗糙度为 0 mil。Freq＝10 GHz，表示计算时采用频率 10 GHz。Z0＝47.250 Ω，表示计算时特性阻抗采用 47.250 Ω。E_Eff＝230 deg，表示计算时微带线的长度时，采用 90°相移。（密尔（mil）是一个长度单位，表示千分之一英寸。1 mil 等于 0.0254 mm，或者 1 inch 等于 1000 mil。）

上述设置完成后，单击 LineCalc 计算窗口中的 Synthesize 按钮，在 LineCalc 窗口中显示出计算结果：$W = 25$ mil，表示微带线的宽度为 25 mil；$L = 100$ mil，表示微带线的长度为 100 mil。

这时 LineCalc 计算窗口，如图 8.81 所示。

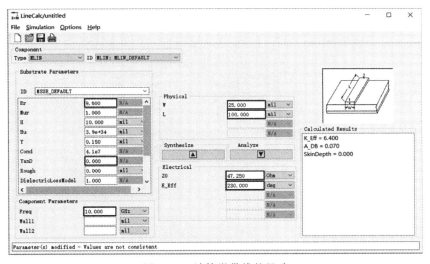

图 8.81　计算微带线的尺寸

继续使用 LineCalc 计算窗口进行计算，计算频率为 3 GHz、特性阻抗为 35.355 Ω、相移为 90°时微带线的宽度和长度，微带线基板的参数保持不变，在 LineCalc 窗口中显示出计算结果如下：

$W = 3.253900$ mm，表示微带线的宽度为 3.253900 mm；$L = 13.409100$ mm，表示微带线的长度为 13.409100 mm。

4）设计原理图

在 BLCoupler1 原理图上，根据图 8.80 搭建微带分支定向耦合器原理图电路，搭建原理图电路的步骤如下。

（1）在原理图的元件面板列表上，选择微带线 TLines Microstip，元件面板上出现与微带线对应的元件图标。在微带线元件面板上选择 MLIN，两次插入原理图的画图区，MLIN 是一段长度的微带线，可以设置这段微带线的宽度 W 和长度 L。分别双击画图区的两个 MLIN，将两个 MLIN 的数值分别设置如下：

TL1 微带线设置宽度 $W=1.891526$ mm、长度 $L=13.780$ mm；TL2 微带线设置宽度 $W=1.891526$ mm；长度 $L=13.780$ mm。

（2）在微带线元件面板上，选择微带线 MLIN，两次插入原理图的画图区。

（3）在微带线元件面板上选择 MLIN，然后单击原理图工具栏中的圆按钮，将微带线 MLIN 旋转，然后插入原理图的画图区。可以设置这段微带线的宽度 W 和长度 L，将这个 MLIN 的数值设置如下：TL7 微带线设置为宽度 $W=0.982$ mm、长度 $L=17.458$ mm。

（4）单击工具栏中的 \ 按钮，将前面原理图中的 3 个微带线 MLIN 和 2 个 T 形结 MTEE 用导线连接起来，构成微带分支定向耦合器的两个端口。

（5）在微带线元件面板上选择 MLIN，3 次插入原理图的画图区，然后在微带线元件面板上再选择微带线的 T 形结 MTEE，2 次插入原理图的画图区，并用工具栏中的线条将上述元件连接起来，构成微带分支定向耦合器的另外两个端口，如图 8.82 所示。

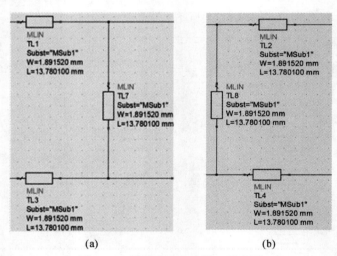

图 8.82 微带分支定向端口示意图

（6）在微带线元件面板上选择 MLIN，两次插入原理图的画图区，将这两个 MLIN 的数值设置如下。

TL3 微带线设置宽度 $W=1.891520$ mm、长度 $L=13.780$ mm；TL4 微带线设置宽度 $W=1.891520$ mm、长度 $L=13.780$ mm。

单击工具栏中的线按钮，将 TL3 和 TL4 这两个微带线段与图 8.82(a)、(b)所示的原理图连接起来，微带分支定向耦合器原理图连接方式如图 8.83 所示。

（7）选择 S 参数仿真元件面板，在元件面板上选择负载终端 Term，4 次插入原理图中，定义负载终端 Term1 为输入端口，负载终端 Term2 为直通输出端口，负载终端 Term3 为耦合输出端口，负载终端 Term4 为隔离端口。

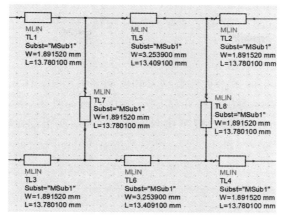

图 8.83　微带分支定向耦合器原理图

（8）单击工具栏中的线按钮，将原理图中的负载终端 Term 和微带分支定向耦合器连接起来，连接方式如图 8.84 所示。

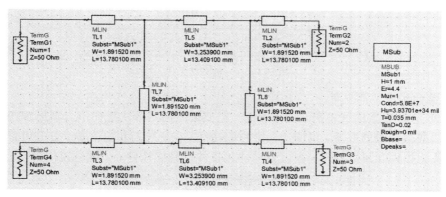

图 8.84　原理图

（9）在微带线元件面板上，选择 MSUB 插入原理图的画图区。在画图区中双击MSUB，弹出 MicrostripSubstrate 设置对话框，在 MicrostripSubstrate 设置对话框中，对微带线的参数设置如下。

$H=1$ mil 表示微带线基板的厚度为 1 mil。$\varepsilon_r=4.4$，表示微带线基板的相对介电常数为 4.4。Mur=1，表示微带线的相对磁导率为 1。Cond=4.1e7，表示微带线导体的电导率为 4.1×10^7。Hu=1.0e+33 mil，表示微带线的封装高度为 1.0×10^{33} mil。$T=0.035$ mil，表示微带线的导体层厚度为 0.035 mil。TanD=0.02，表示微带线的损耗角正切为 0.02。Rough=0 mil，表示微带线表面粗糙度为 0 mil。

5）仿真及结果分析

双击齿轮状 S 参数控件标记，打开 S 参数控件配置窗口，把 Step-size 改成 0.5 GHz，选择 OK。在上面的窗口点击 Display 标签，会显示所有可以显示在原理图中的仿真控件控制量。点击原理图窗口上方的 Simulate 图标，开始模拟。然后就会弹出状态窗口，显示仿真状态的相关信息。仿真完成以后，如果没有错误，就会自动出现数据显示窗口（见图8.85），可以看到数据显示窗口左上方的名称为 LPF1。如果，LPF1 右上角有"＊"代表该数据还没有存储。点击 RectangularPlot 图标，把一个方框放到数据显示窗口中去，会自动弹出对话框，选择要显示的 $S(2，1)$ 参数，点击 Add 按钮，选择 dB 为单位，点击 OK。然后就会显示一个合理的低通滤波器响应。点击 Marker→New，可以把一个三角标志放在图上，可以用键盘和鼠标控制它的位置。

从图 8.85、图 8.86 中的 S 参数仿真结果和实测结果可知，在 35％的带宽范围内，1 端口回波损耗和 4 端口隔离度均在 -10 dB 以下，在中心频率处 $S_{11} = -35$ dB、$S_{21} = -3.8$B、$S_{31} = -3.4$B，即直通端和耦合端实现了功率等分的效果。两个端口输出信号的相位差仿真结果和实测结果分别为 90.71°和 89.26°，误差范围在 90°±1°之间，满足 3 dB 微带分支定向耦合器的设计要求。

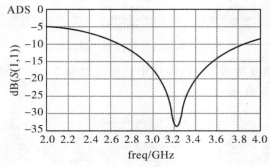

图 8.85　S_{11} 仿真结果图

6）仿真优化及结果分析

图 8.86 的 S 参数曲线不满足技术指标，需要调整微带分支定向耦合器原理图，下面采用优化来改变微带线的取值，以期达到合格的曲线。在优化与仿真之前，首先设置变量，然后再添加优化控件和目标控件，当设置完优化控件和目标控件后，就可以仿真了。

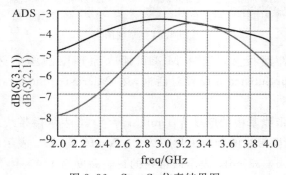

图 8.86　S_{31}、S_{21} 仿真结果图

修改图 8.84 中微带线段的取值方式，将微带线段 TL3、TL4、TL7 和 TL8 的长度 L 设置为变量。分别双击原理图中的微带线段 TL3、TL4、TL7 和 TL8，打开各自的设置对话框，在对话框中设置如下。

微带线段 TL3 的长度设置为 $L = $L1 mmm，TL4 的长度设置为 $L = $L1 mm，TL7 的长度设置为 $L = $L2 mm，TL8 的长度设置为 $L = $L2 mm。

在原理图的工具栏中，选择变量 VAR 按钮，插入原理图的画图区。在画图区中双击变量控件 VAR，弹出 Variables and Equations 对话框，在对话框中对变量 L1 和 L2 进行设置。对变量 L1 设置如下。

在 Name 栏填入 L1。在 VariableValue 栏填入 17.034。单击 Tune/Opt/Stat/DOESetup 按钮，打开 Setup 设置窗口，在 Setup 窗口中，选择优化 Optimization 按钮，然后在 Optimization Status 栏选择 Enabled，在 Type 栏选择 Continuous，在 Format 栏选择 min/max，在 Minimum Value 栏填入 15，在 MaximumValue 栏填入 19。单击 OK 按钮结束对 L1 的设置。完成设置的 Setup 窗口和 Variables and Equations 窗口如图 8.87 所示。

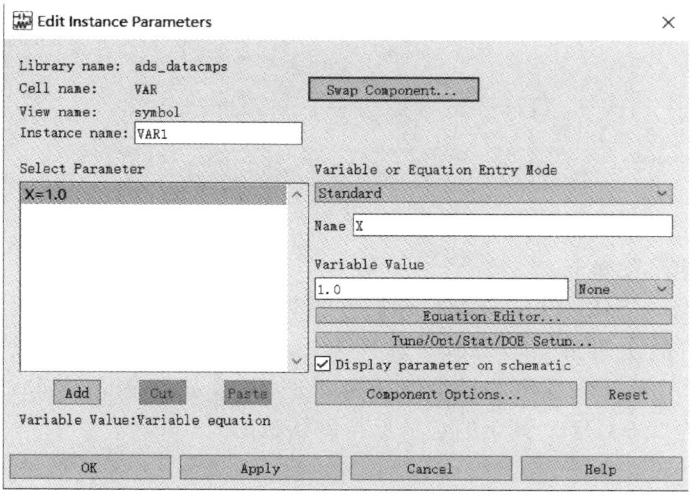

图 8.87 窗口界面图

用同样的方法设置变量 L2，设置如下。

在 Name 栏填入 L2。微带线长度 L2 的 VariableValue 值填入 17.458。单击 Tune/Opt/Stat/DOE Setup 按钮，然后在 Optimization Status 栏选择 Enabled。在 Type 栏选择 Continuous，在 Format 栏选择 min/ax。在 Minimum Value 栏填入 15.5，在 Maximum-Vaue 栏填入 19.5。

添加变量后，当前原理图如图 8.88 所示。

在原理图的元件面板列表上，选择优化元件 Optin/Stat/Yield/DOE 项。在优化的元件面板上，选择优化控件 Optim 插入原理图的画图区，并选择控件 Goal 插入原理图的画图区，共插入 4 个件 Goal。

双击画图区的优化控件 Optim，打开 Nominal Optimization 窗口，在 Nomimnal Optimmization 窗口中设置优化控件，设置优化控件的步骤：选择随机 Random 优化方式。优化次数选择 50 次。其余的选项保持默认状态。

下面设置目标控件 Goal1。双击目标控件 1，设置如下：

选择 Expr 为 dB(S(1,1))；选择目标控件的期望值为用 dB 表示的 S_{11}；选择 Max 为 −20，期望值 S 的最大值为 −20dB；选择 RangeVar[1] 为 freq，变量选为频率；选择 RangeMin[1] 为 2.3 GHz，即频率的最小值选为 2.3 GHz；选择 RangeMax[1] 为 2.5 GHz，即频率的最大值选为 2.5 GHz；其余的选项保持默认状态。

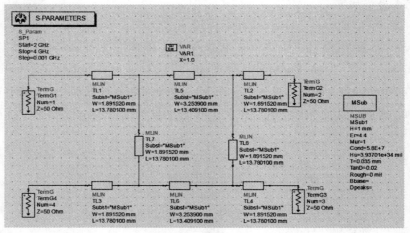

图 8.88　优化原理图

目标控件 2 的设置如下：

选择 Expr 为 dB($S(2,1)$)；选择目标控件的期望值为用 dB 表示的 S_{21}；选择 Min 为 -3.2，期望值 S 的最小值为 -3.2 dB；选择 RangeVar[1] 为 freq，变量选为频率；选择 RangeMin[1] 为 2.3 GHz，频率的最小值选为 2.3 GHz；选择 RangeMax[1] 为 2.5 GHz；频率的最大值选为 2.5 GHz；其余的选项保持默认状态。

目标控件 3 的设置如下：

选择 Expr 为 dB($S(3,1)$)；选择目标控件的期望值为用 dB 表示的 S_{31}；选择 Min 为 -3.2，期望值 S_{31} 最小值为 -3.2 dB；选择 RangeVar[1] 为 freq，变量选为频率；选择 RangeMin[1] 为 2.3 GHz，即频率的最小值选为 2.3 GHz；选择 RangeMax[1] 为 2.5 GHz，即频率的最大值选为 2.5 GHz；其余的选项保持默认状态。

双击目标控件 4 设置如下：

选择 Expr 为 dB($S(4,1)$)；选择目标控件的期望值为用 dB 表示的 S_{41}；选择 Max 为 -20，期望值 S 的最大值为 -20 dB；选择 RangeVar[1] 为 freq，变量选为频率；选择 RangeMin[1] 为 2.3 GHz，即频率的最小值选为 2.3 GHz；选择 RangeMax[1] 为 2.5 GHz，即频率的最大值选为 2.55 GHz，其余的选项保持默认状态。

在原理图中设置完成优化控件 Optim 和目标控件 Goal。

在原理图工具栏中单击仿真 Simulate 图标，运行仿真，仿真过程中弹出了仿真状态窗口，记录了频率扫描范围、变量取值和仿真花费的时间等。仿真结束后，选择 Simulate 菜单中的 Update Optimization Values 命令，将优化后的值保存在原理图中，优化后的微带线值如下：

$L1=16.2986$，说明优化后，微带线 TL3 和 TL4 的长度都为 16.2986 mm；

$L2=17.1269$，说明优化后，微带线 TL7 和 TL8 的长度都为 17.1269 mm。

仿真结束后，数据显示视窗自动弹出，在数据显示视窗用矩形图表示 S_{11}、S_{21}、S_{31} 和 S_{41} 的曲线。矩形图横轴为频率范围，纵轴是用分贝（dB）表示的。从图 8.89、图 8.90 和图 8.91 中 S 参数仿真结果和实测结果可知，在 35% 的带宽范围内，1 端口回波损耗和 4 端口隔离度均在 -30 dB 以下，在中心频率处，S_{21} 和 S_{31} 在 3 GHz 时都为 -3.5 dB，即直通端和耦合端实现了功率等分的效果。

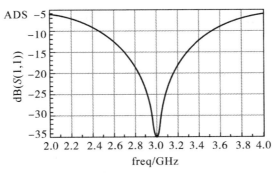

图 8.89　S_{11} 仿真结果图

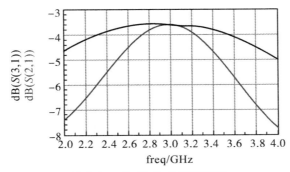

图 8.90　S_{21} 和 S_{31} 仿真结果图

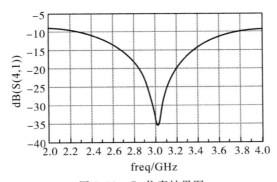

图 8.91　S_{41} 仿真结果图

习　　题

8-1　利用电磁仿真软件 CST 设计一个工作在 GSM900 频段和 DCS1800 频段的双频平面倒 F 天线(PIFA)，其中心频率分别为 920 MHz、1800 MHz，反射系数小于－10 dB 的带宽大于 80 MHz。

8-2　比较 HFSS、ADS 和 CST 这几种电磁仿真软件的特点。

参 考 文 献

[1]　廖承恩. 微波技术基础[M]. 西安:西安电子科技大学出版社,2021.

[2]　李延平,王新稳,李萍. 微波技术与天线[M]. 4 版. 北京:电子工业出版社,2021.

[3]　宋铮,张建华,唐伟. 电磁场、微波技术与天线[M]. 西安:西安电子科技大学出版社,2011.

[4]　周希朗. 微波技术与天线[M]. 3 版. 南京:东南大学出版社,2015.

[5]　殷际杰. 微波技术与天线:电磁波导行与辐射工程[M]. 2 版. 北京:电子工业出版社,2012.

[6]　徐立勤,曹伟. 电磁场与电磁波理论[M]. 3 版. 北京:科学出版社,2018.

[7]　彭沛夫,张桂芳. 微波与射频技术[M]. 北京:清华大学出版社,2013.

[8]　吴万春,梁昌洪. 微波网络及其应用[M]. 北京:国防工业出版社,1980.

[9]　梁昌洪. 简明微波[M]. 北京:高等教育出版社,2006.

[10]　梁昌洪. 计算微波[M]. 西安:西安电子科技大学出版社,1985.

[11]　陈振国. 微波技术基础与应用[M]. 北京:北京邮电大学出版社,2002.

[12]　谢宗浩,刘雪樵. 天线[M]. 北京:北京邮电大学出版社,1992.

[13]　徐之华. 天线[M]. 长沙:国防科技大学出版社,1990.

[14]　单秋山. 天线[M]. 北京:国防工业出版社,1989.

[15]　王元坤. 电波传播概论[M]. 北京:国防工业出版社,1984.

[16]　周希朗. 电磁场[M]. 北京:电子工业出版社,2008.

[17]　李宗谦,佘京兆,高葆新. 微波工程基础[M]. 北京:清华大学出版社,2004.

[18]　黎滨洪,周希朗. 毫米波技术及其应用[M]. 上海:上海交通大学出版社,1990.

[19]　GUPTA K C, GARG R, BAHL I J, et al. Microstrip lines and slotlines (Second Edition). Boston:Artech House,Inc. ,1996.

[20]　SAMUE Y L. Microwave devices and circuits. New Jersey:Prentice-Hall,1980.

[21]　FREY J. Microwave integrated circuits. Dedham: Artech House,Inc. ,1975.

[22]　GERARD G B and JEFFERY H H. Application of Plasma Columns to Radiofrequency Antennas. Appl. Phys. Lett,1999,74(22):3272 – 3274.

[23]　JOHN P R, ADRIAN P W, ANDREW D C. Physical Characteristics of Plasma Antennas[J]. IEEE Trans. on Plasma Sci,2004,32(1):269 – 281.

[24]　微波波段代号. http://blog. sciencenet. cn/blog – 417113 – 354041. html.

[25]　董维仁,天线与电波传播[M]. 北京:人民邮电出版社,1986

[26]　程新民,无线电波传播[M]. 北京:人民邮电出版社,1982.

[27]　徐坤生,天线与电波传播[M]. 北京:中国铁道出版社,1987.

[28]　杨恩耀,杜加聪. 天线[M]. 北京:电子工业出版社,1984.

[29]　刘学观,郭辉萍. 微波技术与天线[M]. 3 版. 西安:西安电子科技大学出版社,2012.

［30］ POZAR D M.微波工程［M］. 3 版. 张肇仪，等译.北京：电子工业出版社,2007.

［31］ POZAR D M. Microwave Engineering （Third Edition）. John Wiley &.Sons, Inc. ,2005.

［32］ 黄玉兰.ADS 射频电路设计基础与典型应用［M］.北京：人民邮电出版社,2010.

［33］ 刘兵.电磁仿真软件 CST 和 HFSS 模型接口软件的设计［D］.西安电子科技大学,2013.

［34］ ANGADI S，VISWANADHA K，CHINTHAGINJALA R，et al. Meta-atom loaded circularly polarized triple band patch antenna for Wi-Fi，ISM and X-band communications［J］. Heliyon,2024,10(7)：e28906 − 28911.